元素の周期表

族周期	1	2	3	4	5	6	7	8	9	10	11	12	13	14	15	16	17	18
1	水素 1H 1.008																	ヘリウム 2He 4.003
2	リチウム 3Li 6.941	ベリリウム 4Be 9.012											ホウ素 5B 10.81	炭素 6C 12.01	窒素 7N 14.01	酸素 8O 16.00	フッ素 9F 19.00	ネオン 10Ne 20.18
3	ナトリウム 11Na 22.99	マグネシウム 12Mg 24.31											アルミニウム 13Al 26.98	ケイ素 14Si 28.09	リン 15P 30.97	硫黄 16S 32.07	塩素 17Cl 35.45	アルゴン 18Ar 39.95
4	カリウム 19K 39.10	カルシウム 20Ca 40.08	スカンジウム 21Sc 44.96	チタン 22Ti 47	バナジウム 23V	クロム 24Cr	マンガン 25Mn 54.94	鉄 26Fe 55.85	コバルト 27Co 58.93	ニッケル 28Ni 58.69	銅 29Cu 63.55	亜鉛 30Zn 65.38	ガリウム 31Ga 69.72	ゲルマニウム 32Ge 72.63	ヒ素 33As 74.92	セレン 34Se 78.97	臭素 35Br 79.90	クリプトン 36Kr 83.80
5	ルビジウム 37Rb 85.47	ストロンチウム 38Sr 87.62	イットリウム 39Y 88.91	ジルコニウム 40Zr 91	ニオブ 41Nb	モリブデン 42Mo	テクネチウム 43Tc* (99)	ルテニウム 44Ru 101.1	ロジウム 45Rh 102.9	パラジウム 46Pd 106.4	銀 47Ag 107.9	カドミウム 48Cd 112.4	インジウム 49In 114.8	スズ 50Sn 118.7	アンチモン 51Sb 121.8	テルル 52Te 127.6	ヨウ素 53I 126.9	キセノン 54Xe 131.3
6	セシウム 55Cs 132.9	バリウム 56Ba 137.3	57-71 ランタノイド	ハフニウム 72Hf	タンタル 73Ta	タングステン 74W	レニウム 75Re 186.2	オスミウム 76Os 190.2	イリジウム 77Ir 192.2	白金 78Pt 195.1	金 79Au 197.0	水銀 80Hg 200.6	タリウム 81Tl 204.4	鉛 82Pb 207.2	ビスマス 83Bi* 209.0	ポロニウム 84Po* (210)	アスタチン 85At* (210)	ラドン 86Rn* (222)
7	フランシウム 87Fr* (223)	ラジウム 88Ra* (226)	89-103 アクチノイド	ラザホージウム 104Rf	ドブニウム 105Db	シーボーギウム 106Sg	ボーリウム 107Bh* (272)	ハッシウム 108Hs* (277)	マイトネリウム 109Mt* (276)	ダームスタチウム 110Ds* (281)	レントゲニウム 111Rg* (280)	コペルニシウム 112Cn* (285)	ウンウントリウム 113Uut* (284)	フレロビウム 114Fl* (289)	ウンウンペンチウム 115Uup* (288)	リバモリウム 116Lv* (293)	ウンウンセプチウム 117Uus* (293)	ウンウンオクチウム 118Uuo* (294)

ランタノイド	ランタン 57La 138.9	セリウム 58Ce 140.1	プラセオジム 59Pr 140.9	ネオジム 60Nd 144.2	プロメチウム 61Pm* (145)	サマリウム 62Sm 150.4	ユウロピウム 63Eu 152.0	ガドリニウム 64Gd 157.3	テルビウム 65Tb 158.9	ジスプロシウム 66Dy 162.5	ホルミウム 67Ho 164.9	エルビウム 68Er 167.3	ツリウム 69Tm 168.9	イッテルビウム 70Yb 173.1	ルテチウム 71Lu 175.0

アクチノイド	アクチニウム 89Ac* (227)	トリウム 90Th* 232.0	プロトアクチニウム 91Pa* 231.0	ウラン 92U* 238.0	ネプツニウム 93Np* (237)	プルトニウム 94Pu* (239)	アメリシウム 95Am* (243)	キュリウム 96Cm* (247)	バークリウム 97Bk* (247)	カリホルニウム 98Cf* (252)	アインスタイニウム 99Es* (252)	フェルミウム 100Fm* (257)	メンデレビウム 101Md* (258)	ノーベリウム 102No* (259)	ローレンシウム 103Lr* (262)

注1：元素記号の右肩の *は，その元素には安定同位体が存在しないことを示す．そのような元素については放射性同位体の質量数の一例を（ ）内に示す．
注2：元素の原子量は，質量数12の炭素（^{12}C）を12とし，これに対する相対値を示す．
注3：原子番号104番以降の超アクチノイドの周期表の位置は暫定的である．

©2015 日本化学会　原子量専門委員会

Environmental Chemistry

エキスパート応用化学テキストシリーズ
Expert Applied Chemistry Text Series

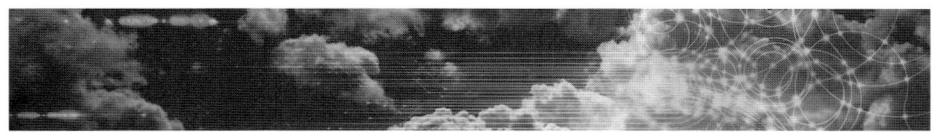

環境化学

Masahiro Sakata
坂田昌弘 ————————————————————————————————[編著]

Tomohiko Isobe   *Yoshizumi Kajii*   *Yoshihisa Kato*   *Yoshio Takahashi*   *Shinsuke Tanabe*
磯部友彦   梶井克純   加藤義久   高橋嘉夫   田辺信介

Koichi Fujie   *Shigeki Masunaga*
藤江幸一   益永茂樹 ————————————————————————————[著]

講談社

執筆者一覧

(執筆順,所属と肩書きは執筆当時のもの)

坂田 昌弘　　静岡県立大学　食品栄養科学部環境生命科学科　教授
　　　　　　　　　　　　　　　　　　　　　　　　　　　　　　［第1・2・8章］
梶井 克純　　京都大学　大学院地球環境学堂　教授　［第3章］
加藤 義久　　東海大学　海洋学部　客員教授　［第4章］
高橋 嘉夫　　東京大学　大学院理学系研究科地球惑星科学専攻　教授
　　　　　　　　　　　　　　　　　　　　　　　　　　　　　　［第5・6章］
磯部 友彦　　国立環境研究所　環境健康研究センター　主任研究員
　　　　　　　　　　　　　　　　　　　　　　　　　　　　　　［第7章］
田辺 信介　　愛媛大学　沿岸環境科学研究センター　特別栄誉教授
　　　　　　　　　　　　　　　　　　　　　　　　　　　　　　［第7章］
益永 茂樹　　横浜国立大学　大学院環境情報研究院　教授　［第9・10章］
藤江 幸一　　横浜国立大学　先端科学高等研究院　教授　［第11章］

まえがき

　本書は，主として理工系，農学系学部の化学・応用化学系学科で開講されている「環境化学」の教科書として執筆したものである．化学を基礎として，理学的な視点から工学・農学的な視点まで，環境について幅広く学べるものを目指した．学生諸君が一人で読みこなせることを念頭において，図表を多用し，できる限り具体的かつ平易な表現となるよう努めた．

　近年，人間社会や生態系を脅かしている環境問題は，主として人間活動によって環境中に放出された化学物質に起因している．このことからも，環境化学は，まさに環境問題に直結した基礎学問ととらえることができる．従来，環境化学は環境や生物中の化学物質の分析に主眼をおき，とりわけ分析化学を軸に発展してきた．しかし，環境問題の解明には，地球自身に加えて，地球表層での物質循環の理解が不可欠であることから，地球化学が環境化学の中心軸を占めるようになっている．さらに今日では，環境化学の役割は上述した分野に留まらず，(1) 人間活動が環境や生物におよぼす影響を化学的に把握し，(2) 健康被害や生態系破壊を未然に防止または最小限にとどめ，(3) 将来にわたって持続可能な社会の構築に資することが求められている．

　このため，今日の環境化学はきわめて学際的であり，システム科学としての性格が強い学問となっている．単純に定義できるものではないが，上記 (1) では，分析化学と地球化学を軸とし，気象学，海洋学，生態学，医学，毒性学などとも強く関連している．また上記 (2) では，工業化学や化学工学などの工学系の化学が軸となるであろう．さらに上記 (3) では，主として廃棄物や資源にかかわる工学や農学の学問分野に加えて，社会学や経済学などとの連携が重要である．

　以上述べたように，化学物質がかかわる環境問題を克服していくためには，細分化された要素科学的な研究では不十分であり，システム科学にもとづく環境化学研究が必要不可欠となっている．したがって，本書ではこのことを念頭におき，環境化学の全体像を理解することに主眼をおいた．

　本書は，全11章から構成され，章ごとに各専門分野の最前線で活躍する研

まえがき

究者8名が執筆した．以下に各章の要点を簡単に紹介する．第1章では，環境問題の歴史と環境保全に関する法律について解説した．第2章では，環境問題と物質循環のかかわりについて概説し，その具体例として，地球表層における水や炭素などの循環を述べた．第3章から第6章までは，それぞれ大気，海洋，陸水および土壌の化学を取り上げ，そこでの化学物質の分布や循環，化学反応などについて解説した．第7章では，地球上の物質循環における生物の役割と化学物質の生物濃縮について解説した．第8章では，都市域と農業地域を中心に化学物質による環境汚染の現状について述べた．第9章では環境分析とモニタリング，第10章では化学物質のリスク評価を取り上げ，それぞれの手法とその実施例について紹介した．第11章では，環境保全の必要性を述べ，そのためのさまざまな対策や活動について解説した．

なお，各章に関連する最新の研究成果や話題については，章末に「コラム」を設けた．また，各専門分野についてさらに深く勉強したい場合には，巻末にまとめた文献を参照していただきたい．学生諸君が本書を通して環境化学に興味を抱き，新たな視点から研究をはじめる契機となれば本望である．

最後に，著者らの原稿に対して読者の立場から厳しいご指摘をいただくとともに，本書の編集にご尽力いただいた講談社サイエンティフィクの渡邉拓氏に厚くお礼を申し上げます．

2015年8月

編著者　坂田　昌弘

目　　次

まえがき……………………………………………………………… iii

第 1 章　人間活動と環境問題 …………………………………… 1
1.1　環境問題とは ………………………………………………… 1
1.2　環境問題の歴史 ……………………………………………… 3
1.2.1　公害問題 ………………………………………………… 3
1.2.2　地球環境問題 …………………………………………… 6
1.2.3　多種多様な化学物質による環境問題 ………………… 7
1.3　環境保全に関する法律 ……………………………………… 12
コラム　化学物質の光と影 ………………………………………… 17

第 2 章　環境中の物質循環 ……………………………………… 18
2.1　環境問題と物質循環のかかわり …………………………… 18
2.2　地球上の水循環 ……………………………………………… 19
2.2.1　水循環と水の滞留時間 ………………………………… 19
2.2.2　水資源 …………………………………………………… 21
2.2.3　地球温暖化の影響 ……………………………………… 22
2.3　地球上の炭素循環 …………………………………………… 23
2.4　地球上の窒素循環 …………………………………………… 25
2.5　地球上の硫黄循環 …………………………………………… 28
2.6　地球上の残留性有機汚染物質の循環 ……………………… 29
2.7　地球上の水銀循環 …………………………………………… 30
コラム　水の特異性 ………………………………………………… 32

第 3 章　大気の化学 ……………………………………………… 34
3.1　大気の循環 …………………………………………………… 34
3.1.1　太陽放射と地球放射 …………………………………… 34
3.1.2　ハドレー循環，フェレル循環と極循環 ……………… 35
3.1.3　貿易風と偏西風 ………………………………………… 36
3.2　温室効果ガスと地球温暖化 ………………………………… 37
3.2.1　地表平均気温の変遷 …………………………………… 37
3.2.2　太陽放射エネルギー …………………………………… 37
3.2.3　温室効果モデル ………………………………………… 39
3.2.4　温室効果ガス …………………………………………… 40
3.2.5　放射強制力 ……………………………………………… 41
3.3　オゾン層 ……………………………………………………… 44
3.3.1　地球大気の温度構造 …………………………………… 44
3.3.2　Chapman モデルによるオゾン生成機構 …………… 45
3.3.3　オゾン破壊機構 ………………………………………… 47
3.3.4　オゾン破壊物質の起源 ………………………………… 49

目　次

　　　3.3.5　オゾンホール　50
　　　3.3.6　成層圏オゾンの将来　51
　3.4　大気汚染問題　53
　　　3.4.1　大気汚染物質の種類　53
　　　3.4.2　光化学オキシダント　54
　　　3.4.3　大気の酸性化　57
　　　3.4.4　エアロゾル　59
　　コラム　レーザーを使った大気中の反応性微量成分の総合評価　62

第4章　海洋の化学　64
　4.1　海水循環　64
　　　4.1.1　風成循環　64
　　　4.1.2　熱塩循環　66
　4.2　海水中の化学成分　72
　　　4.2.1　海水中の元素濃度　72
　　　4.2.2　元素の滞留時間　72
　　　4.2.3　鉛直分布による元素の分類　73
　4.3　海洋における炭素循環　76
　　　4.3.1　氷期−間氷期における大気中の二酸化炭素濃度の変動　76
　　　4.3.2　大気−海洋間の気体交換：溶解ポンプ　78
　　　4.3.3　海洋の生物生産：生物ポンプとマーチンの鉄仮説　79
　　　4.3.4　海水のアルカリ度の変化：アルカリポンプ　83
　　　4.3.5　海洋酸性化　85
　4.4　海底堆積物　86
　　　4.4.1　海洋と海底の物質循環　86
　　　4.4.2　海底堆積物による古環境復元　91
　　コラム　原子力発電所の事故で放出された放射性セシウムの海底堆積物における分布と蓄積量　92

第5章　陸水の化学　96
　5.1　陸水の循環　97
　5.2　陸水の化学組成　98
　　　5.2.1　陸水からの寄与　99
　　　5.2.2　土壌への浸透に伴う化学組成の変化　103
　　　5.2.3　地下水の化学組成　105
　　　5.2.4　風化の影響　106
　　　5.2.5　陸水の化学組成の系統的理解　110
　5.3　陸水の環境問題に対する地球化学的研究　112
　　コラム　地球化学図　114

第6章　土壌の化学　116
　6.1　土壌の成因と構成物質　117
　　　6.1.1　土壌の成因と種類　117
　　　6.1.2　土壌の構成物質　117
　　　6.1.3　土壌の構造　120
　6.2　土壌の物質循環　121

6.2.1　土壌中の炭素循環 ･･･ 121
　　　6.2.2　土壌中の窒素循環 ･･･ 122
　　　6.2.3　元素の移動 ･･･ 124
　　　6.2.4　土壌中の化学反応 ･･･ 126
　　6.3　土壌の機能と関連する化学反応 ･････････････････････････････････ 128
　　　6.3.1　有機物の分解 ･･･ 128
　　　6.3.2　酸化還元反応 ･･･ 129
　　　6.3.3　固相への吸着 ･･･ 133
　　コラム　X線吸収微細構造（XAFS）法 ･････････････････････････････ 137

第7章　化学物質と生態系 ･･ 139
　　7.1　物質循環と生物 ･･･ 139
　　7.2　食物連鎖と栄養段階 ･･･ 141
　　　7.2.1　栄養段階と食物連鎖長 ･････････････････････････････････････ 141
　　　7.2.2　栄養段階を評価するツールとしての安定同位体 ･･･････････････ 142
　　7.3　化学物質の生物濃縮 ･･･ 145
　　　7.3.1　生物濃縮の種類 ･･･ 146
　　　7.3.2　化学物質の濃縮性を評価する指標 ･･･････････････････････････ 147
　　　7.3.3　化学物質の生物濃縮とオクタノール－水分配係数（K_{OW}）･････ 148
　　　7.3.4　微量元素の濃縮 ･･･ 148
　　　7.3.5　有機化合物の濃縮 ･･･ 151
　　7.4　化学物質の生物濃縮に関する研究事例 ･･･････････････････････････ 151
　　　7.4.1　海棲哺乳類における残留性有機塩素化合物の濃縮 ･････････････ 152
　　　7.4.2　臭素系難燃剤の生物濃縮 ･･･････････････････････････････････ 155
　　　7.4.3　保存試料を活用した生態系汚染の歴史トレンド解明 ･･･････････ 156
　　コラム　環境・生態系汚染を監視するためのスペシメンバンクの重要性 ･･･ 159

第8章　化学物質による環境汚染 ･･････････････････････････････････ 160
　　8.1　化学物質の人為発生源 ･･･････････････････････････････････････ 160
　　　8.1.1　大気への人為発生源 ･･･････････････････････････････････････ 160
　　　8.1.2　水域への人為発生源 ･･･････････････････････････････････････ 161
　　　8.1.3　土壌への人為発生源 ･･･････････････････････････････････････ 163
　　8.2　都市の環境 ･･･ 163
　　　8.2.1　大気環境 ･･･ 164
　　　8.2.2　水環境 ･･･ 172
　　　8.2.3　土壌環境 ･･･ 176
　　8.3　農業と環境 ･･･ 178
　　　8.3.1　農薬による土壌・水域の汚染 ･･･････････････････････････････ 179
　　　8.3.2　地下水の硝酸塩汚染 ･･･････････････････････････････････････ 181
　　　8.3.3　地球温暖化 ･･･ 182
　　コラム　貧困と環境 ･･･ 184

第9章　環境分析・モニタリング ･･････････････････････････････････ 185
　　9.1　化学物質と生活 ･･･ 185
　　9.2　化学物質の環境における挙動 ･････････････････････････････････ 187
　　9.3　化学物質の環境モニタリングの必要性 ･････････････････････････ 187

目　次

- 9.4 化学物質の環境モニタリング ……………………………… 189
  - 9.4.1 サンプリング ……………………………… 189
  - 9.4.2 試料の前処理 ……………………………… 190
  - 9.4.3 環境汚染物質の同定と定量 ……………………………… 191
  - 9.4.4 分析の質の管理 ……………………………… 194
- 9.5 モニタリング・データの利用と解析 ……………………………… 197
  - 9.5.1 汚染物質の移動と収支 ……………………………… 197
  - 9.5.2 汚染の変遷を知る ……………………………… 198
  - 9.5.3 汚染源と寄与率の推定 ……………………………… 200
- 9.6 環境分析の進展と今後 ……………………………… 201
- コラム　アクティブ・サンプリングとパッシブ・サンプリング ……… 202

第10章　化学物質のリスク評価 ……………………………… 204
- 10.1 化学物質のハザードとリスク ……………………………… 204
- 10.2 化学物質の環境リスク評価 ……………………………… 204
  - 10.2.1 エンドポイント（影響判定点） ……………………………… 205
  - 10.2.2 用量－反応関係 ……………………………… 205
  - 10.2.3 暴露評価 ……………………………… 209
  - 10.2.4 リスク評価 ……………………………… 214
- 10.3 エンドポイントの統一とリスク比較 ……………………………… 218
- 10.4 化学物質のリスク管理 ……………………………… 220
  - 10.4.1 リスク・トレードオフ ……………………………… 221
  - 10.4.2 リスクと便益 ……………………………… 221
- コラム　ベンチマーク用量 ……………………………… 223

第11章　環境の保全 ……………………………… 224
- 11.1 ライフサイクルアセスメント ……………………………… 224
  - 11.1.1 ライフサイクルアセスメントの必要性 ……………………………… 224
  - 11.1.2 ライフサイクルアセスメントの方法 ……………………………… 225
- 11.2 環境保全対策 ……………………………… 227
  - 11.2.1 排水処理と水利用 ……………………………… 227
  - 11.2.2 排ガス処理 ……………………………… 231
  - 11.2.3 廃棄物の処理とリサイクル ……………………………… 234
- 11.3 エネルギーと資源 ……………………………… 241
  - 11.3.1 資源・エネルギー消費と経済成長 ……………………………… 242
  - 11.3.2 化石燃料の問題点：二酸化炭素の排出と有限性 ……………………………… 243
- 11.4 グリーンケミストリーの概念と実践 ……………………………… 244
  - 11.4.1 グリーンケミストリーとは ……………………………… 244
  - 11.4.2 グリーンケミストリーの実践 ……………………………… 246

付　録
- A. 環境基準 ……………………………… 248
- B. 化審法における第一種特定化学物質および第二種特定化学物質 ……………………………… 252

引用文献 ……………………………… 254
索　引 ……………………………… 261

第1章　　人間活動と環境問題

1.1　環境問題とは

　環境問題とは,「人間活動に起因する周囲の環境変化により発生した問題」ととらえることができる．人類は数百万年前に誕生して以来，自然環境を利用しながら文明を発展させてきた．すなわち，人類は原始的な狩猟採集生活から脱皮して農業生産を開始し，やがて天然資源を利用して工業生産をおこなうことにより，高い生産性と利便性を手に入れてきた．しかし，その過程で天然資源の浪費や環境汚染，森林破壊などにより，自然環境に負担をかけてきたことも事実である．

　ここで，環境問題のひとつの例を紹介する．図1.1に示したように，18世紀中頃から19世紀にかけて起こった産業革命は，それ以降の化石燃料（石炭や石油）を主体とするエネルギー消費量の爆発的な増大をもたらした[1]．このことは，極地のアイスコア（ice core）に閉じ込められた空気の化石ともいうべき気泡の二酸化炭素濃度の分析結果からも明らかである（図1.2）．この気泡は，雪がみずからの重みで圧縮され氷へ変化する際に，雪の隙間にあった空気が氷の中に取り込まれることによって保存されたものである．その分析結果によると，産業革命が起こった1800年頃までの少なくとも約1,000年間は，大気中の二酸化炭素濃度は約280 ppmで一定であったが，それ以降は急激に増加している．現在の二酸化炭素濃度は約400 ppmであるので，この200年間で約40%増加したことになる．大気中の二酸化炭素の増加は，地球温暖化をはじめとする地球全体の気候変動をもたすことが懸念されており，その影響の甚大さから国際的に大きな社会問題・政治問題に発展している．

　ところで，人間活動の大きさが自然の許容限界を十分下回っている場合には，環境問題が生ずることはなかった．しかし，時代とともに人間活動が大きくなってくると自然の許容限界を越え，環境問題が生じるようになった．さらに，人間活動の規模が大きくなるにつれて影響がおよぶ範囲が拡大し，環境問題も

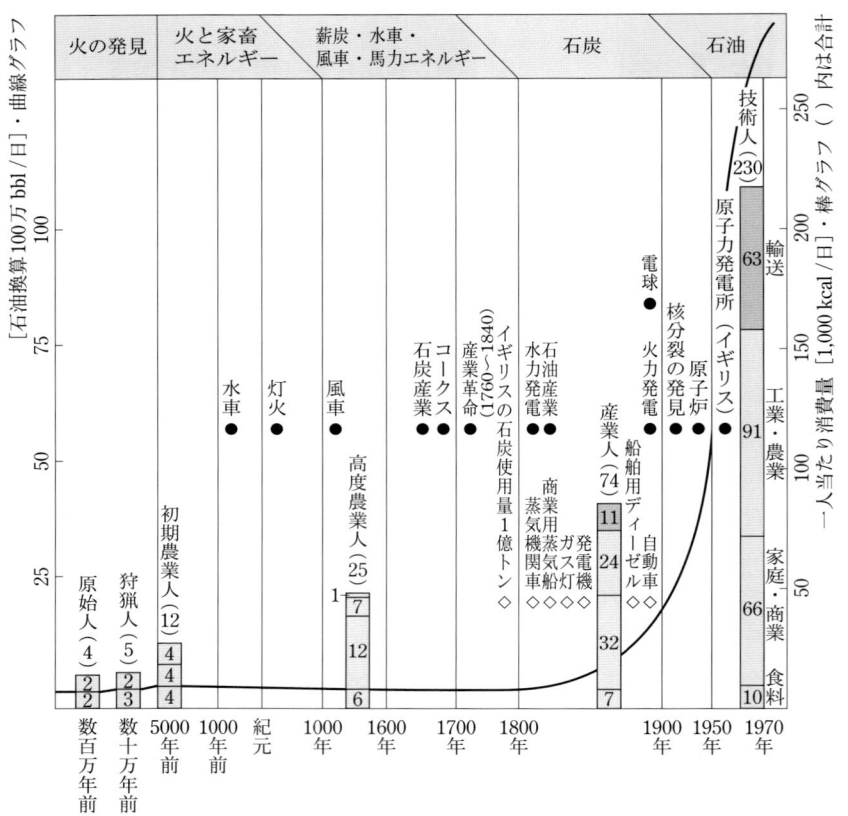

図1.1 人類とエネルギー利用の歴史
（鈴木，1993[1]）をもとに作成）

ローカルな問題からグローバルな問題（地球環境問題）へと移行している．

日本では明治初期から昭和40年代にかけて，水俣病やイタイイタイ病などに代表されるように，おもにローカルな規模で産業活動に起因する住民の重篤な健康被害が発生し，それを**公害**と呼んだ．公害の多くは，加害者は特定の企業，被害者は住民のような対立関係にあった．その後，法規制や対策技術の進展により公害問題が解決されてくると，やがて公害問題には属さない，加害者と被害者が必ずしも明確でない環境汚染の問題や地球環境問題が中心的な課題として台頭してきた．このようにして，「公害問題」に代わり「環境問題」が

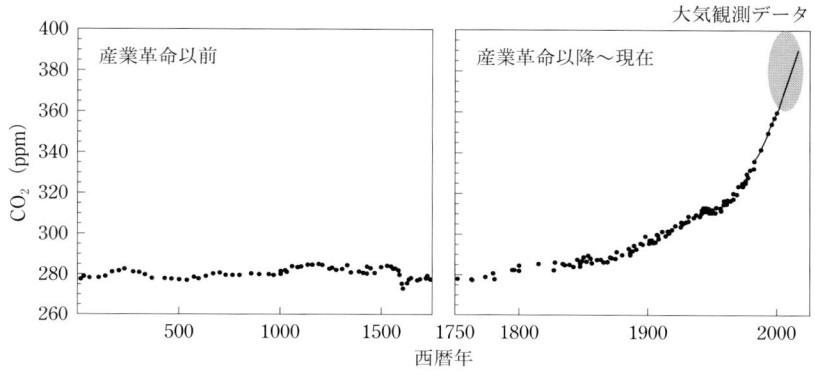

図1.2 大気中のCO_2濃度の変動（アイスコア分析結果）
（IPCC, 2013[2]）を一部改変）

広義の用語として定着していった．

今日の環境問題には，上述した公害問題や地球環境問題に加えて，さまざまな化学物質による環境問題が含まれる．また，人の健康影響だけでなく生態系への影響が取り上げられるなど，複雑で多様な問題が対象になっている．本章では，まず環境問題の歴史について述べた後，環境保全に関する法律について解説する．化学の立場から環境問題を学ぶ場合，化学物質にかかわる法規制の知識が必要となる．

1.2 環境問題の歴史

1.2.1 公害問題

環境基本法（1993年）では「公害」を，「環境の保全上の支障のうち，事業活動その他の人の活動に伴って生ずる相当範囲にわたる大気の汚染，水質の汚濁，土壌の汚染，騒音，振動，地盤の沈下及び悪臭によって，人の健康又は生活環境に係る被害が生ずること」と定義し，この7種類を「典型7公害」と呼んでいる．2011年3月11日に発生した東日本大震災とその後の津波に起因する福島第一原子力発電所の事故が契機となって，2012年9月に環境基本法が改正され，これまで適用除外とされていた放射性物質による環境汚染を公害に位置づけることになった．

第1章 人間活動と環境問題

　諸外国における代表的な公害としては，1950〜1960年代にかけて米国の大都市や英国のロンドンなどで発生したスモッグによる大規模な健康被害があげられる．特にロンドンの場合は，「ロンドンスモッグ事件」と呼ばれ，おもに石炭の燃焼で生成したすすや二酸化硫黄による呼吸困難やチアノーゼ（皮膚や粘膜が暗紫色となった状態）などの症状を示す患者が多発し，多数の死亡者を出した．また，1978年に米国ナイアガラ滝近くのラブキャナル運河（ニューヨーク州）で起きた有害化学物質による汚染事件がある．この事件では，化学合成会社が同運河に投棄した農薬や除草剤などの廃棄物が埋立て後約30年を経て漏出し，周辺の地下水や土壌を汚染したことにより，地域住民の健康に影響をおよぼしたことが確認された．

　一方，日本では明治初期から昭和40年代における経済成長の過程で，環境や住民の健康に甚大な被害をもたらした公害を数多く経験してきた．それらには，採掘に伴う鉱山周辺の汚染，製錬所や工場からの排煙・排水による周辺環境の汚染，廃棄物の投棄による周辺環境の汚染など，さまざまなケースがある．特に1950〜1960年代の高度成長期に表面化した水俣病，新潟水俣病，イタイイタイ病，四日市ぜんそくについては，被害規模が大きいことから四大公害病と呼ばれている．以下に紹介するように，これらはいずれも患者の発生地域が限定され，大量暴露による健康への急性影響を特徴としている．

A　水俣病・新潟水俣病

　1953年頃より，熊本県水俣市一帯で手足の麻痺，言語障害その他の神経症状を示す患者が多発した．1968年になって水俣病の原因は，チッソ水俣工場排水中のメチル水銀であることが正式に発表された．このメチル水銀は，硫酸水銀を触媒とするアセチレンからアセトアルデヒドを製造する過程（アセチレン接触加水分解反応：$C_2H_2 + H_2O \rightarrow CH_3CHO$）において副生され，水俣湾内の食物連鎖を通して魚介類の体内に濃縮されたものである．一方，1964年には新潟県の阿賀野川流域において水俣病と同様な症状を示す患者が発見され，翌年には新潟水俣病と命名された．

B　イタイイタイ病

　1956〜1957年頃をピークに，富山県の神通川流域の農民に腎尿細管障害と骨軟化症を特徴とする患者が多発した．この原因として，上流部に位置する三井金属鉱業神岡鉱山（岐阜県）の亜鉛製錬排水に含まれるカドミウムが，下流

の水田土壌を通して米に濃縮し，それを常食としたためであることが判明した．自然界でカドミウムは亜鉛と挙動をともにする傾向があり，一般的に亜鉛鉱石中には不純物として1%程度のカドミウムが含まれている．

C　四日市ぜんそく

　三重県四日市市では，1957年頃から石油化学コンビナートの建設を推進してきた．この操業が本格化した1960年代より，石油の精製過程における排出により二酸化硫黄の大気中の濃度が急増し，ぜんそく様の症状を訴える住民が多発した．

　日本では1970年代に入ると，法規制や対策技術の進展により四大公害病のような大規模な公害が発生することはなくなった．その一方で，急速な経済成長の途上にある国々では，環境対策の不備により日本で起きたような大規模な公害が発生し，大きな社会問題となっている．例えば，現在中国では広い範囲にわたり，PM2.5（粒径2.5 μm以下の微小粒子状物質）を主要な原因物質とする深刻な大気汚染が発生している（**図1.3**）．特に2013年1～2月にかけて，北京市内のいくつかの地点で重度汚染（250～500 μg m^{-3}）のレベルを越えていることが大々的に報道され，同時期に西日本でPM2.5の一時的な濃度上昇が観測されたことから，日本への越境汚染が懸念される事態となった．

図1.3　PM2.5が高濃度となった北京市内の様子（2014年3月24日に著者撮影）

1.2.2 地球環境問題

すでに述べたように，公害問題が特定の地域に限定され，しかも原因や加害者と被害者の関係が明確であるのに対して，1980年代に入るとまったく異質な環境問題が顕在化してきた．それらは地球全体に影響をおよぼすため，**地球環境問題**と呼ばれる．地球環境問題では，加害者と被害者という単純な関係がなく，いわば人類全体が加害者であり被害者でもある．日本の環境省では，地球環境問題として地球温暖化，オゾン層の破壊，酸性雨，海洋汚染，有害廃棄物の越境移動，熱帯林の減少，野生生物種の減少，砂漠化，開発途上国の公害問題，の9つを取り上げている．なお，地球温暖化，オゾン層の破壊，酸性雨については第3章に詳しく説明されているので，そちらを参照してほしい．

地球環境問題が顕在化する背景には，急速な世界人口の増加がある（**図1.4**）．それとともに，1人ひとりのエネルギーや物質の消費量も急激に増加しているため，それらの廃棄量も地球（大気・海洋・土壌）が無理なく吸収・分解してくれる量（許容限界）をはるかに超えてしまった．また，それに応じて地球上の資源の枯渇や不足が問題となってきた．このように，地球が有限であることが誰の目にも明らかとなってきた．そこで，現代の世代が，将来の世代の利益や要求を充足する能力を損なわない範囲内で環境を利用し，要求を満たしていこうとする**持続可能な開発**（sustainable development）の理念が国際的に提唱

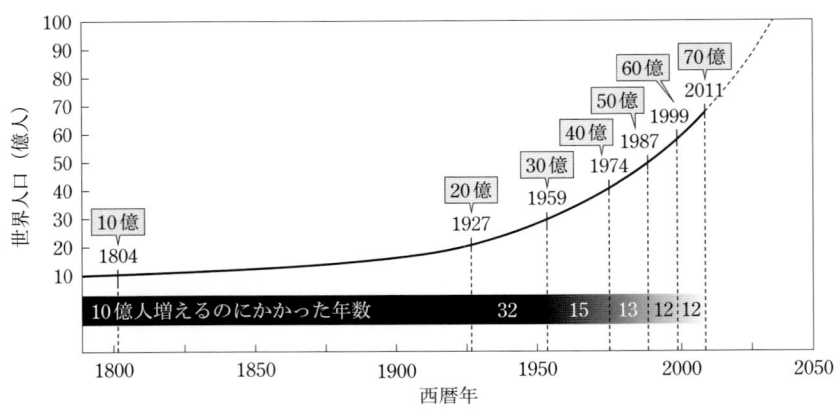

図1.4 世界人口の増加
（世界人口白書2011[3]）をもとに作成）

され，これまでにさまざまな国際的取り組みがなされてきた．1992年にはブラジルで地球サミットが開催され，「環境と開発に関するリオ宣言」が合意された．そして，「気候変動枠組条約」や「生物多様性条約」に多くの国が署名した．

気候変動枠組条約は，大気中の温室効果ガス濃度を安定化させることを目的とするものであり，1997年には第3回締約国会議（The 3rd Session of the Conference of the Parties to the United Nations Framework Convention on Climate Change：COP3）が京都で開催された．この会議において，初めて先進国に温室効果ガス排出削減目標を課す京都議定書が採択された．締約国会議での議論は，「気候変動に関する政府間パネル（Intergovernmental Panel on Climate Change：IPCC）」から提出されるレポートをもとにしている．IPCCは地球温暖化に関する自然科学と社会科学の最新の知見をまとめて，地球温暖化防止対策に科学的な根拠を与えている．

一方オゾン層保護に関しては，国連環境計画（United Nations Environment Programme：UNEP）が中心となって，1985年3月に「オゾン層の保護のためのウィーン条約」が採択された．続いて1987年9月には，具体的な規制を決めた「オゾン層を破壊する物質に関するモントリオール議定書」が採択され，冷蔵庫やエアコンの冷媒，産業用洗浄剤として広範に利用されてきたクロロフルオロカーボン（日本での俗称はフロン）が国際的に全廃されることになった．これは地球環境問題の解決のためのパイオニア的取り組みであり，地球温暖化をはじめとする地球環境問題の解決に向けた取り組みの規範となるものであった．

その他の地球環境問題についても，国連を中心にして国際的取り組みがおこなわれてきている．例えば，世界規模の水銀による健康被害や環境汚染の広がりが明らかになってきたため，水銀を国際的に規制する「水銀に関する水俣条約」が2013年10月に採択された．「水俣病の経験を生かすため」とする日本政府の提案を受け入れ，本条約には「水俣」の名を冠することになった．

1.2.3　多種多様な化学物質による環境問題

日本では1990年代に入ると，環境中に存在する多くの化学物質の濃度が規制されることになった．例えば，水質環境基準では有機物質10物質（トリクロロエチレン，テトラクロロエチレン，四塩化炭素，1,1,2-トリクロロエタン，

第1章　人間活動と環境問題

表1.1　優先取組物質（有害大気汚染物質）

物質名	物質名
アクリロニトリル	テトラクロロエチレン
アセトアルデヒド	トリクロロエチレン
塩化ビニルモノマー	ニッケル化合物
クロロホルム	ヒ素およびその化合物
クロロメチルメチルエーテル	1,3-ブタジエン
酸化エチレン	ベリリウムおよびその化合物
1,2-ジクロロエタン	ベンゼン
ジクロロメタン	ベンゾ[a]ピレン
水銀およびその化合物	ホルムアルデヒド
タルク（アスベスト様繊維を含むもの）	マンガンおよびその化合物
ダイオキシン類	6価クロム化合物

1,2-ジクロロエタン，1,1-ジクロロエチレン，シス-1,2-ジクロロエチレン，ジクロロメタン，ベンゼン，1,1,1-トリクロロエタン），農薬4物質（チウラム，シマジン，チオベンカルブ，1,3-ジクロロプロペン），無機物質4物質（セレン，ホウ素，フッ素，硝酸性窒素および亜硝酸性窒素）が新たに追加された．大気環境基準についても同様に，特に優先的に対策に取り組むべき物質として，ベンゼン，トリクロロエチレンなど22物質（**表1.1**）が指定された．これらの物質の多くは，以下に示すように，かつて公害を引き起こした化学物質とは異なるいくつかの特徴をもっている[4]．

(1) 発生源，発生場所，発生原因，種類が多種多様である．
(2) 環境中に微量にしか存在しない．
(3) 低濃度・長期暴露による慢性影響が問題となる．
(4) 発がん性，あるいは発がん性の疑いがある物質なので，健康被害は深刻であり，被害の未然防止が重要になる．
(5) 複合媒体（大気，食物，飲料水など）および複合影響（相加作用，相乗作用など）を考慮する必要がある．
(6) 本人が望んで摂取しているのではなく，しかも個人の努力のみでは暴露を回避できない．

しかし，それらの化学物質による人の健康や環境への影響については不確実であるので，悪影響を受ける可能性をリスクで評価し，その結果から対策の必要性を判断することになる．リスク評価の考え方や方法については，第10章を参照してほしい．

以下に，これまでに国内外において大きな社会問題となったいくつかの化学物質を取り上げてみよう．

A. 有機塩素系農薬

　DDT（ジクロロジフェニルトリクロロエタン）などの有機塩素系農薬は，安価に製造でき，かつ高い有効性を示す一方で，野生生物や人に対する毒性や蓄積性，環境残留性などの問題点が明らかになってきた．これらの問題点は，レイチェル・カーソンによる先駆的な著書『沈黙の春』（1962年）[5]によって象徴的に示された．これを契機に，有機塩素系農薬の製造・使用が順次禁止され，より一般毒性，蓄積性，残留性の少ない，あるいは病害虫などへの選択性の高い物質への移行が進められた．さらに，2001年5月には主要な有機塩素系農薬をはじめ，下記のPCBやダイオキシン類を含む12種類の残留性有機汚染物質（persistent organic pollutants : POPs）に対するストックホルム条約が締結され，それ以来国際的な枠組みで廃絶に向けた取り組みがなされている．ただし，2006年に世界保健機関（World Health Organization : WHO）は，発展途上国におけるマラリア発生のリスクがDDTの使用によるリスクを上回る場合には，DDTを限定的に使用することを認めた．その後，POPsには新たに11物質が追加され，現在23物質が対象となっている（**表1.2**）．

B. PCB（ポリ塩化ビフェニル）

　PCBは化学的にきわめて安定で，耐熱性を有し，絶縁性など電気的にもすぐれた性質をもっているため，変圧器・コンデンサー用の絶縁油，可塑剤，塗料，ノンカーボン紙の溶剤などとして広く用いられてきた．しかし，PCBは生体に対する毒性が高く，発がん性があり，皮膚障害・内臓障害・ホルモン異常を引き起こすことが明らかになった．わが国では1968年に起こった「カネミ油症事件」を契機に，PCBの毒性が大きな社会問題となった．同事件の原因となったのは，米ぬか油の製造工程で熱媒体として使用されていたPCBが混入したことであった．この事件の発生後，PCBは1972年に製造・輸入・使用が禁止された．PCBを含む廃棄物は，国が具体的な処理体制を確立するまで使用者が保管することが義務づけられたが，1980年代以降になるとずさんな管理の実態が明らかとなってきた．このため，国は2001年7月に，「ポリ塩化ビフェニル廃棄物の適正な処理の推進に関する特別措置法」（略称，PCB処理特別措置法）を定め，PCB廃棄物を保管している事業者などに，保管・処

第1章　人間活動と環境問題

表1.2　残留性有機汚染物質（POPs）
（環境省ホームページ，http://www.env.go.jp/，2015年8月現在）

物質名	おもな用途
ポリ塩化ビフェニル（PCB）	過去にトランス等の絶縁油や熱交換器の熱媒体，感圧複写紙等に使用
DDT	過去に農薬，シラミ等の伝染病を引き起こす衛生害虫の駆除剤等として使用
アルドリン（Aldrin）	過去に農薬等として使用
エンドリン（Endrin）	過去に農薬等として使用
ディルドリン（Dieldrin）	過去に農薬，家庭用殺虫剤，シロアリ駆除剤等として使用
クロルデン（Chlordane）	過去にシロアリ駆除剤や農薬等として使用
ヘプタクロル（Heptachlor）	過去に農薬やシロアリ駆除剤等として使用（クロルデン中にも不純物として含有）
クロルデコン（Chlordecone）	過去に海外の熱帯地域で害虫駆除剤に使用
トキサフェン（Toxaphene）	海外では農薬として使用されていたことがある
マイレックス（Mirex）	海外では農薬として使用されていたことがある
ヘキサクロロベンゼン（HCB）	過去に除草剤の原料等として使用
ペンタクロロベンゼン（PeCB）	海外では農薬として使用されたが，日本では他の農薬の不純物・分解生成物，PCBの副生成物として非意図的に生成
β-ヘキサクロロシクロヘキサン（β-HCH）	リンデン製造の際の副生成物で，農薬のBHC製剤中に異性体の1つとして含まれる
α-ヘキサクロロシクロヘキサン（α-HCH）	リンデン製造の際の副生成物で，農薬のBHC製剤中に異性体の1つとして含まれる
リンデン（Lindane）	農薬BHCのγ-異性体を99%以上の純度で含有するものをリンデンという（γ-HCHと同義）
ポリブロモジフェニルエーテル類（テトラBDEおよびペンタBDE）	プラスチック樹脂等の難燃剤として使用
ポリブロモジフェニルエーテル類（ヘキサBDEおよびヘプタBDE）	プラスチック樹脂等の難燃剤として使用
ヘキサブロモビフェニル（HBB）	海外では過去にABS樹脂等の難燃剤として使用
ペルフルオロオクタンスルホン酸（PFOS）	界面活性剤として半導体用反射防止剤・レジスト，金属メッキのミスト防止剤，泡消火薬剤等に使用
ポリ塩化ジベンゾ-パラ-ジオキシン（PCDDs）	物を燃やしたり，塩素を含む有機化合物を製造する工程等で副生成物として非意図的に生成
ポリ塩化ジベンゾフラン（PCDFs）	物を燃やしたり，塩素を含む有機化合物を製造する工程等で副生成物として非意図的に生成
エンドスルファン（Endosulfan）	過去に農薬等として使用
ヘキサブロモシクロドデカン（HBCD）	プラスチック樹脂等の難燃剤として使用

分の状況を都道府県知事に届け出ることや，法施行日（2001年7月15日）から15年以内にPCB廃棄物を処分することなどを義務づけた．しかし，2012年12月には政令が改正され，処理期間は2027年3月までとなった．

C. ダイオキシン類

　ダイオキシン類は工業的に製造される化学物質ではなく，物が燃焼する過程で非意図的に生成する．日本ではごみを焼却処理することが多いため，それによる大気への排出量が多かった．ダイオキシン類の中で最も毒性が強い2,3,7,8-TCDD（テトラクロロジベンゾ-パラ-ジオキシン）を使った動物実験から，青酸カリの約1,000倍，サリンの約2倍の毒性があることが強調されたこともあり，1983年頃から日本において大きな社会問題となった．ダイオキシン類の毒性には，上記の急性毒性以外にも発がん性，生殖毒性，免疫毒性，催奇性など，非常に幅広い毒性を有することが明らかになっている．ダイオキシン類対策においては，耐容一日摂取量[注1]を定め，大気，水質，土壌の各環境基準とその達成に必要な規制・措置をおこなった結果（1999年7月にダイオキシン類対策特別措置法が制定），排出量の大幅な削減が達成され，環境大気中の濃度低下が確認された．

D. 内分泌かく乱化学物質（環境ホルモン）

　内分泌かく乱化学物質の通称として，「環境ホルモン」が使われることが多い．本来のホルモンは，体内でつくられて情報伝達をつかさどる物質のことであるが，環境ホルモンは環境中に存在し，ホルモンのように作用してその正常な働きを妨げる人工の化学物質のことをいう（**図1.5**）．すでにDDT，PCB，ノニルフェノール，ビスフェノールAなどの影響で生殖異変を起こしている野生動物種が存在すること，そしてこれらの化学物質は人体にも蓄積されており，近い将来，人の生殖を脅かす恐れがあることなどが指摘された．日本では，1997年にシーア・コルボーンらによる『奪われし未来』[7]，1998年にデボラ・キャドバリーによる『メス化する自然』[8]（ともに翻訳書）が相次いで出版されると，日本国内で急速に環境ホルモンへの関心が高まり，大きな社会問題となった．

　その後，内分泌撹乱化学物質について研究された結果，当初考えられたよう

注1　生涯にわたって継続的に摂取したとしても健康に影響をおよぼす恐れがない，1日あたりの摂取量

第1章　人間活動と環境問題

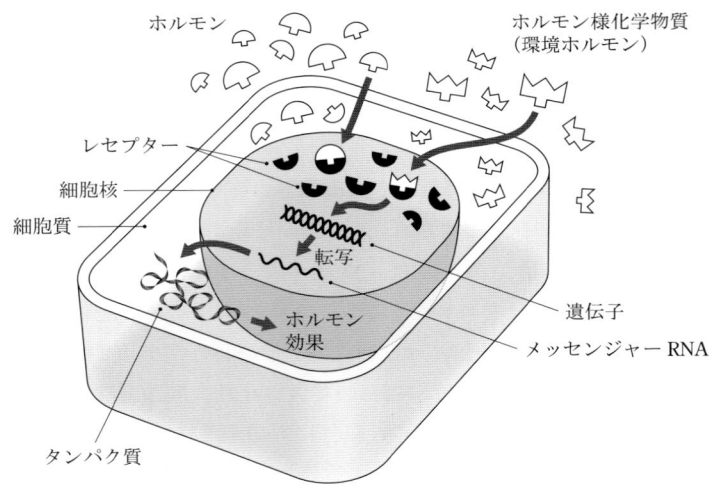

図1.5　ホルモンとホルモン・レセプターの働き
（井口ほか，1998[6]）をもとに作成）

な人に対する危険性をもっているとは考えにくいとする意見が多いのが現状である．その一方で，近年の日米欧における自閉症や発達障害児の急速な増加に，農薬やPCBなどの環境化学物質による特定の脳神経機能障害が関与している可能性が報告されてきている[9]．環境省は，そのような環境要因が子供の成長と発達にどのような影響をおよぼすのかを調査するため，胎児と13歳までの小児を対象とした大規模な疫学調査（通称，エコチル調査）を開始した．

1.3　環境保全に関する法律

前節では，環境問題の歴史的な変遷について述べてきたが，これらの問題に対して，日本ではどのような法律を制定して対策を図ってきたかを知ることは重要である．ここでは，公害対策基本法の制定以降における環境保全に関する法律について眺めてみよう．

日本では1960年代に入ると，四大公害病をはじめとする公害による健康被害が深刻化してきたため，1967年に「公害対策基本法」を制定し，典型7公害の防止と対策を目的に法規制をおこなってきた．しかし，1990年代になっ

て地球環境問題が大きくクローズアップされるとともに，従来の法体系では地球環境の現状や国際協力に十分対応できなくなったため，1993年に「環境基本法」を制定した．環境基本法は，日本の環境政策の根幹を定める環境の憲法ともいうべき法律（基本法）であり，その大半は環境施策の方向性を示す規程から構成されている．以下の３つを環境保全の基本理念としている．
（1）環境の恵沢の享受と継承
（2）環境への負荷の軽減と持続的発展が可能な社会の構築
（3）国際的協調による地球環境保全の積極的推進

同法には環境基準の設定や環境基本計画の策定など，具体的な施策に関する規定も含まれる．ここで，環境基準とは，維持されることが望ましい基準として定められる行政上の政策目標であり，現在，大気汚染，水質汚濁（地下水を含む），土壌汚染，騒音について定められている．一方，汚染物質の排出などを規制するために設けられる排出基準は，通常事業者に対して改善命令，罰則などの強制力を伴うが，環境基準についてはそのような強制力を伴わない．大気，水質および土壌にかかわる環境基準を**付録A**に示す．水質環境基準には，人の健康の保護に関する環境基準（健康項目）と，生活環境の保全に関する環境基準（生活環境項目）がある．前者は全国の水域に一律に適用されているのに対して，後者は河川，湖沼，海域毎に水の利用目的に応じて類型を設け，それぞれ異なる値が適用されている．

次に，環境化学物質にかかわる重要な法律についていくつか紹介する．

A． 大気汚染防止法（1968年制定，その後改正）

この法律は，大気汚染に関し，国民の健康の保護，生活環境の保全，人の健康にかかわる被害が生じた場合における事業者の損害賠償の責任について定めることにより，被害者の保護を図ることを目的とする．具体的には，工場および事業場における事業活動ならびに建築物の解体などに伴うばい煙，揮発性有機化合物および粉じんの排出を規制するとともに，有害大気汚染物質対策の実施を推進し，自動車排出ガスにかかわる許容限度を定める．排出基準（排出口における濃度基準，ただし硫黄酸化物を除く）は，対象物質ごとに環境濃度を想定し，拡散希釈率を考慮して設定されるが，各地方自治体が地域の自然的・社会的条件に応じて，上乗せ基準と横出し基準（**図1.6**）を条例で定めることにより，排出基準の強化が認められている．また，濃度規制だけでは環境基準

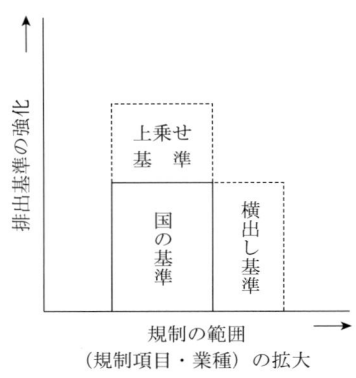

図1.6　上乗せ基準と横出し基準の概念

を達成することが困難な場合には，地域を指定して総量規制がおこなわれる．

B.　水質汚濁防止法（1970年制定，その後改正）

　この法律は，大気汚染防止法の場合と同様に，水質汚濁に関して被害者の保護を図ることを目的とする．具体的には，工場および事業場からの汚水および廃水に関して，公共用水域への排出および地下への浸透を規制するとともに，生活排水対策の実施などにより，公共用水域および地下水の汚濁を防止する．ここで，公共用水域とは，河川，湖沼，港湾，沿岸海域，その他公共の用に供される水域，およびそれに接続する一切の溝渠と水路を含む．排出基準は，一般に国が定めた一律基準（環境基準の10倍）が適用されるが，大気汚染防止法の場合と同様に，各地方自治体には上乗せ基準と横出し基準の設定や，総量規制の導入による規制の強化が認められている．

C.　化学物質の審査及び製造等の規制に関する法律（1973年制定，その後改正）

　通常，「化審法」と略称されることが多い．この法律は，難分解性を有し，かつ人の健康を損なう恐れや，動植物の生息もしくは生育に支障をおよぼす恐れがある化学物質による環境汚染の防止を目的とする．具体的には，新規の化学物質の製造または輸入に際し，事前にそれらが難分解性などの性状を有するかどうかを審査し，その性状に応じて化学物質の製造・輸入・使用について必要な規制をおこなう．化学物質について有害性調査をおこない，有害性が明らかとなった場合には以下に指定する．

・第一種特定化学物質：難分解性，高蓄積性および人または高次捕食動物へ

の長期毒性の恐れがあるもの（PCB，DDTなど30物質，**付録B**参照）．製造，輸入および一部用途以外の使用が禁止される．
- 第二種特定化学物質：高蓄積性はないが，人または動植物への長期毒性の恐れがあるもの（トリクロロエチレン，四塩化炭素など23物質，付録B参照）．製造・輸入の予定・実績数量について届出が義務づけられ，それらの製造・輸入・使用が規制される．

D. **環境影響評価法（1997年制定，その後改正）**

この法律は，大規模公共事業などが周辺環境におよぼす影響について，事業者みずからが事前に調査・評価し，その結果にもとづいて事業を回避，またはより環境に配慮した事業内容に変更する「環境アセスメント」の手続きを定めたものである．現在，以下の13事業が対象となっている．

> 道路，河川（ダム），鉄道，飛行場，発電所，廃棄物最終処分場，埋立て・干拓，土地区画整理事業，新住宅市街地開発事業，工業団地造成事業，新都市基盤整備事業，流通業務団地造成事業，宅地造成事業

E. **ダイオキシン類対策特別措置法（1999年制定，その後改正）**

この法律は，ダイオキシン類による環境汚染の防止やその除去などにより，国民の健康を保護することを目的とする．このため，耐容一日摂取量を4pg-TEQ $kg^{-1} d^{-1}$ とし，大気，水質，土壌の各環境基準とその達成に必要な規制・措置を定めた．

F. **特定化学物質の環境への排出量の把握等及び管理の改善の促進に関する法律（1999年制定，その後改正）**

この法律は，人の健康や生態系に有害性をおよぼす恐れのある化学物質について，事業所からの環境（大気，水，土壌）への排出量および事業所外への移動量を，事業者が集計して国に届け出た後，国はそれらのデータや推計にもとづき，排出量・移動量を公表することを定めたものである．英語名（pollutant release and transfer register）の頭文字から「PRTR法」と略称されることが多い．また，同法律では，事業者に化学物質の性状および取扱いに関する情報（化学物質安全性データシート，material safety data sheet：MSDS）の提供を義務づけている．これらにより，化学物質に対する事業者の自主管理が進み，環境への排出量の低減が可能となる．現在，第一種指定化学物質として462物質（そ

のうち15物質が発がん性のある特定第一種指定化学物質）が対象となっている．

G. 土壌汚染対策法（2003年制定，その後改正）

　この法律は，土壌汚染の状況の把握や土壌汚染による人の健康被害の防止に関する措置などの土壌汚染対策を実施することにより，国民の健康を保護することを目的とする．典型7公害の中で，土壌汚染に対する法制化は大幅に遅れた．しかし，近年工場移転に伴う跡地の再開発が増え，工場跡地で重金属類や揮発性有機化合物などによる土壌や地下水の汚染が次々に発見されるようになったことから，法的な整備が必要となった．土壌汚染の対策は，汚染の未然防止とすでに発生した汚染の浄化の2つに大別される．土壌汚染により健康被害が生ずる恐れがあると認められたときは，土地所有者または汚染原因者は汚染を除去しなければならない．なお，同法は2010年4月に改正され，上記の土壌汚染に加えて，自然由来による土壌汚染も対象とすることとなった．

● コラム　　化学物質の光と影

　当初は「無害」だと思われている化学物質であっても，危険性・有害性が見いだされたため，製造や使用が禁止されたり，制限される物質が存在する．特に安価で有効性が非常に高いため，世界中で大量に使用されてきた化学物質の場合は，その影響は計り知れないものがある．そのような化学物質の代表例として，本章で取り上げた DDT や PCB，フロンがある．本コラムでは，それら以外の化学物質の光と影について紹介しよう．

A．四エチル鉛

　四エチル鉛は，1921 年に米国・GE 社で，エンジンのアンチノッキング剤（金属性の打撃音および打撃的な振動を防ぐ薬剤）として開発された．長期にわたってガソリンに添加されたが，1960 年代より排気ガス中の鉛による道路周辺住民の健康被害や環境汚染が問題となった．その後，国際的に自動車用ガソリンへの添加が禁止されたが，一部の発展途上国では現在でも使用されている．

B．有機スズ

　有機スズの一種で船底塗料であるトリブチルスズ（TBT）が原因で，カキの養殖量が激減したことなどから，大きな社会問題となった．2001 年には，「船舶の有害な防汚法の管理に関する国際条約」が締結され，TBT および TPT（トリフェニルスズ）の使用が禁止された．しかし，海水中の TBT 濃度がわずか 1 ppt であっても，イボニシのメスに異常がみられたことから，内分泌撹乱作用が疑われている．

C．トリクロロエチレン/テトラクロロエチレン

　トリクロロエチレンとテトラクロロエチレンは，脱脂力が大きいため，半導体や金属関連の工場，ドライクリーニングなどで脱脂剤や洗浄剤として 1980 年代頃まで使用されてきた．しかし，その後発がん性が指摘され，それらによる土壌汚染や地下水汚染が明らかとなったため，各国で水質汚濁ならびに土壌汚染にかかわる環境基準が設定された．

D．ポリ臭化ジフェニルエーテル（PBDE）

　PBDE は，置換臭素の位置や数によって計算上 209 種類の異性体が存在する．その難燃効果の高さから，電気製品や建材，繊維などの難燃剤として添加され，特にプラスチック製品などの可燃性物質に広く利用されてきた．しかし，最近になってその環境汚染と生体影響が危惧され，2009 年に POPs に追加された．

第2章　環境中の物質循環

　本章では環境中の物質循環について解説する．**物質循環**とは，自然界において物質が物理的・化学的性質を変えながら循環することをいう．一般的に物質循環は，炭素循環のようにさまざまな化合物（二酸化炭素，炭酸カルシウム，有機化合物など）に変化する場合が多いので，元素単位で表される．一方，水循環のように，気体，液体，固体に変化しても分子（H_2O）自体が変化しない場合には，分子単位で示される．

2.1　環境問題と物質循環のかかわり

　地球は大気圏・水圏・地圏・生物圏から構成されており，この間をエネルギー（熱）や水，化学物質が循環することによって，お互いに強い相互作用で結ばれている．少なくとも1万年前から20世紀の中頃までは，地球上でのエネルギーや化学物質の循環がほぼ定常状態に保たれることによって，地球環境（気温，降水量，大気組成など）はほぼ一定の範囲内に維持されてきた．しかし，産業革命以降における人間活動の増大は，大気圏や水圏への汚染物質の排出や森林破壊などを通して，「自然状態」ともいうべき定常状態を急速に人間社会や生物圏にとって好ましくない方向にシフトさせつつある．これが，地球環境問題と呼ばれるものである．

　地球上での化学物質の循環は，無機的な物理的・化学的プロセスだけによって決定されるのではなく，生物も関与した**生物地球化学サイクル**（biogeochemical cycle）と密接に関係している．例えば，2.3節で述べるように，人間活動によって大気に放出された二酸化炭素の一部は海洋に吸収されるが，それには「生物ポンプ」と「アルカリポンプ」と呼ばれる植物プランクトンの働きが重要な役割を果たしている．ここで，生物ポンプとは，植物プランクトンによる海洋表層での有機物の生産とその深海への輸送・分解によるものであり，アルカリポンプとは，有孔虫などのプランクトンによる炭酸塩殻の生産とその深海

への輸送・溶解によるものをいう（詳細は，第4章参照）．一般的に，海洋表層の植物プランクトン量は栄養塩類の濃度によって制限されている．しかし，北部大西洋，赤道域，アラスカ湾，南極海のように，栄養塩類の濃度が高いにもかかわらず植物プランクトン量が少ない海域もある．これは，大陸内部から大気を通して長距離輸送される土壌粒子に含まれる鉄の供給によって，植物プランクトン量が制限されているためである．この例からも明らかなように，地球温暖化の原因やメカニズムの解明には，生物地球化学サイクルが密接にかかわる地球上の炭素循環の理解が不可欠となる．

　本章では，最初に人類の水資源の確保に直接かかわる地球上の水循環を取り上げ，地球温暖化が水循環におよぼす影響について考えてみる．続いて，地球上の炭素，窒素，硫黄，残留性有機汚染物質（POPs）および水銀の循環をそれぞれ取り上げる．これらの物質は，いずれも人間活動の寄与が大きく，地球規模での汚染が問題となっている．一方，内湾や湖沼などにおける環境汚染や富栄養化の問題は，ローカルな規模での化学物質の循環に対する人間活動の介入ととらえることができる．大気，海洋，陸水，土壌におけるローカルあるいはリージョナルな規模（ほぼ大陸規模）での物質循環については，3章から6章でそれぞれ取り上げているので，各章を参照してほしい．

2.2　地球上の水循環

2.2.1　水循環と水の滞留時間

　地球上における水の大循環（**図2.1**）は，海水の蒸発と降水によって引き起こされる．この原動力となるのが，絶え間なく地球に送られてくる太陽からの放射エネルギーである．地球表面（厳密には地球大気の上端）に太陽から供給される放射エネルギーは，$1\,cm^2$あたり毎分$8.22\,J$に相当するが，その約$1/4$のエネルギーが地表で水の蒸発に使われている．

　海水の蒸発によって大気に供給された大量の水蒸気の一部は，陸地に輸送され，やがて降水となって地表に到達する．その一部は河川や湖沼に流れ込んだり，そのまま蒸発して大気に戻るとともに，地下に浸透して植物に吸収されて葉から蒸散したり，帯水層まで浸透して地下水になったりする．しかし，いずれの水も最終的には海に戻り，循環が繰り返されることになる．海水の量は不

第2章　環境中の物質循環

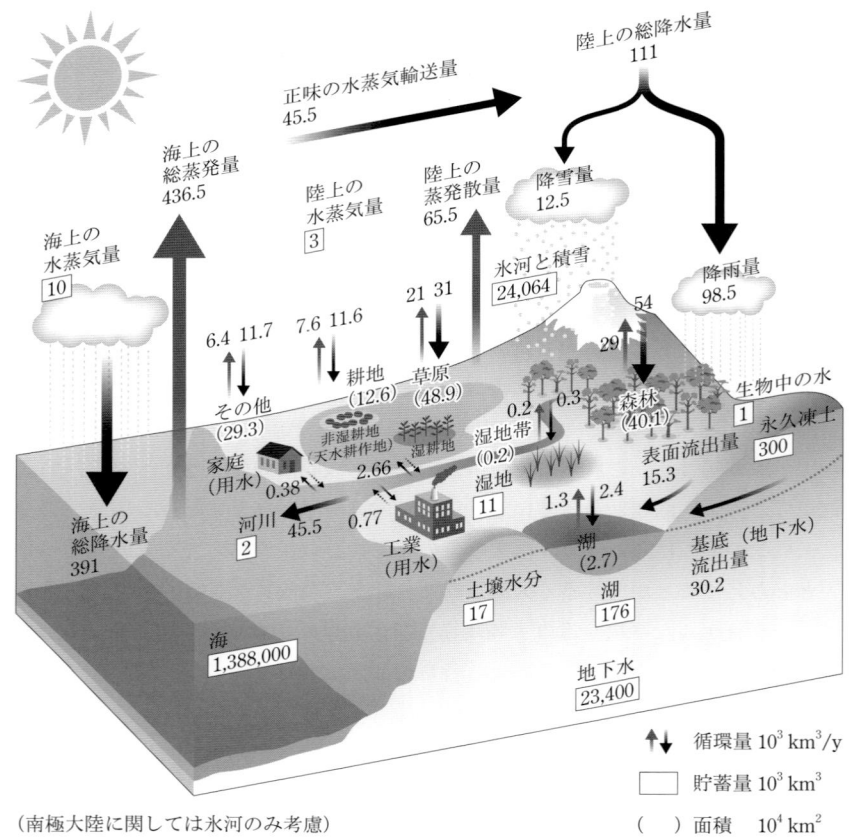

（南極大陸に関しては氷河のみ考慮）

図2.1　地球上の水循環
（Oki and Kanae, 2006[1)]をもとに作成）

変であると考えられているので，海水から蒸発した量に相当する水が，海上での降水や河川水，地下水を通して海に戻るわけである．

ここで，地球上の水が貯蔵されている場所を，便宜上，大気，海洋，湖沼，河川，地下水などの貯蔵庫（リザーバー）に分け，各貯蔵庫の水の総量が不変であること（定常状態）を仮定する．すると，次式により各貯蔵庫における水の**平均滞留時間**（τ）を計算することができる．

$$\tau = \frac{\text{水の総量}}{\text{水の流入速度（または流出速度）}} \tag{2.1}$$

この時間は，各貯蔵庫の水がすべて新しい水と入れ替わるのに要する時間に相当し，各貯蔵庫の水の平均寿命とみなすこともできる．図2.1に示された数値を用いて計算すると，水の平均滞留時間は貯蔵庫の違いによって大きく異なり，例えば大気の水蒸気（海上＋陸上）では10日，河川水では16日と短時間である．一方，海洋になると，これが桁違いに長くなって，3,200年にもなる．地下水については，流入速度を見積もることが難しいが，1,000年以上の長い平均滞留時間になると予想される．

2.2.2 水資源

水資源の観点から地球上に分布する水の量をみてみる．図2.2に示したように，地球上のさまざまな場所に水が存在するが，海洋の海水がこれらの水の97％以上を占めている．その次に多いのが固体の雪や氷で，これに地下水が続く．その一方で，大気が含む水蒸気は地球上の総量のわずか0.001％であり，

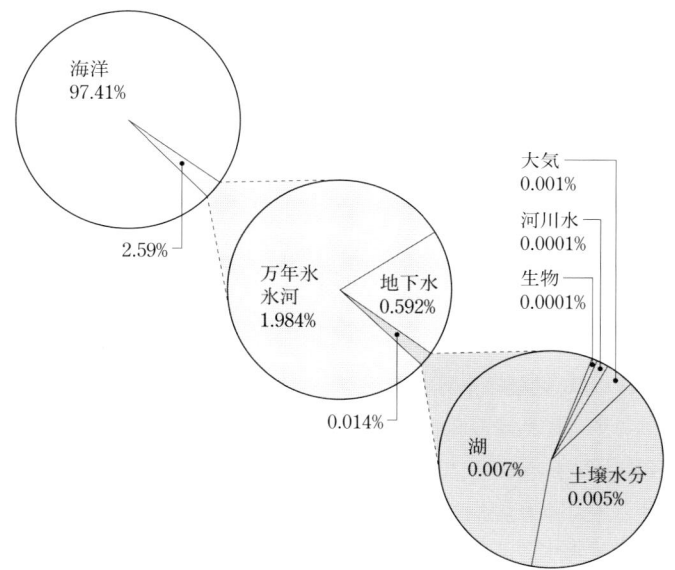

図2.2　地球上の水の分布
（Speidel and Agnew, 1988[2]）より）

河川水は0.0001%しかない．いうまでもなく，人類が必要としている水は淡水である．淡水は，河川水，湖沼水，地下水などの陸水に限られているが，この中で需要をまかなうのは主として河川水である．世界の河川水の量は，文献によってかなり差異があるが，地球上の河川には約2,000 km^{3}の淡水が貯えられているようである[3]．

一方，2000年における全世界の取水量は，その約2倍に相当する4,000 km^{3}であった．河川水がこのような膨大な量の淡水の供給を可能にしているのは，地球上に蒸発と降水を繰り返す水の循環プロセスが存在するためである．前述したように，河川水の平均滞留時間を16日とすると，このことは1年間に河川水が約23回（＝365日÷16日）新しい水と入れ替わっていることを意味する．したがって，人類が1年間に利用できる河川水の量は2,000 km^{3}ではなく，4万km^{3}以上にもなると計算される．

このように，人類が利用できる河川水の量（水資源量）は，一見すると十分存在しているようにみえる．しかし，地球上の水の分布や降水量が平均的でないこと，大都市に人口が集中し，局所的に慢性的な水不足が起こるようになったこと，水汚染の進行が利用可能な水の量を少なくしていることなどにより，乾燥地域や一部の大都市域では水資源の確保が困難な状況にある．それらに加えて，次に述べる地球温暖化の問題は，水資源の源である降水量の地域分布を変化させることによって，水資源の危機にいっそう拍車をかけることが予想される．

2.2.3 地球温暖化の影響

大気中の二酸化炭素（CO_2）をはじめとする「温室効果ガス」の濃度が，毎年確実に増えてきている．IPCCの第5次評価報告書は，1880年から2012年における地球の平均気温の上昇幅は0.85℃であり（**図2.3**），人間活動による温室効果ガスの増加が地球温暖化の原因である可能性がきわめて高い（発生確率95～100%）としている[4]．では，地球温暖化は水資源と水分布にどのような影響をおよぼすだろうか．

気温の上昇は海水の蒸発量を増やすため，地球全体でみると降水量が増加することになるが，降水量の地域分布に変化が生じることが予想される．気候モデルを用いた計算結果によると，人間活動によるCO_2の排出量が最も多いシナ

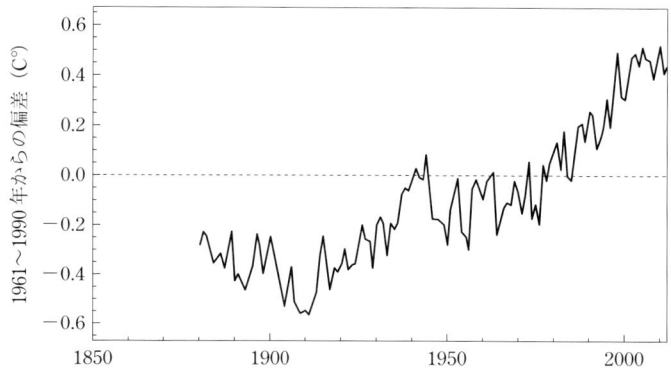

図2.3 世界の年平均地上気温の経年変化（米国海洋大気庁国立気候データセンターによる解析データ）
(IPCC, 2013[4])を一部改変）

リオの場合，21世紀末までに年平均降水量は高緯度域，太平洋赤道域およびほぼすべての中緯度湿潤地域で増加するが，逆に中緯度域と亜熱帯における多くの乾燥地域では減少する可能性が高い（発生確率66〜100％）としている．したがって，地球全体で水蒸気が増えたからといって，必ずしもすべての地域で年平均降水量が増えるわけではない．さらに計算結果は，年平均降水量の変化とともに，集中豪雨型の雨が多くなることを予測している．このような蒸発量と降水量の変化は，土壌水分量や河川流量に影響し，世界の水資源の分布に重大な変化をもたらすことが危惧される．

2.3 地球上の炭素循環

環境中の炭素は，CO_2としてだけでなく，固体の有機物や炭酸カルシウム（$CaCO_3$）として存在し，海水中にはHCO_3^-やCO_3^{2-}の形で溶存している．地球上の炭素循環にかかわる最も重要な物質は，いうまでもなく地球温暖化の原因となるCO_2である．人間活動の影響が非常に小さかった産業革命以前（1750年以前）は，陸上生物圏（森林などの植生）と海洋は，大気と常にCO_2を交換することによって放出量と吸収量がほぼ釣り合っていたため，大気中のCO_2濃度はほぼ一定に保たれてきた．しかし，人間活動が活発化してくると，放出量

第2章　環境中の物質循環

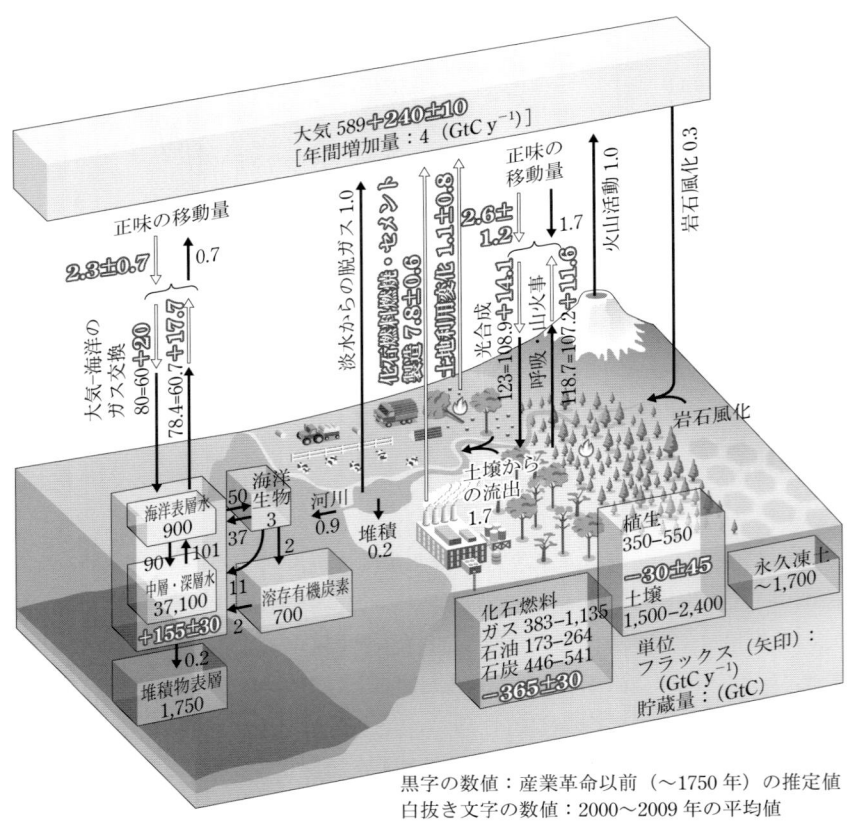

図2.4　地球上の炭素循環
（IPCC, 2013[4]）を一部改変）

が吸収量を上回ってこの釣り合いがとれなくなり，大気中のCO_2濃度が増加してきた．

　IPCCの第5次評価報告書では，2000〜2009年における地球表層の各貯蔵庫に含まれる炭素量（GtC，ギガトン（Gt）は10^9トン）と貯蔵庫間での炭素の年間移動量（GtC y^{-1}）は，**図2.4**のようになっている．産業革命以前の各貯蔵庫の炭素量は，大気：589 GtC，海洋：38,000 GtC（表層水：900 GtC＋中層・深層水：37,100 GtC），陸上：3,550−4,650 GtC（土壌：1,500−2,400 GtC＋永久凍土：約1,700 GtC＋植生：350−550 GtC），化石燃料：1,002−1,940 GtC（ガス：

表2.1 産業革命以降（1750-2011年）における地球上のCO_2の収支
（IPCC, 2013[4]より）

大気への放出	545 GtC
化石燃料燃焼とセメント製造	365 ± 30 GtC
土地利用変化（森林伐採など）	180 ± 80 GtC
大気からの除去	305 GtC
海洋への吸収	155 ± 30 GtC
植生への吸収	150 ± 90 GtC
大気中に残留	240 ± 10 GtC

383-1,135 GtC＋石油：173-264 GtC＋石炭：446-541 GtC）であった（図中の黒字の数値）．しかし，現在の化石燃料と植生の炭素量は，化石燃料燃焼や森林伐採などの人間活動により，産業革命以前と比べてそれぞれ365±30 GtCおよび30±45 GtC減少し，逆に大気と海洋の炭素量は，それぞれ240±10 GtCおよび155±30 GtC増加した（図中の白抜き文字の数値）．

　一方陸上では，産業革命以降の人間活動により，土地利用変化（主として森林伐採）や植生の呼吸（酸素（O_2）による有機物の分解）・山火事による大気への炭素放出量は増加したが，光合成による植生への炭素吸収量も増加したため，大気-陸上間における正味の炭素移動量の変化（大気に30±45 GtC放出）は小さかった．このことから，産業革命以降に大きな土地利用変化があったにもかかわらず，陸上における炭素の放出量と吸収量はよく釣り合っているといえる．この理由として，大気中のCO_2濃度の上昇により光合成が活発化したことに加えて，中緯度や高緯度地域における植物の成長に有利な気候変化があげられる．

　以上の結果をまとめると，**表2.1**に示したように，産業革命以降（1975-2011年）に人間活動によって大気に放出された全炭素量は545±85 GtCであり，このうち44％（240±10 GtC）が大気に残留し，残りは海洋（155±30 GtC）と植生（150±90 GtC）に吸収されたことになる．

2.4　地球上の窒素循環

　地球全体における窒素の貯蔵庫を**図2.5**に示す．量は確定していないが，まだかなりの量の窒素（約50％）がマントルや地殻内部に存在しているようで

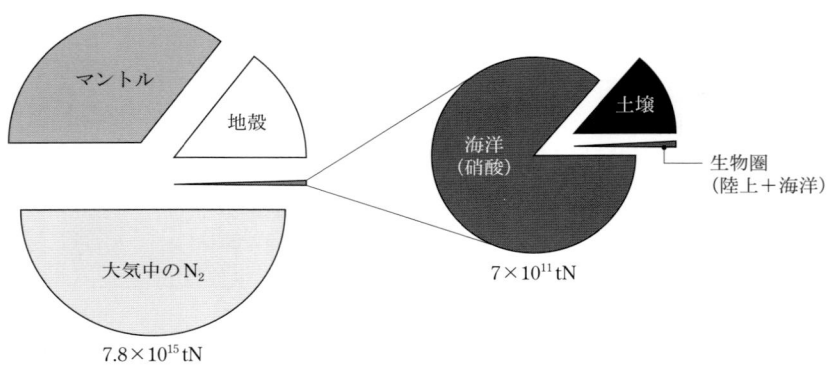

図2.5 地球全体における窒素の貯蔵庫
（Canfield *et al.*, 2010[5]より）

ある．大気中の窒素はN_2の形態で存在し，その濃度は78％，総量は3.9×10^{15} tNである．一方，海洋および陸域の土壌と生物には，7×10^{11} tNの窒素が存在する．大気中のN_2は化学的にきわめて安定であるが，マメ科植物に共生する根粒菌や藍藻などの微生物は，大気中のN_2を体内に取り込んでアンモニア（NH_3）に還元し，アミノ酸を合成することができる．この過程は**窒素固定**（nitrogen fixation）と呼ばれる．

酸素（O_2）が存在する環境下では，NH_3はバクテリアの働きにより硝酸（NO_3^-）や亜硝酸（NO_2^-）に酸化される．これに対して，O_2が制限された還元的な環境下では，バクテリアがエネルギー源としてO_2の代わりにNO_3^-を利用して有機物を分解するため，その結果NO_3^-はN_2や亜酸化窒素（N_2O）に還元される．前者の反応は**硝化**（nitrification），後者の反応は**脱窒**（denitrification）と呼ばれ，窒素固定とともに，地球表層の窒素の生物地球化学サイクルにおいて重要な役割を果たしている．

近年における人間活動の増大は，窒素の生物地球化学サイクルにも大きな影響を与えた（**図2.6**）．特に，ハーバー・ボッシュ法と呼ばれる人工の窒素固定法が開発され，大気中のN_2からNH_3を合成することにより窒素肥料の大量生産が可能になったことが大きい．これにより，世界中で大量の窒素肥料が農業に利用されるようになった．窒素循環に影響を与えた人間活動として，ハーバー・ボッシュ法のほかには，農業生産（主としてマメ科牧草の栽培）および

2.4 地球上の窒素循環

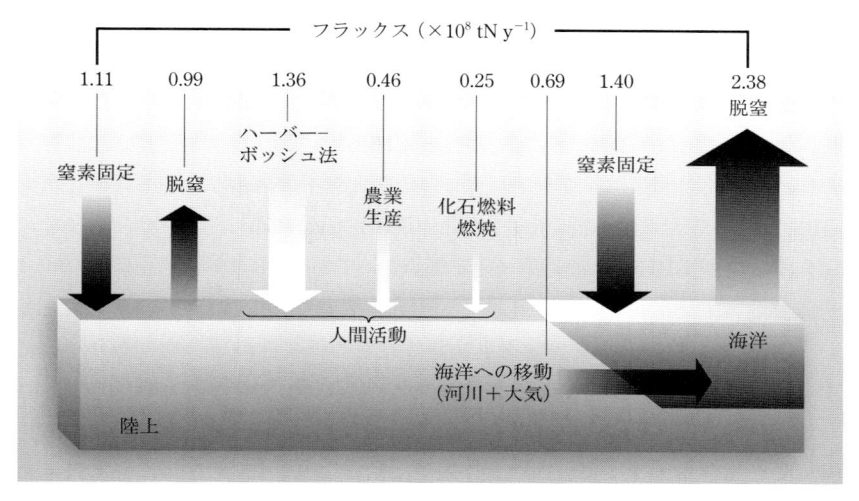

フラックス（$\times 10^8 \text{ tN y}^{-1}$）

1.11 窒素固定／0.99 脱窒／1.36 ハーバー–ボッシュ法／0.46 農業生産／0.25 化石燃料燃焼／0.69 窒素固定／1.40／2.38 脱窒

人間活動　海洋への移動（河川＋大気）　陸上　海洋

図2.6　地球上の窒素循環
（Canfield *et al.*, 2010[5]より）

化石燃料燃焼に起因する窒素固定があげられる．なお，化石燃料燃焼（自動車や火力発電所など）による窒素固定は，微生物やハーバー・ボッシュ法による窒素固定とは異なり，化石燃料の燃焼過程で大気中のN_2が窒素酸化物（NOまたはNO_2）に酸化されることで起こる．人工的な窒素の年間固定量（$2.1 \times 10^8 \text{ tN y}^{-1}$）は，陸域における自然状態での固定量（$1.1 \times 10^8 \text{ tN y}^{-1}$）の約2倍になっており，地球全体（$4.6 \times 10^8 \text{ tN y}^{-1}$）の45％にも相当する．

人間活動が地球上の窒素循環に与えた変化は，さまざまな問題を引き起こしている．1960年から2000年までの間に窒素肥料の使用量は約8倍に増加し，その半分は小麦，米，トウモロコシの生産に使用された．これらの作物の窒素利用効率は通常40％以下であるので，使用された大部分の肥料は作物に利用される前に農地から流出するか，土壌内で脱窒作用を受けN_2となって大気に放出される．このように，合成窒素肥料の使用量の増加は，水域の富栄養化や大気へのN_2Oの放出に起因する環境問題を引き起こしている．N_2OはCO_2の310倍もの温室効果（1分子あたりの100年間における温室効果の強さ）を有し，やがて成層圏に移行するとオゾンと反応してそれを破壊する．これらの環境問題の詳細については，3章と6章を参照してほしい．

2.5 地球上の硫黄循環

地球上の硫黄循環を図2.7に示す．硫黄の大部分は，海洋および堆積物・地殻内に存在する．大気中の硫黄は，存在量は小さいが，後述するように酸性雨や地球温暖化の問題に深くかかわっている．大気中の硫黄は，おもに硫化水素（H_2S），硫化ジメチル（dimethyl sulfide：DMS, CH_3SCH_3），二硫化炭素（CS_2），硫化カルボニル（COS）の形態（還元態硫黄）であり，少量が二酸化硫黄（SO_2）や硫酸塩エアロゾルとして存在する．還元態硫黄の中ではDMSの量が最も多い．DMSは海洋の植物プランクトンが生産する揮発性の化合物であり，大気中でヒドロキシラジカルや硝酸ラジカルなどによって酸化され，SO_2になる．

近年における人間活動の増大は，地球上の硫黄循環を大きく変化させた[7]．特に化石燃料燃焼や金属製錬などの産業活動により，120年前に比べて大気へ

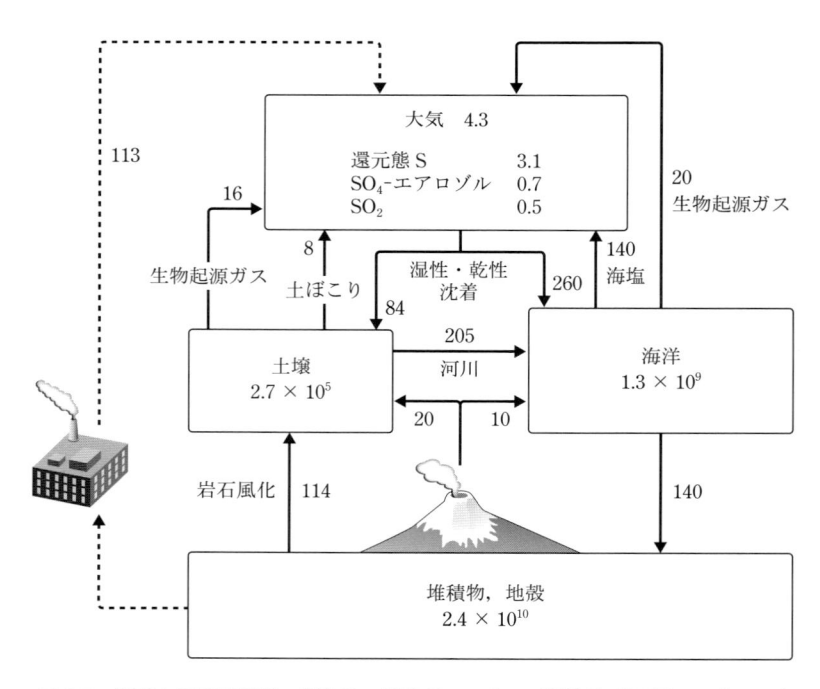

図2.7 地球上の硫黄循環．単位は，貯蔵量：10^6 tS, 移動量（矢印）：10^6 tS y^{-1}
（Stumm and Morgan, 1996[6]）をもとに作成）

のSO$_2$の排出量は20倍にもなった．その結果，大気から陸地や海洋に沈着する硫黄量が増加し，さらに工場排水や肥料からの寄与も加わって，河川が海洋に運び込む硫黄量も約2倍になった．

　大気中のSO$_2$は最終的に硫酸（H$_2$SO$_4$）に酸化され，降水の酸性化に寄与する．一方，生成した硫酸塩は水分子を引きつけて凝縮させやすくするため，雲を形成する凝結核として働く．大気中の硫酸塩が増加すれば，雲が多く形成されることにより太陽光の反射が増え，その分だけ気温が低下する．これ以外にも，硫酸塩が太陽光を吸収・散乱して気温を下げる直接的な影響もある．酸性雨の生成や硫酸塩の気候への影響については，3章を参照してほしい．

2.6　地球上の残留性有機汚染物質の循環

　環境中で分解されにくいため残留性が高く，野生生物や人に対する毒性や蓄積性を有する有機化合物を，一般に**残留性有機汚染物質**（persistent organic pollutants : POPs）と呼ぶ．現在，ポリ塩素化ビフェニル（PCB），ポリ塩素化ジベンゾ-p-ジオキシン（PCDD），ポリ塩素化ジベンゾフラン（PCDF），2,2-ビス(p-クロロフェニル)-1,1,1-トリクロロエタン（DDT），ヘキサクロロシクロヘキサン（HCH）など，23物質がPOPsに該当する（表1.2）．それらの多くは蒸気圧が小さいがゼロではないため，気温が上昇すると土壌や水域，植生から大気へと揮発し，逆に低温になると地表に凝縮する．このような揮発と凝縮を繰り返すことにより，POPsは大気を通して汚染がほとんどない極地にまで長距離輸送される．さらに，そこに生息する野生動物にも高濃度で濃縮されていることが判明したことから，国際的に大きな問題となった．太平洋における表面海水中のPOPs濃度の観測結果によると，それらの生産と使用が集中している北半球中緯度地域で特に汚染が進んでいるが，熱帯低緯度地域や北極圏にまで汚染が拡大している（**図2.8**）．しかし，これらの化学物質の生産と使用がストックホルム条約（2001年5月に締結）で規制されたことから，POPsによる環境汚染は先進国を中心に低下する傾向にある[9]．

　その一方で，プラスチック製品などの可燃性物質の難燃剤として需要が増加しているポリ塩化ジフェニルエーテル（PBDE）は，最近になってその環境汚染の拡大と生体影響が危惧されはじめたため，2009年にPOPsに追加された．

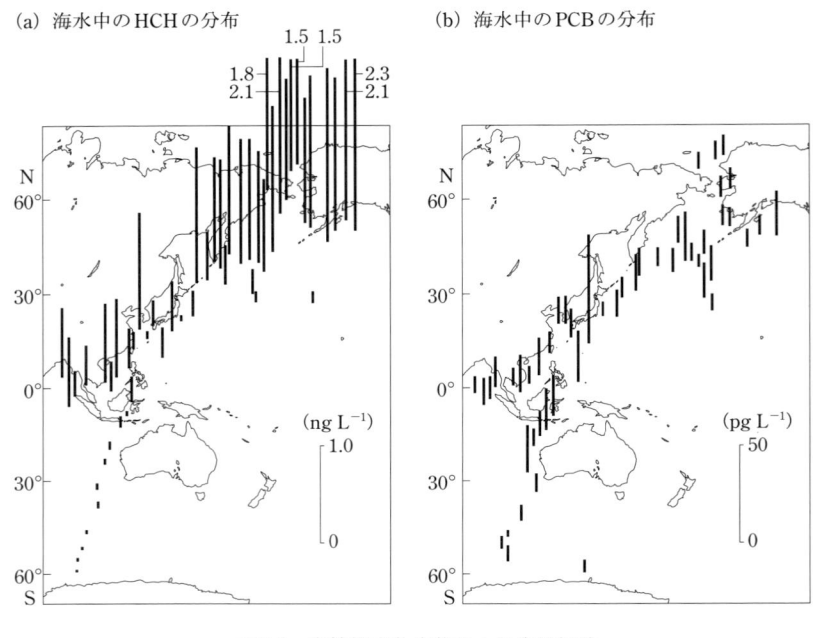

(a) 海水中のHCHの分布　　　　(b) 海水中のPCBの分布

図2.8　有機塩素化合物による海洋汚染
（立川，1991[8]）より）

特にプラスチック類製造のためにPBDEの需要が高く，また廃電化製品に使用されたプラスチック類の大規模焼却処理がおこなわれている，東シナ海周辺の途上国が発生源となっている可能性が指摘されている[9]．

2.7　地球上の水銀循環

微量元素のうち，水銀，鉛，カドミウムについては，国連を中心に国際的な規制への取り組みがおこなわれている．すでに述べたように，水銀については世界規模での健康被害や環境汚染の広がりが明らかになってきたため，水銀を国際的に規制する「水銀に関する水俣条約」が2013年10月に採択された．

地球上の水銀循環を**図2.9**[10]に示す．環境中には水銀は，単体（0価）および無機・有機化合物（1価，2価）として存在する．一般大気中の水銀の95%以上はガス状金属水銀（Hg^0）であり，5%以下がガス状2価水銀（$HgCl_2$など）

2.7 地球上の水銀循環

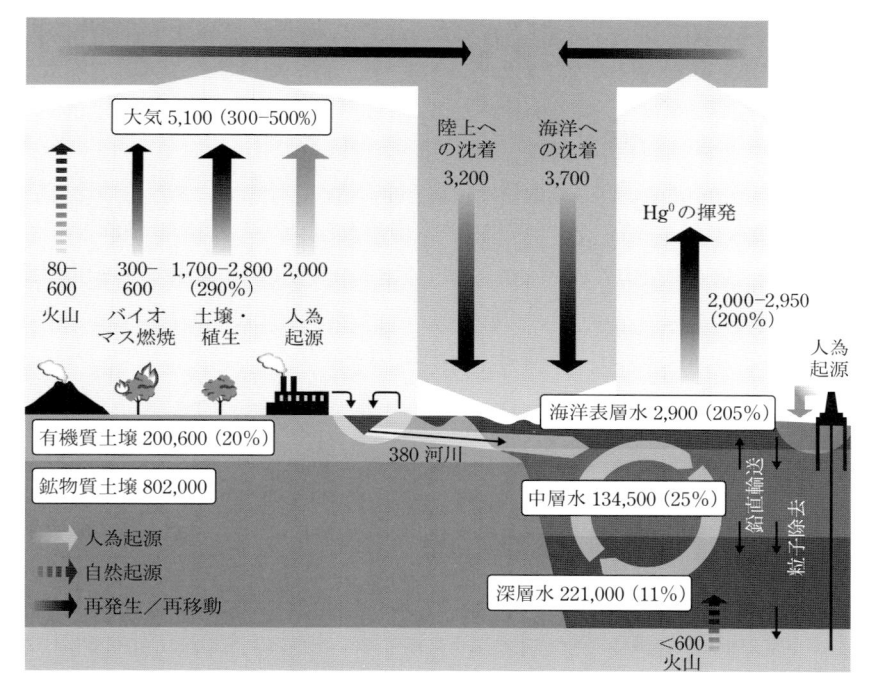

図2.9 地球上の水銀循環．単位は，貯蔵量：t，移動量（矢印）：$t\,y^{-1}$．また，（　）内の％は，過去100年間の人間活動による増加率の推定値
（Mason et al., 2012[10]）をもとに作成）

および粒子状水銀の形態である．大気中における水銀の平均滞留時間は数ヵ月から2年程度と長く，地球規模で輸送される．水銀は蒸気圧が高いため，大気から地表に沈着した後，再び大気に揮発（再発生）することにより，大気−地表間を活発に循環している．

環境中への水銀の発生源には，自然発生源と人為発生源に加えて，上述した再発生による寄与がある．自然発生源としては陸上および海底での火山活動，人為発生源としては小規模な金採掘，石炭燃焼（火力発電所など），非鉄金属やセメントの生産工程などがある．水銀の再発生には土壌・植生・海面からの揮発だけでなく，植物に吸収された水銀を起源とするバイオマス燃焼（山火事や農業活動など）による発生も含まれる．各発生源からの水銀の発生量については不確実性が高いが，Masonらによる最新の見積もり（図2.9）では，年間

の全発生量は6,100〜8,900 t y^{-1},自然発生源および人為発生源からの発生量はそれぞれ80〜600 t y^{-1}および約2,000 t y^{-1}となっている.また,陸地,海洋,バイオマス燃焼からの水銀の揮発量は,それぞれ1,700〜2,800 t y^{-1},2,000〜2,950 t y^{-1},300〜600 t y^{-1}である[10].

一方,大気中に放出された水銀は陸地と海洋に沈着するが,それらの沈着量はそれぞれ3,200 t y^{-1}および3,700 t y^{-1}と推定されている.人間活動によって1年間に大気中に放出された水銀量は,産業革命以降の約200年でほぼ3倍に増加したが,産業界における環境対策の進展や水銀使用量の削減などにより,20世紀末を境に減少傾向にあると考えられている[11].

コラム　　水の特異性

地球上に液体の水が存在することは,じつは奇跡的に幸運なことである.太陽からの距離と地球の質量,それに水の分子量からみて異常とも思えるほど高い沸点と融点が,液体の水の存在にたいへん都合がよかったわけである.本コラムでは水の特異的な性質をいくつか紹介しよう.

まず上述したように,水の沸点と融点は極端に高い.このことは,16族元素(酸素,硫黄,セレン,テルル)の水素化合物の分子量と沸点・融点との関係から明らかである(図2.10).水分子 H−O−H は,2つの共有結合が104.5°の角度

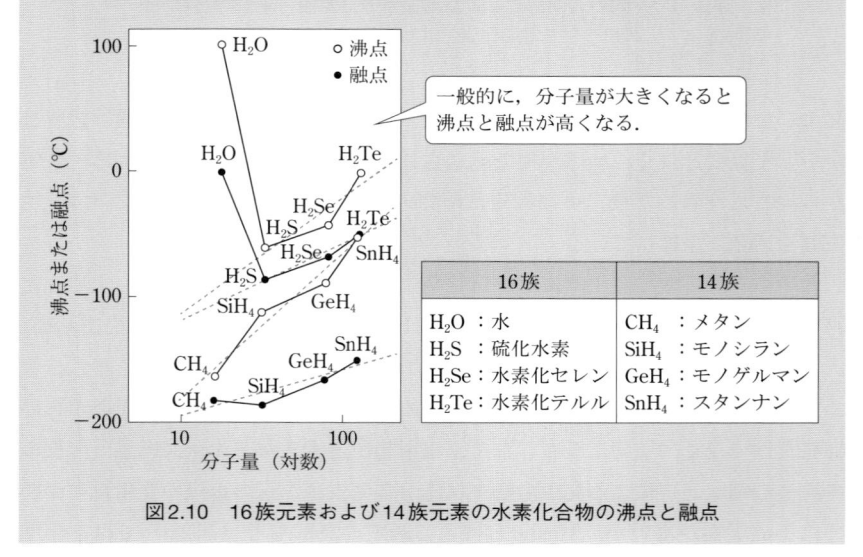

16族	14族
H$_2$O：水 H$_2$S：硫化水素 H$_2$Se：水素化セレン H$_2$Te：水素化テルル	CH$_4$：メタン SiH$_4$：モノシラン GeH$_4$：モノゲルマン SnH$_4$：スタンナン

図2.10　16族元素および14族元素の水素化合物の沸点と融点

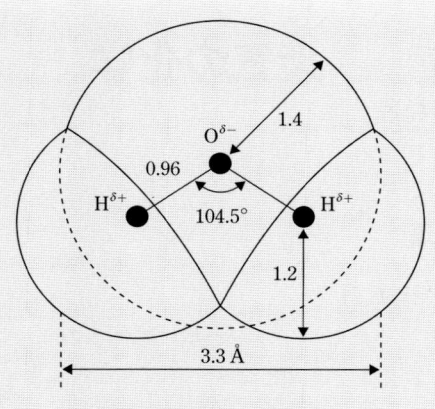

図2.11 水分子の構造

をもった折れ線形分子なので，正電荷の重心と負電荷の重心が一致せず，極性分子になる（**図2.11**）．その結果，水分子のいくらか正の電荷（δ＋）を帯びた水素原子（H）と，いくらか負の電荷（δ−）を帯びた酸素原子（O）とが静電気力により分子間で引き合う（この結合を水素結合という）．分子間に水素結合のある物質の沸点と融点は，水素結合がない場合に予想される沸点と融点に比べて高い．これは，水素結合の強さが無極性分子の間の分子間力よりも強いので，結晶格子を崩したり，分子どうしを引き離して気体にしたりするには，無極性分子の場合よりも大きなエネルギーが必要になるからである．

　水は他の液体に比べて，比熱（熱容量）や融解と蒸発の潜熱が非常に大きいという性質を有する．地球表面の約70％は海水で覆われているので，水の比熱が大きいことは地球表面の温度変化を小さくする．南極や北極付近の海水の温度が0℃近くに保たれているのは，水の融解潜熱が非常に大きいためである．また，水は蒸発潜熱もたいへん大きいため，海水の蒸発に伴って大量の熱が大気（水蒸気）によって輸送される一方で，降水に伴って大量の熱が周囲に放出されることになる．このような水の性質は，地球の気温を平均化する役割をしている．

　さらに，水の双極子能率も非常に大きい．双極子能率とは，分子内での電荷の大きさに両極間の距離を掛け合わせた数値をいう．この値が非常に大きいことは，物質をイオンに解離する力，すなわち物を溶かす能力がたいへん大きいことを意味する．この性質のために，地球上の水循環は，同時に水に溶け込んだ物質の循環をも手助けしている．

第3章　大気の化学

3.1　大気の循環

3.1.1　太陽放射と地球放射

　地球が太陽から受ける放射エネルギー量は地球上の場所によって差があり，**図3.1**に示すように赤道域で最大となる．吸収されるエネルギー分布はおおむね釣り鐘型となり，極域では赤道域の3分の1程度のエネルギー量が吸収される．ただし，北半球には陸域が多く，陸は海洋より多くのエネルギーを吸収することから，吸収されるエネルギー分布は南北で完全な対象とはならない．一方，地球から宇宙空間への放射エネルギーはやはり赤道域で極域より大きくなるが，極域での放射エネルギーは赤道域の6割程度となる．地球が受け取る全エネルギーは図3.1の破線と横軸で囲まれた部分の面積に，また宇宙へ放出される全エネルギーは実線と横軸で囲まれた部分の面積に等しい．地球上でのエネルギー（熱）収支はバランスしていることから，両者は等しい．このことか

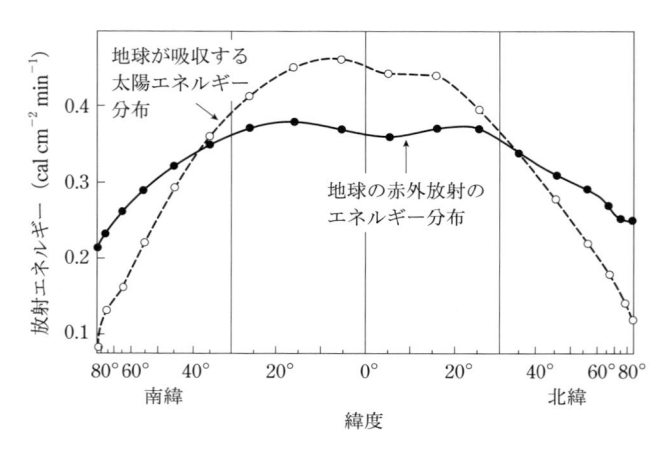

図3.1　地球が吸収する太陽放射と地球放射エネルギー分布
（Vonder Haar and Suomi, 1971[1)]をもとに作成）

ら，赤道域は正味に熱を吸収するゾーンであり，極域は正味に熱を放出するゾーンであることがわかる．マクロにみれば，赤道域で吸収した熱が極域に運ばれて，極域から宇宙空間に放射されていることになる．

このエネルギー輸送の重要なキャリアーは大気と海洋である．このことにより大気は必然的に循環することになる．ただし地球は自転をしているため，単純な赤道から極域への大気輸送とはならず，次項で示す3つのセル構造（循環）が発生する．

3.1.2　ハドレー循環，フェレル循環と極循環

地球大気の下層には，地表から十数kmまでの**対流圏**（troposphere）と，その上層から約50 kmまでの**成層圏**（stratosphere）が存在する．対流圏と成層圏の界面の高度は緯度により大きく異なり，**図3.2**に示すように対流活動の強さに依存している．

対流圏では，太陽放射により加熱された大気が上層に持ち上げられ，その後冷却を受けて重力により下降してくるため，頻繁に大気が撹拌されている．図3.2に示したように，対流圏内で起こる対流は緯度ごとに特徴が異なり，それ

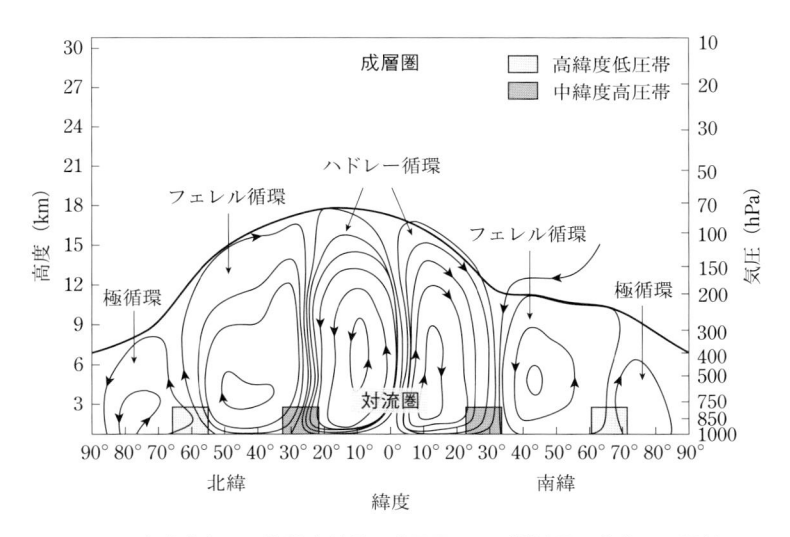

図3.2　南北方向の平均鉛直循環と成層圏および対流圏の高度との関係（Musk, 1988[2]）をもとに作成）

それハドレー循環，フェレル循環，極循環と呼ばれている．

赤道域では強い上昇流が発生し，持ち上げられた空気はその後南北方向に運ばれ，やがて30度付近の緯度帯で下降流となって地表に下りてくる．この地帯は中緯度高圧帯と呼ばれ，乾燥した高温の空気の影響で砂漠地帯になることが多い．下降した大気は再び赤道域に運ばれ，その結果大きな大気の循環が発生する．この循環は，存在を初めて提案したジョージ・ハドレーにちなんで，**ハドレー循環**（Hadley circulation）と呼ばれている[3]．

フェレル循環（Ferrel circulation）は中緯度高圧帯の下降流により駆動される循環で，60度付近の緯度帯に上昇流を生じさせる．上昇流が発生する緯度帯は高緯度低圧帯と呼ばれている．

極域では太陽高度が低く，太陽放射による熱供給が地球上で最も少ないため，冷やされた空気が下降して極周辺の地表付近に集まり極高圧帯となる．大気下層では，この極高圧帯から高緯度低圧帯へ風が吹く．高緯度低圧帯で上昇した後，対流圏上層を極域まで移動し再び下降する大気の流れは，**極循環**（polar vortex）と呼ばれている．

3.1.3 貿易風と偏西風

ハドレー循環では，赤道域で温められた空気が上昇する際，それを補うように，大気下層に中緯度帯から赤道域への大気の流れが生じる．地球は自転していることから，この流れに**コリオリ力**[注1]（Colioris force）が作用して，北半球では北東から，南半球では南東から風が吹く[4]．これが**貿易風**（trade wind）である．図3.3に示すとおり，赤道付近の低緯度帯の大気下層では東風（実線）となり，対流圏上部では西風（点線）となる．

中高緯度帯の大気上層では，フェレル循環の低緯度帯から高緯度帯への大気の流れが，コリオリ力により東側へ偏向される．これにより**偏西風**（westerlies）が吹くようになる．この帯状の偏西風は南北方向に蛇行し，低緯度帯から高緯度帯に熱を輸送する働きをもつ．高度10 km程度のところで風速は最大となり，数十 m s^{-1}となる．この高速の風のことをジェットということもある．偏西風は数週間で地球を1周する．

注1 進行方向に対して北半球では右側へ，また南半球では左側へ曲げようとする力．

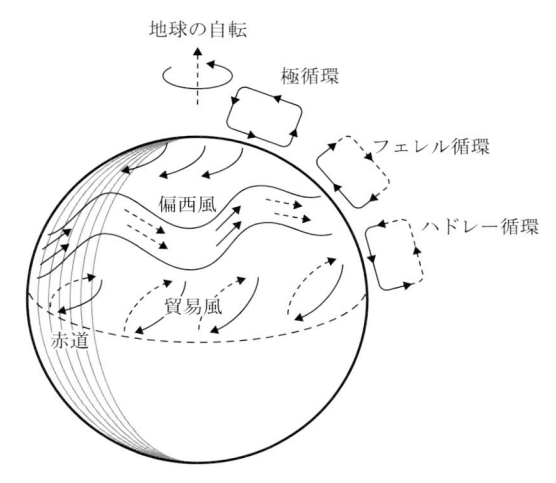

図3.3　貿易風と偏西風

3.2　温室効果ガスと地球温暖化

3.2.1　地表平均気温の変遷

　図3.4(a)に示すとおり，平均地表気温は1900年代に入り明確な上昇を示し，この100年間に0.85℃上昇したと考えられている[5]．図3.4(b)は北半球の過去1,000年間の気温変化である．南極で氷を掘削して得られたアイスコア中に含まれる酸素同位体比を調べることにより，その氷のもとになった雪がつくられたときの気温を推定している．それによると，西暦1000年頃から1900年頃までは変動幅は大きいものの，その平均値は緩やかに地球が寒冷化しはじめていることがわかる．そして，1900年頃を境に急速な上昇に転じたことが見て取れる．現代の急速な気温の上昇がどこまで続くのか，その原因は何か，どのようにすればその速度を抑えられるのかが，現代人の直面した重要課題であると考えられる．

3.2.2　太陽放射エネルギー

　地球気温に大きな影響を与える太陽の放射エネルギーについて考える．太陽の表面温度をT_s，半径をR_sとすると，全放射エネルギーE_sは

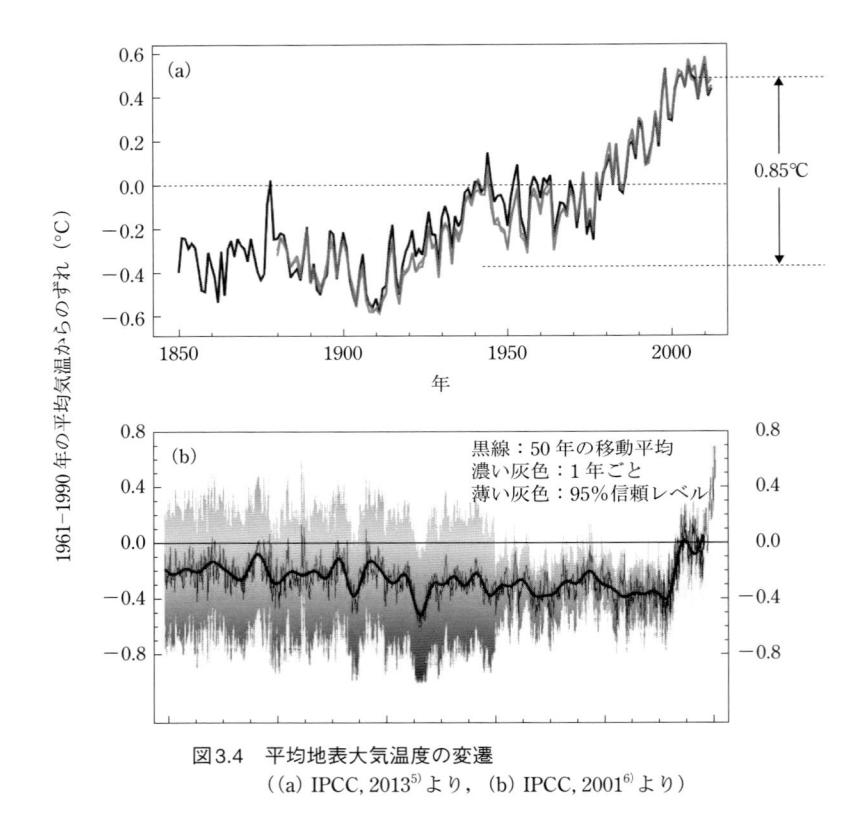

図3.4 平均地表大気温度の変遷
((a) IPCC, 2013[5] より，(b) IPCC, 2001[6] より)

$$E_s = 4\pi R_s^2 \sigma T_s^4 \tag{3.1}$$

という式で表せる．ここでσは**シュテファン・ボルツマン定数**（Stefan-Boltzmann constant）である．太陽はこのエネルギーを宇宙空間に等方的に放出している．

地球の平均公転半径をdとすると，地球軌道上での単位面積あたりの太陽放射フラックスF_sは

$$F_s = \frac{E_s}{4\pi d^2} \tag{3.2}$$

で与えられる．この値は**太陽定数**（Solar constant）と呼ばれ，$F_s = 1,367 \text{ W m}^{-2}$であることが知られている．

地球の半径をR_eとすると，太陽放射を受け止める地球の断面積はπR_e^2と近

3.2 温室効果ガスと地球温暖化

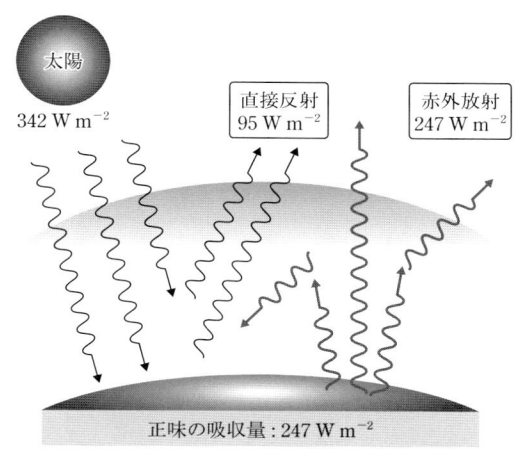

図3.5 太陽放射，直接反射および赤外反射
（IPCC, 1995[7]）をもとに作成）

似できるので，地球に降り注ぐ太陽放射エネルギーの総量E_Tは

$$E_T = \pi R_e^2 F_s \tag{3.3}$$

となる．このエネルギーが地球表面全体に均等に分配されると考えると，地球が受け取る太陽の平均放射フラックスは，$E_T/4\pi R_e^2 = F_s/4 = 342 \text{ W m}^{-2}$となる．

地球に降り注ぐ太陽放射の一部は雲，雪，氷，エアロゾルや海面で反射され，宇宙空間へ直接戻される．エアロゾルは大気中に浮遊する粒子のことであり，その組成や大きさはさまざまである．エアロゾルの詳しい説明は3.4.4項で取り上げる．地球が反射する太陽放射の割合はアルベド（albedo）と呼ばれ，その値Aは0.28と測定されている．結局，地表面に届くエネルギー量は

$$\frac{F_s(1-A)}{4} = 247 \text{ W m}^{-2} \tag{3.4}$$

となる（**図3.5**）．

3.2.3 温室効果モデル

太陽からの正味の放射がわかったところで，大気の温室効果について単純化した**温室効果モデル**を紹介する．このモデルでは，地球放射の赤外線をfとい

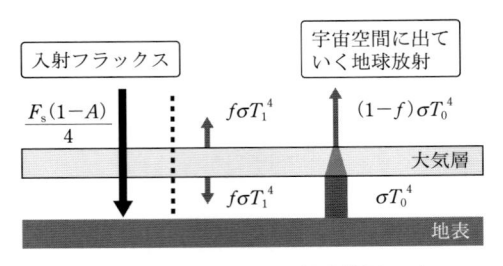

図3.6 単一大気層による温室効果モデル

う割合で吸収する大気の層を考える（**図3.6**）．さらに，吸収した赤外線により暖められた大気は，その上面から宇宙空間へ，また下面から地表へ赤外線を放射すると仮定する．地表面温度をT_0とし大気層温度（層内で一定と仮定）をT_1とすると，この系のエネルギー保存から

$$\frac{F_s(1-A)}{4} = f\sigma T_1^4 + (1-f)\sigma T_0^4 \tag{3.5}$$

が得られる．また，大気のエネルギー保存から

$$f\sigma T_0^4 = 2f\sigma T_1^4 \tag{3.6}$$

となる．これから$T_0 = 2^{-1/4} T_1$と導かれる．ここで，$f=0.73$と仮定すると地表温度$T_0=288\,\mathrm{K}\,(15℃)$となる．この地表温度は，大気が赤外線を吸収しない場合の地表温度よりも31℃も高い．この大気層の赤外線吸収による大気の温度上昇が**温室効果**である．

ここでは，大気を単一層のモデルで示したが，大気層の数を増やすことで計算精度が上がる．また，ここでは放射だけを扱ったが，空気の浮力による輸送も組み込んだ放射－対流モデルや，より進化したモデルもある．

3.2.4 温室効果ガス

前項では，大気が赤外線を吸収すると表現したが，より厳密には，大気中の一部の分子が赤外線を吸収する．大気中の分子は，吸収した赤外線のエネルギーを自身の内部エネルギーに変える．赤外線のエネルギーは分子の振動遷移や回転遷移のエネルギー領域に等しい．分子が赤外線を吸収するためには，分子振動によってその双極子モーメントが変化する必要がある．多原子分子はほとん

どの振動について遷移が可能となり，赤外線を吸収できる．しかし，等核二原子分子は対称性が高いために，伸縮振動をしても双極子モーメントが変化しないことから，赤外線に対しては不活性となる．それゆえ，大気の主要な構成要素である窒素（N_2）や酸素（O_2）分子は赤外線を吸収しない．

温室効果ガス（greenhouse gas）は，赤外線を吸収し温室効果をもたらす気体のことであり，水蒸気（H_2O），二酸化炭素（CO_2），メタン（CH_4），一酸化二窒素（N_2O）などがあげられる．1997年には，地球温暖化（global warming）の原因となる各種温室効果ガスの排出削減目標を定めた京都議定書が発布された．京都議定書は，二酸化炭素，メタン，一酸化二窒素に加えて，ハイドロフルオロカーボン類（HFCs），パーフルオロカーボン類（PFCs）および六フッ化硫黄（SF_6）についても排出の削減を求めている．

3.2.5 放射強制力

産業革命が勃興する前の状態に比べると，大気中の温室効果ガスは増加している．そのために，大気による赤外線の吸収率がΔf増加したとする．宇宙空間への地球放射フラックスは式(3.5)と(3.6)から$(1-f/2)\sigma T_0^4$であるから，温室効果ガスの増加により，宇宙空間への地球放射フラックスは次式のΔFだけ減少する．

$$\Delta F = \left(1 - \frac{f}{2}\right)\sigma T_0^4 - \left(1 - \frac{f + \Delta f}{2}\right)\sigma T_0^4$$
$$= \frac{\Delta f \sigma T_0^4}{2} \tag{3.7}$$

この値を**放射強制力**（radiative forcing）という．この値はきわめて重要な意味をもっている．すなわち，各気体がどの程度地球温暖化に寄与するか数値化されることにより，その評価が容易になった点である．

最近のIPCCによる見積もり結果を**図3.7**に示す．この図では，左側が注目する温室効果ガスの分子名あるいはグループであり，次のカラムには大気中で変換される化学物質による寄与も示されている．一番右のカラムには科学的な信頼性の高さが示されている．上から7つは気体を示してある．多くの気体の放射強制力が正の値であることから，これらは温室効果をもつといえる．その一方で，ハロカーボン類とNO_xについては，放射強制力が負値と正値とにま

第3章　大気の化学

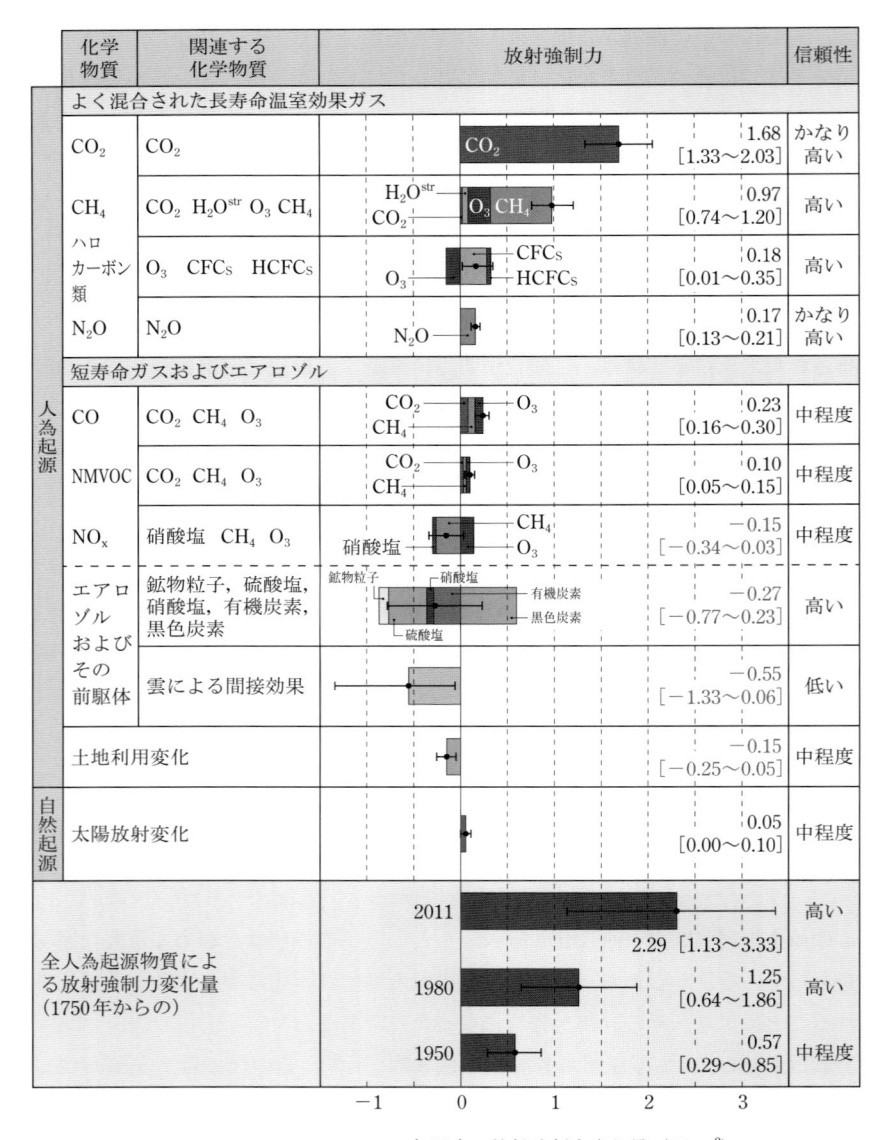

化学物質	関連する化学物質	放射強制力	信頼性
よく混合された長寿命温室効果ガス			
CO_2	CO_2	1.68 [1.33〜2.03]	かなり高い
CH_4	CO_2 H_2O^{str} O_3 CH_4	0.97 [0.74〜1.20]	高い
ハロカーボン類	O_3 CFCs HCFCs	0.18 [0.01〜0.35]	高い
N_2O	N_2O	0.17 [0.13〜0.21]	かなり高い
短寿命ガスおよびエアロゾル（人為起源）			
CO	CO_2 CH_4 O_3	0.23 [0.16〜0.30]	中程度
NMVOC	CO_2 CH_4 O_3	0.10 [0.05〜0.15]	中程度
NO_x	硝酸塩 CH_4 O_3	−0.15 [−0.34〜0.03]	中程度
エアロゾルおよびその前駆体	鉱物粒子，硫酸塩，硝酸塩，有機炭素，黒色炭素	−0.27 [−0.77〜0.23]	高い
	雲による間接効果	−0.55 [−1.33〜−0.06]	低い
土地利用変化		−0.15 [−0.25〜−0.05]	中程度
自然起源			
太陽放射変化		0.05 [0.00〜0.10]	中程度
全人為起源物質による放射強制力変化量（1750年からの）	2011	2.29 [1.13〜3.33]	高い
	1980	1.25 [0.64〜1.86]	高い
	1950	0.57 [0.29〜0.85]	中程度

1750年以来の放射強制力変化量（Wm^{-2}）

図3.7　温室効果気体やエアロゾルの放射強制力（IPCC, 2013[5]）をもとに作成）

表3.1 地球温暖化ガスの特性
（アメリカ海洋大気庁（NOAA）のデータから）

温室効果ガス	2015年濃度	2000年濃度	産業革命以前濃度	2000年増加率(%)	大気寿命(年)
二酸化炭素（CO_2）	399 ppmv	369 ppmv	275 ppmv	0.31	5–200
メタン（CH_4）	1.83 ppmv	1.7 ppmv	0.7 ppmv	0.1	12
亜酸化窒素（N_2O）	328 ppbv	316 ppbv	285 ppbv	0.3	～150
対流圏オゾン（O_3）	10–100 ppbv	10–100 ppbv	～10 ppbv	～1	0.1–0.2
CFC-11（$CFCl_3$）	232 pptv	260 pptv	0	−0.3	45
CFC-12（CF_2Cl_2）	515 pptv	533 pptv	0	0.4	100
CFC-113（$C_2F_3Cl_3$）	72 pptv	82 pptv	0	−0.4	85

たがっている．例えばNO_xの放射強制力について解釈してみよう．「硝酸塩」（nitrate）と関連する放射強制力が横軸のマイナス側に描かれている．これは，NO_xが硝酸塩エアロゾルとなって地球の寒冷化に寄与する（エアロゾルの実際の効果については，3.4.4項で詳述する）ということである．また，「CH_4」に関する放射強制力も横軸のマイナス側に描かれている．これは，温室効果気体であるメタン（CH_4）と反応して大気から除去するため，負の放射強制力をもつことを示す．また，NO_xは大気中でオゾン（O_3）を生成することから正の放射強制力をもつ．

温室効果が長く続くことにより，地表温度は新しい平衡に達する．このときの温度上昇をΔTとすると，新しい放射のバランス式は

$$\frac{F_s(1-A)}{4} = \left(1-\frac{f+\Delta f}{2}\right)\sigma(T_0+\Delta T)^4 \tag{3.8}$$

となる．温度上昇は放射強制力に比例すると考えられ，その比例定数を気候感度パラメータλとすると，

$$\lambda = \frac{1}{4}\left(1-\frac{f}{2}\right)\sigma T_0^3 \tag{3.9}$$

となり，温度上昇は以下の式を用い

$$\Delta T = T_0\frac{\Delta f}{8}\left(1-\frac{f}{2}\right) = \lambda\Delta F \tag{3.10}$$

さらに，$\lambda=0.3\ \mathrm{K\,m^2\,W^{-1}}$，$\Delta F=2.5\ \mathrm{W\,m^{-2}}$を用いると$\Delta T=0.75\ \mathrm{K}$が得られ，図3.4(a)から見積もられる0.85℃と矛盾しない．**表3.1**におもな温室効果気体の最近の濃度，増加率および大気寿命を示す．

3.3 オゾン層

3.3.1 地球大気の温度構造

　地球大気は**図3.8**に示すような温度構造を示す．地表から15 km程度までは，高度の上昇に従い大気温度が低下している．この領域は3.1.2項で紹介した対流圏に相当する．高度約15–50 kmの大気は，高度の上昇に伴い温度が上昇している．この領域が成層圏である．その上に**中間圏**（mesosphere）と**熱圏**（thermosphere）が存在する．地球大気がこのような構造をもつ理由を，以下に説明する．

　対流圏では，地表で暖められた空気の塊は膨張し，密度低下に伴い浮力を得て上昇する．断熱変化（熱の出入りを伴わない状態変化）を仮定すると，乾燥した空気では100 mの上昇で1℃温度が低下し，湿潤空気では0.6℃下降するといわれている．地表から上昇した空気はやがて冷却され，密度が増加することで重力により下降する．

　対流圏の上の成層圏では，密度の高い空気の層がより温度が高いことから，熱的に安定となる．また，対流圏のような冷却による密度増加のメカニズムが

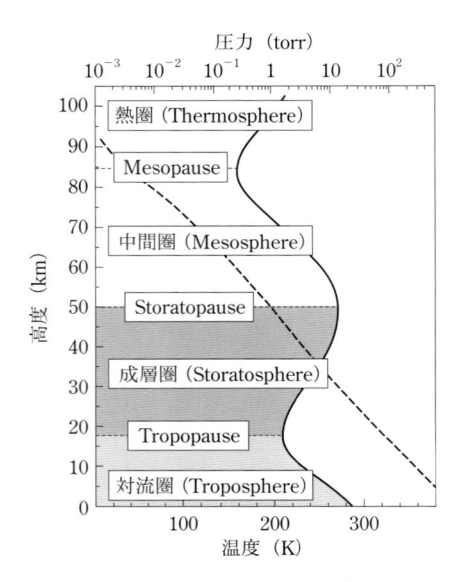

図3.8　大気の温度構造と大気圧

ないので,この高度領域では物質の循環がきわめて遅くなる.この温度構造は,オゾン層によってもたらされている.オゾン層は太陽の紫外線を吸収し,そのエネルギーを熱に変換しまわりの空気を暖めているからである.

3.3.2　Chapman モデルによるオゾン生成機構

オゾン層(ozone layer)は,成層圏(15–50 km)に存在する高濃度のオゾン(O_3)の領域のことである.オゾン層の存在は1880年代から示唆されていたが,1900年代初頭に実験的に証明された.成層圏のオゾンの生成機構は,1930年にイギリスのChapmanにより提唱されたことから,「Chapmanモデル」または「純酸素モデル」と呼ばれている.

Chapmanモデルによれば,オゾンの生成・消失過程は次の4つの化学反応式で表される.

$$O_2 + h\nu \longrightarrow 2O \qquad : J_1 \qquad (3.12)$$

$$O_2 + O + m \longrightarrow O_3 + m \qquad : k_2 \qquad (3.13)$$

$$O_3 + h\nu \longrightarrow O_2 + O \qquad : J_3 \qquad (3.14)$$

$$O_3 + O \longrightarrow 2O_2 \qquad : k_4 \qquad (3.15)$$

ここで,J_1およびJ_3は太陽光による光分解の速度定数を示すもので,J値(J value)と呼ばれている.またk_2およびk_4は反応速度定数である.

まず,高い高度で高いエネルギーをもった(波長の短い)紫外線が酸素分子(O_2)を切断することから始まる(式(3.12)).次に,酸素原子(O)とO_2が結合してO_3が生成する(式(3.13)).式(3.13)の両辺に書かれているmは,結合反応の際に発生する余剰エネルギーを効率よく吸収する分子(第3体と呼ばれている)のことである.大気反応では,O_2や窒素分子(N_2)がその働きをする.式(3.12)と(3.13)から生成したO_3は式(3.14)と(3.15)に示す反応により消失する.日々大量のO_3が大気中で生産され,かつ大量に消失しているということである.

成層圏オゾンの平衡濃度は,式(3.12)〜(3.15)で表される生成と消失のバランスによって決まっている.反応にかかわる化学成分についての速度方程式を示すと,

$$d[O]/dt = 2J_1[O_2] + J_3[O_3] - k_2[O][O_2][m] - k_4[O_3][O] \qquad (3.16)$$
$$d[O_3]/dt = k_2[O][O_2][m] - J_3[O_3] - k_4[O_3][O] \qquad (3.17)$$

が得られる（[ ]は各物質の濃度を示し，tは時間を示す）．酸素原子の濃度[O]が定常状態（$d[O]/dt = 0$）であると仮定すると，オゾン濃度[O_3]は

$$[O_3] = [O_2]\left(\frac{J_1 k_2}{J_3 k_4}[m]\right)^{1/2} \qquad (3.18)$$

となる．この式に従うと，O_3の濃度は原料であるO_2の濃度に比例する．各反応速度定数（k_2およびk_4）は高度依存を示さず，J_3値もほぼ一定であるが，J_1値は高度とともに大きくなり，空気分子濃度[m]は高度とともに小さくなる量である．したがって，オゾン濃度はある高度で極大を示す（J_1と[m]の値の積が最大になる高度が存在する）ことになる．

図3.9にChapmanモデルによる結果を破線で示した．実測結果（観測データ）として，高度別の濃度幅を横線で示してある．このモデルは極大を示す現実のオゾン濃度の鉛直分布をある程度再現できているが，高度20 km以上ではモデルが過大評価となった．おおむね2倍程度モデルのほうが大きな値となっている．逆に低高度では過小評価となっている．成層圏は物質循環がきわめて遅いが，拡散による物質移動を考慮して計算すると実線で示す結果が得られ，低層大気については改善されるが，依然として高高度領域ではモデルが過大評価し

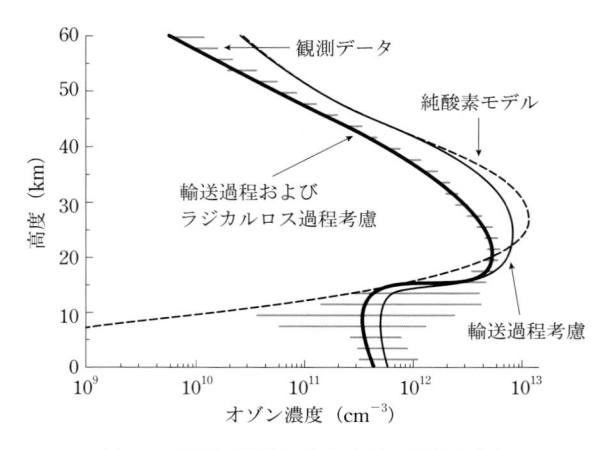

図3.9 モデル計算によるオゾンの鉛直分布

ている．

3.3.3 オゾン破壊機構

その後，高高度領域におけるモデルの過大評価の原因は，式(3.14)と(3.15)で示される以外のオゾンの破壊機構が考慮されていないことであると明らかとなった．オゾンの破壊機構としておもに3つのサイクルが考えられている．以下で紹介しよう．

A. ClO_x サイクル

ClO_x サイクルには，成層圏に存在する塩素原子（Cl）が関与する．その反応過程は以下の4つの式で表せる．

$$Cl + O_3 \longrightarrow ClO + O_2 \tag{3.19}$$

$$ClO + ClO \longrightarrow Cl_2O_2 \tag{3.20}$$

$$Cl_2O_2 + h\nu \longrightarrow Cl + ClOO \tag{3.21}$$

$$ClOO + m \longrightarrow Cl + O_2 + m \tag{3.22}$$

これらが逐次的に起こるとすると，正味の反応は

$$2O_3 + h\nu \longrightarrow 3O_2 \tag{3.23}$$

となる．ここで重要なことは，式(3.19)と(3.20)の反応で消費されたCl原子が式(3.21)と(3.22)の反応で再生している点である．ここで再生したClは，再び別のO_3分子と反応できる．このサイクルは何回も起こることからラジカル連鎖反応と呼ばれ，1万から10万回程度起こると考えられている．ClやClOは連鎖担体と呼ばれている．太陽光がなくても，以下の反応により塩素が再生する．

$$ClO + O \longrightarrow Cl + O_2 \tag{3.24}$$

連鎖担体は以下の反応により不活性な物質へと変換され，ラジカル連鎖反応は終了する．

$$Cl + CH_4 \longrightarrow HCl + CH_3 \tag{3.25}$$

$$ClO + NO_2 \longrightarrow ClONO_2 \tag{3.26}$$

塩化水素（HCl）や硝酸塩素（ClONO$_2$）は**ヘンリー定数**（Henry's constant）の大きな気体であり，やがて雲などに取り込まれて対流圏へと除去される．

B. NO$_x$サイクル

次に，NO$_x$によるオゾン破壊のサイクルについて述べる．成層圏に一酸化窒素（NO）分子が存在すると，

$$NO + O_3 \longrightarrow NO_2 + O_2 \tag{3.27}$$

$$NO_2 + O \longrightarrow NO + O_2 \tag{3.28}$$

の反応によりO$_3$が破壊され，NOが再生される．正味の反応は

$$O_3 + O \longrightarrow 2O_2 \tag{3.29}$$

となる．このように，NOもO$_3$を破壊するサイクルとして働くことがわかる．

C. HO$_x$サイクル

ヒドロキシル（OH）ラジカルが関与するHO$_x$サイクルがある．ただし，HO$_x$サイクルのオゾン破壊反応は高度によって異なる．15 km程度までの低層では

$$OH + O_3 \longrightarrow HO_2 + O_2 \tag{3.30}$$

$$HO_2 + O_3 \longrightarrow OH + 2O_2 \tag{3.31}$$

の反応によりOHが再生される．正味の反応では

$$2O_3 \longrightarrow 3O_2 \tag{3.32}$$

となる．

一方，比較的酸素原子濃度の高くなる成層圏の中層（15 km$< z$（高度）$<$ 35 km）では，

$$OH + O_3 \longrightarrow HO_2 + O_2 \tag{3.30}$$

$$HO_2 + O \longrightarrow OH + O_2 \tag{3.33}$$

の反応によりOHが再生される．正味の反応は

$$O_3 + O \longrightarrow 2O_2 \tag{3.29}$$

となる．いずれの高度でもOHは再生されO$_3$の破壊が進むことになる．

これら以外にも臭素原子（Br）のかかわるサイクルなどがあることが明らかとなっているが，紙面の都合上，詳細は省略する．

これら3つの破壊サイクルとオゾンの拡散を考慮に入れたモデルで計算した結果は図3.9の太い実線となり，実測をほぼ再現していることがわかる．実際にはオゾンと比べ4～6桁も濃度が低いCl，NOやOHといった連鎖担体が成層圏に存在するだけで，オゾン濃度が約半分になっていることになる．これらオゾン破壊物質が生物にとっていかに危険か推察されよう．

3.3.4 オゾン破壊物質の起源

では，成層圏オゾンを破壊するCl原子，NO分子，そしてOHラジカルは，どのように発生し成層圏へといたるのであろうか．それぞれ見ていくことにしよう．

A. Cl原子の起源

成層圏のCl原子の起源はよく知られているとおり，大気中のクロロフルオロカーボン類（CFCs）の光分解である．ただし，CFCsは対流圏内では光分解は受けない．なぜなら，CFCsの光分解を促進し得る波長の短い光（紫外線）は，対流圏の上の成層圏においてO_2によってほぼ吸収されてしまい，対流圏へは到達しないからである．またCFCsはOHラジカルとの反応性が著しく低いために，対流圏では消失せず長時間にわたり大気中に存在する．その結果，CFCsはわずかずつ成層圏に染み込んでいき，そこで波長の短い紫外線による光分解を受け，Clを発生する．

現在は規制されているCFCsの中で，例えばCFC-12（CCl_2F_2）の大気寿命は120年であり，CFC-115（$CClF_2CF_3$）のそれは400年である．一方で，CFCsの代替物であるHCFC-22（$CHClF_2$）の大気寿命は15.3年と比較的短い．この大気寿命の大きな違いは，OHラジカルとの反応性の差を反映したものである．じつは，HCFC-22はCFC-12のClを1つだけ水素（H）に置換した物質だが，OHラジカルは水素引き抜きの反応性があるため，HCFC-22のほうがOHラジカルとの反応性が高いのである．大気寿命が短いHCFC-22を代替物として使用することにより，成層圏への侵入によるオゾン層破壊のリスクが軽減されたことになる．

B．NO分子の起源

NO分子の起源は複数存在する．まず，一酸化二窒素（N_2O）がCFCsと同じメカニズムで成層圏に侵入し光分解を受ける，という経路があげられる．さらに，航空機の排気ガス，強い対流活動による対流圏からのNO_xの直接的な供給，および中間圏からの沈降などが考えられている．

C．OHラジカルの起源

OHラジカルの起源は水蒸気である．次の2式で表される連鎖反応を経て，OHラジカルが生じる．

$$O_3 + h\nu \longrightarrow O_2 + O(^1D) \tag{3.34}$$

$$O(^1D) + H_2O \longrightarrow 2OH \tag{3.35}$$

ここで，$O(^1D)$は電子励起状態の酸素原子であり，非常に反応性が高く水蒸気（H_2O）と反応する．元来，成層圏は水蒸気濃度が低い．それは，対流圏下部の水蒸気を多く含んだ空気は上昇する際，冷やされて凝結したりすることで，その湿度の大部分を失うからである．しかし，強い対流活動により一部の水蒸気が成層圏まで持ち上げられることもある．また航空機の排気ガスの寄与などにも指摘されている．

3.3.5　オゾンホール

1982年に南極越冬隊員であった忠鉢繁博士によって，南極上空の成層圏オゾンが極域の春から夏にかけて極端に減少する現象が初めて発見され，1984年に報告された（当時はJ. Farman氏が第一発見者として扱われたが，後に忠鉢氏が第一発見者として認められた）．この現象を**オゾンホール**（ozone hole）という．オゾンホールの形成は，いくつかの現象が重なって起こることが示された．オゾンホール形成の過程を説明しよう．

極域が冬になると，極循環が活発となり極渦が発達する．極渦により渦の内側と外側との物質移動が遮断され渦内の空気が孤立すると同時に，熱の流入も遮断されることから，成層圏がきわめて低温となる．次に硝酸と水の混合物が氷をつくり**極域成層圏雲**（polar startspheric cloud：PSC）が発生する．PSC表面上で，式(3.25)および(3.26)の反応で生成した不活性な塩化物（HClとClO-NO_2）が，以下の不均一反応を起こす．

$$HCl + ClONO_2 \longrightarrow HOCl + HNO_3 \qquad (3.36)$$
$$ClONO_2 + H_2O \longrightarrow Cl_2 + HNO_3 \qquad (3.37)$$

極渦の中，低温となった成層圏内では光活性な$HOCl$とCl_2へと変換されていく．極域が春になると，これらの化合物は太陽光により速やかに分解される（次式）．

$$HOCl + h\nu \longrightarrow Cl + OH \qquad (3.38)$$
$$Cl_2 + h\nu \longrightarrow 2Cl \qquad (3.39)$$

パルス的に大気中に供給されたClやOHにより，オゾン破壊が進行する．以上がオゾンホールの発生機構である．

　季節が進み極渦が解消されるとともに，破壊されつくしてオゾンが低濃度になった領域にまわりから高濃度オゾンが流入することにより，オゾンホールも解消する．

　G. Anderson博士（米国）らはNASAのジェット機に測定機を搭載し，極渦の外から内側にかけてClOおよびオゾン濃度を測定した．オゾンとClOが明確な逆相関を示したことから，ClO_xサイクルによるオゾン破壊のメカニズムが実証され，Clの重要性が確固たるものとなった．

3.3.6　成層圏オゾンの将来

　オゾンホールの発見，形成メカニズムの解明を受けて，人類はCFCsの脅威を認識した．そして1987年にモントリオール議定書が採択され規制が進められていったのは，1.2.2項に述べたとおりである．**図3.10**は，それぞれの規制のシナリオに従った場合の成層圏における等価塩素濃度の予測図である．臭素などはそのオゾンを破壊する能力に従って塩素濃度に換算して加えられている．1999年に発布された北京改正が最も厳しく，ほとんど排出ゼロに近いものとなっている．

　CFCsの一種であるCFC-11の大気濃度は，1995年頃から北半球では減少傾向に転じている．南半球では約2年遅れて同様なトレンドが観測されている．我々がCFCs規制を遵守し続けるならば，確実にオゾン層は回復に向かうと考えられている．**図3.11**にドイツのグループによるモデル計算の結果と観測結果を示す．計算結果が過去の観測結果をかなり良好に再現していることから，

第3章　大気の化学

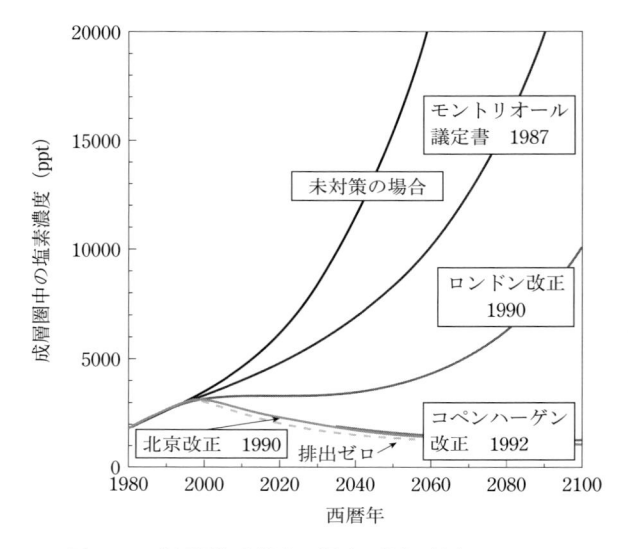

図3.10　成層圏塩素濃度の過去-現在-将来シナリオ
（WMO, 1998[8]）をもとに作成）

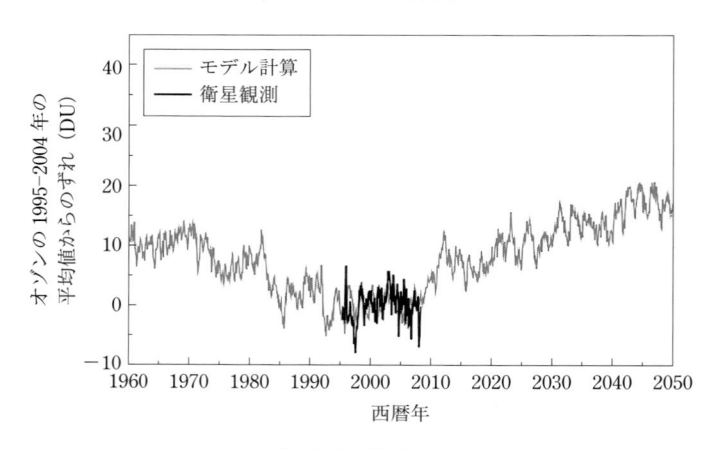

図3.11　オゾン変動の将来予測
（Layola *et al.*, 2009[9]）をもとに作成）

用いられたモデルの信頼性は高いと考えられている．このモデルを用いた将来予測によると，成層圏オゾンの濃度が1980年と同じレベルに回復するのは2020年頃で，その後も濃度は上昇し続けるとされている．

3.4 大気汚染問題

3.4.1 大気汚染物質の種類

大気汚染物質（air pollutants）は，その発生源により大きく2種類に分けられる．図3.12に示すとおり，地表から直接排出される一次汚染物質と，それらの物質が大気中でなんらかの化学反応を受けてつくられる二次汚染物質である．

一次汚染物質として重要なものには，燃焼過程から生ずるばい煙，粉じん，NO_x，SO_2，COおよび**揮発性有機化合物**（volatile organic compunds：VOC）がある．VOCの重要な発生源として，燃焼過程以外にも燃料，塗料や洗浄剤の蒸発，および植物からの放出も忘れてはいけない．植物から発生するVOCを特にBVOC（Biogenic VOC）と呼び，ここでは汚染物質として扱う．植物は吸収した二酸化炭素の約1％をBVOCとして大気に放出している．おもなBVOCはイソプレン（C_5H_8）とモノテルペン類（$C_{10}H_{16}$）であり，それらは骨格中に二重結合をもつため，大気中での反応性が非常に高い．

二次汚染物質としてはオゾン，アルデヒド類やPAN（peroxy acetyl nitrate）

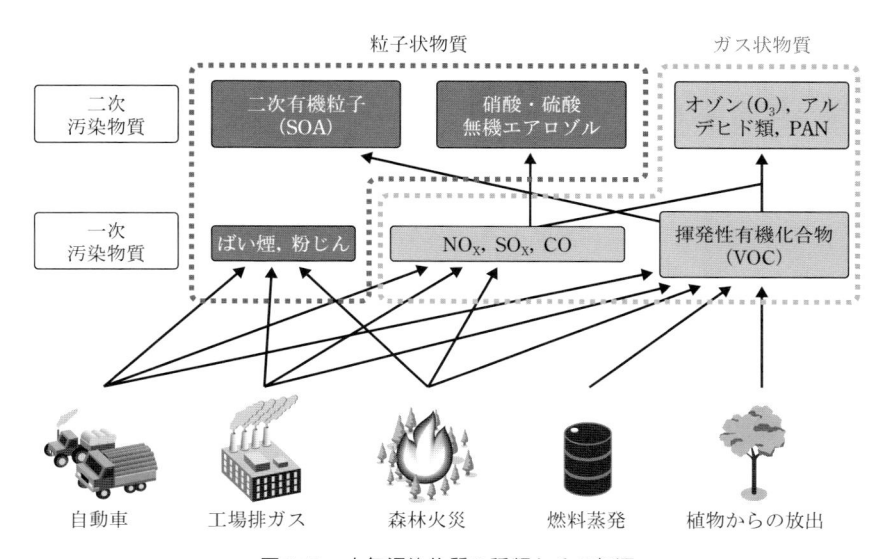

図3.12 大気汚染物質の種類とその起源

といったガス状物質に加えて，硝酸や硫酸の無機エアロゾルや二次有機エアロゾル（Secondary Organic Aerosol：SOA）のような粒子状物質がある．

大気中に汚染物質が浮遊しているために視程が悪くなった状態を，スモッグ（smog）と呼ぶことがある．スモッグはSmoke（煙）とFog（霧）を合成してつくられた言葉である．スモッグは，汚染物質の主成分によりロンドン型とロサンジェルス型に分類される．ロンドン型は，石炭や質の悪い燃料を燃焼させたときに発生する二酸化硫黄（SO_2）やばい煙などが主要成分のスモッグであり，1950年頃から「ロンドン型」という名称が使われるようになった．それに対し，ロサンジェルス型は，自動車排気ガスなどがおもな原因となって光化学的に発生するオゾンやアルデヒドが主要成分のスモッグであり，光化学スモッグと呼ばれることもある．1960年頃からこの言葉も使われるようになった．わが国ではロサンジェルスに遅れること10年，1970年代初頭から，以下に示す光化学オキシダントが社会問題として取り上げられるようになった．

3.4.2　光化学オキシダント

光化学オキシダントはガス状の二次汚染物質であるが，中でもオゾンはその主要成分である．光化学オキシダントとしてのオゾンを成層圏オゾンと区別するため，しばしば対流圏オゾンと呼ぶこともある．

A.　対流圏オゾンの濃度の変遷

図3.13に，人為的汚染物質の影響を受けていないバックグラウンド地域における対流圏オゾン濃度の1880年頃からの変遷を示す．明確な増加傾向を示しており，近年では，わが国の環境基準である1時間あたり60 ppbv（体積混合比：1 ppbvは10^{-9}）に迫っている．活発な人間活動の結果として，この100年間に対流圏オゾン濃度が有意に増加してきたといえる．対流圏オゾンの収支は，成層圏からの沈降，大気輸送による流入，対流圏内での光化学的生成，地表での破壊および光化学的消滅過程で説明される．図に示した増加トレンドを生み出したのは，光化学的生成の増加である．

B.　対流圏オゾンの生成機構

対流圏オゾンの生成機構について説明する．まず，オゾン生成の端緒となるOHラジカルの生成過程は，成層圏のそれと同様，式(3.34)および(3.35)による．生成したOHラジカルは，VOCの少ない海洋上などの清浄大気中では一酸化炭

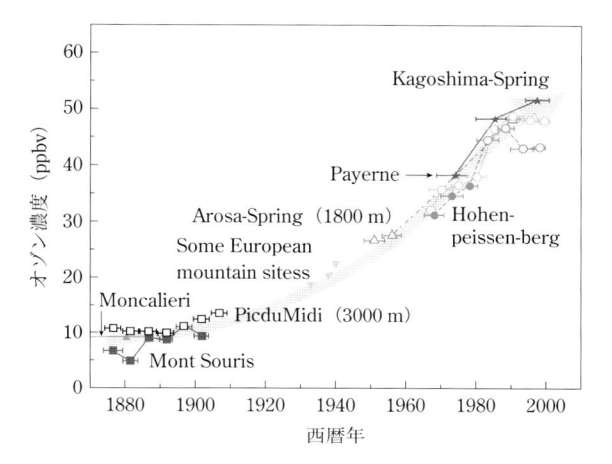

図3.13 対流圏オゾン濃度の変遷
（秋元ほか，2002[10]）をもとに作成）

素（CO）やメタン（CH_4）と反応する．それぞれの反応は次の式で表される．

$$OH + CO + O_2 \longrightarrow HO_2 + CO_2 \tag{3.40}$$

$$OH + CH_4 + O_2 \longrightarrow CH_3O_2 + H_2O \tag{3.41}$$

濃度と反応速度定数の関係から，OHラジカルの約80％はCOと，また残りの20％はCH_4と反応することがわかっている．これらの反応により生成したHO_2やCH_3O_2は過酸化ラジカルであり，強い酸化作用をもつ．

過酸化ラジカルが起こす反応は，その相手により反応機構が大きく異なる．NO_x濃度が低いとき

$$NO_x \leqq 50 \text{ pptv}（体積混合比：1 \text{ pptv}は10^{-12}）$$

$$HO_2 + HO_2 \longrightarrow H_2O_2 + O_2 \tag{3.42}$$

$$HO_2 + CH_3O_2 \longrightarrow CH_3OOH + O_2 \tag{3.43}$$

$$HO_2 + O_3 \longrightarrow OH + O_2 \tag{3.44}$$

の反応が優勢となる．最初の2つの反応では，安定な過酸化物（H_2O_2とCH_3OOH）が生成しラジカルは消滅する．3番目の反応では，オゾンを1分子消費してOHラジカルが再生する．このサイクルが回ることにより，オゾンの光化学的破壊過程が進行することになる．

第3章　大気の化学

$CO+OH+O_2 \rightarrow HO_2+CO_2$

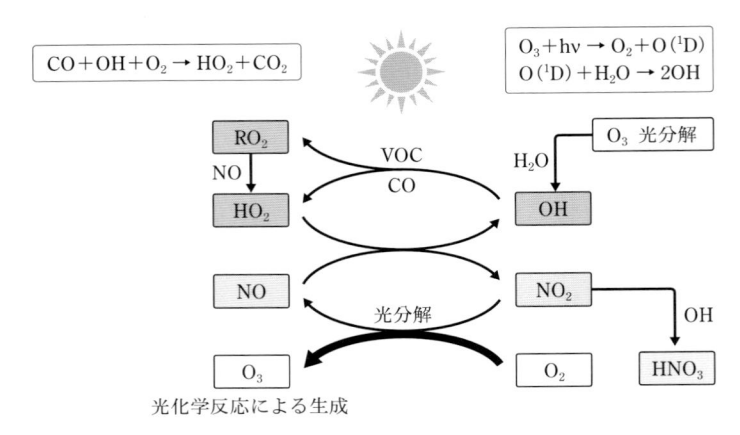

$O_3+h\nu \rightarrow O_2+O(^1D)$
$O(^1D)+H_2O \rightarrow 2OH$

図3.14　光化学的オゾン生成機能

一方，高濃度のNO_x条件下では

$NO_x \geqq 100$ pptv

$$HO_2+NO \longrightarrow OH+NO_2 \tag{3.45}$$

$$CH_3O_2+NO+O_2 \longrightarrow CH_2O+HO_2+NO_2 \tag{3.46}$$

$$NO_2+h\nu \longrightarrow NO+O(^3P) \tag{3.47}$$

$$O(^3P)+O_2+m \longrightarrow O_3+m \tag{3.48}(式(3.13))$$

という反応が支配的となり，OH，HO_2およびNOは再生される．NO_2は褐色の気体であり，太陽光を強く吸収し光分解を起こす．その際，電子基底状態の酸素原子$O(^3P)$が生成され，式(3.48)（式(3.13)と同じ）の反応により光化学的にオゾンが生成する（**図3.14**）．

人間活動や植生が豊かなところでは種々のVOCが大気中に存在するため，OHラジカルの反応相手としてVOCも重要となる．VOCとOHラジカルの反応は水素引き抜きと付加反応に大別される．VOCが飽和炭化水素の場合はメタンと同様の水素引き抜きの反応（式(3.41)参照）が起こるが，二重結合を有するVOCでは付加反応が支配的である．いずれの反応を起こしても過酸化ラジカル（RO_2）が生成し，式(3.46)のようにNOを酸化してオゾン生成に寄与する．

3.4.3 大気の酸性化

人間活動による大気汚染が原因となり,降水が著しく酸性化したことが知られており,そのような雨は**酸性雨**（acid precipitation）と呼ばれる．R. Smith（英国）による英国の工業地帯であるマンチェスターでの1878年の観測が,酸性雨についての最初の報告とされている．その後,1950年代に起きた北欧の湖沼での魚の大量死や,カナダで1960年代に起きた同様の現象を契機に,湖沼の酸性化が問題視されるようになった．

A. 清浄な降水のpH

降水はどのような過程を経て酸性化するのだろうか．それを考える前に,人間活動の影響を受けていない清浄な降水のpHについて考えよう．ここで,pHは**水素イオン指数**（potential Hydrogen）のことで,水素イオン濃度を$[H^+]$（mol L^{-1}）とすると

$$pH = -\log[H^+] \tag{3.49}$$

と定義され,中性の場合には7となる．酸性度が高くなると7より小さい値となる．大気中の水蒸気が降水として落下するまでの間に,その水には大気中のCO_2が溶け込む．そして,以下の式で表す反応を経ることで,溶液中に水素イオンが増え弱酸性となる．

$$CO_2(g) \rightleftarrows CO_2(l) \tag{3.50}$$

$$CO_2(l) + H_2O \rightleftarrows HCO_3^- + H^+ \tag{3.51}$$

$$HCO_3^- \rightleftarrows CO_3^{2-} + H^+ \tag{3.52}$$

例えば$[CO_2(g)]$を400 ppmとすると,pHの値は5.6となる．また火山ガス（SO_2）や植物,土壌起源のNO_xにより若干酸性度を増す場合もある．このように降雨は元来中性ではなく,pH値は5.6前後であるので,この値よりも小さいpH値をもつ降水は酸性雨と判断できるが,明確な基準は示されていない．

B. 酸性雨の原因物質

酸性雨の原因物質は,おもに人間活動により排出されるNO_xとSO_2である．これらが大気中でさまざまな反応を経て酸性物質となり,降水がその酸性物質を取り込んで酸性化する．ここでは,大気中のNO_xやSO_2がかかわる反応を紹介しよう．

化石燃料の燃焼などにより，おもにNOが放出される．このNOは，3.4.2項で示した大気中の過酸化ラジカル（HO_2, RO_2）との反応やオゾンとの反応（式(3.53)）により，速やかにNO_2に変換される．

$$NO + O_3 \longrightarrow NO_2 + O_2 \qquad (3.53)$$

NO_2は日中に太陽紫外線により光分解を起こし，NOへと再び変換される（式(3.47)）．NOとNO_2の間の変換は数分という時間で起こることから，NOとNO_2をまとめてNO_xと呼ぶこともある．NO_2は

$$NO_2 + OH + m \longrightarrow HNO_3 + m \qquad (3.54)$$

というように，OHラジカルと反応し硝酸（HNO_3）となる．OHラジカルによるNO_2から硝酸への変換過程は，数日の時間スケールで起こると考えられている．硝酸はガス状物質であるが，大気中のアンモニア（NH_3）などと反応して中性塩となり，著しく蒸気圧が低下し粒子（硝酸エアロゾル）化することが知られている．また土壌粒子などへ取り込まれて金属イオン（Mg^+, Ca^{2+}）と反応し，結果的に中性化することもある．

SO_2もNO_2と同様にOHラジカルと反応する．

$$SO_2 + OH + m \longrightarrow HSO_3 + m \qquad (3.55)$$
$$HSO_3 + O_2 \longrightarrow SO_3 + HO_2 \qquad (3.56)$$
$$SO_3 + H_2O \longrightarrow H_2SO_4 \qquad (3.57)$$

上記のプロセスで生成した硫酸は，強い酸性を示すとともに，蒸気圧が低いことから凝縮して液滴となったり，硝酸と同様にアンモニアなどと反応し硫酸エアロゾルとなったりする．SO_2の大気寿命[注2]は数週間である．

NO_2はさらにオゾンと反応し，NO_3ラジカルが生成する（式(3.58)）．NO_3ラジカルは，波長が580 nmより短い光を吸収すると直ちに光分解する（式(3.59)）ことから，夜間のみ重要なラジカルである．NO_3ラジカルは反応性に富み，VOCから水素を引き抜く反応を起こし硝酸（HNO_3）となったり（式

注2　大気寿命とは，放出された物質が大気中での化学反応により減少し，その濃度が1/e（= 1/2.718）になるのに要する時間のことである．

(3.60)），NO_2 と反応し N_2O_5 となったり（式(3.61)）する．

$$NO_2 + O_3 \longrightarrow NO_3 + O_2 \tag{3.58}$$

$$NO_3 + h\nu \longrightarrow NO_2 + O \text{ or } NO + O_2 \tag{3.59}$$

$$NO_3 + VOC \longrightarrow HNO_3 + RO_2 \tag{3.60}$$

$$NO_2 + NO_3 \rightleftarrows N_2O_5 \tag{3.61}$$

$$N_2O_5 + H_2O\,（エアロゾル表面）\longrightarrow 2HNO_3 \tag{3.62}$$

式(3.61)で示した N_2O_5 生成の反応は可逆的に進行する．また，この反応の平衡定数は強い温度依存性を示し，気温の低いところでは右辺へ平衡が偏る．エアロゾル表面で不均一反応により硝酸が生成する（式(3.62)）．気温の高い季節は植物起源VOCが豊富となるため，式(3.60)の反応による硝酸生成が卓越し，また冬季は N_2O_5 経由の反応により硝酸生成が卓越する．日中に起こるOHと NO_2 からつくられる硝酸（式(3.54)）に比べて，これら NO_3 や N_2O_5 を経由する硝酸は2割程度寄与していると考えられている（文献11）など）．

これらの過程でつくられた酸性物質やその中性エアロゾルが雲に取り込まれて，最終的に降雨により除去される過程を**湿性沈着**（wet deposition），またガス状硝酸やエアロゾルがそのまま地面に沈降する過程は**乾性沈着**（dry deposition）と呼ばれる．これら2つの沈着機構には，ほぼ同程度の重要性があると考えられている．湿性沈着は酸性雨のことであるが，ガス状の酸性物質が降雨に取り込まれる過程により次の2つに区別されている．雨滴の生成・成長過程で酸性物質が雨滴に取り込まれるのが**レインアウト**（rainout）**現象**であり，降雨時にガス状物質が雨滴に取り込まれて湿性沈着するのが**ウォッシュアウト**（washout）**現象**である．

3.4.4　エアロゾル

A.　エアロゾルの分類

大気中に浮遊する粒子を**エアロゾル**（aerosol）という．その粒径が1 μmより大きいものを粗大粒子と呼び，また小さいものを微小粒子と呼ぶことがある．粗大粒子は重力による沈降を受けやすく，その大気寿命は比較的短いが，微小粒子は長寿命となり，種々の影響を与える可能性がある．ただし0.01 μm以下

のナノ粒子と呼ばれる超微小粒子は，粒子同士の衝突や気体分子を吸収して粒径の大きなものへと変質していくことから，超微小粒子としての寿命はごく短寿命となる場合もある．

エアロゾルは，大気中での生成過程によって一次粒子と二次粒子に大別される．一次粒子は大気に直接放出される粒子のことであるが，さらに一次生成無機粒子と一次生成有機粒子から構成される．一次生成無機粒子は，風が地球表面を吹きつけることにより巻き上げられる土壌粒子や海塩粒子のことである．これらの粒子は1–10 μmの粗大粒子である．一次有機粒子は，化石燃料やバイオマスの燃焼時の気体の凝結で生成される煤（black carbon）がその主要なものである．

二次生成粒子とは，大気中で前駆気体から生成するものである．化学反応により前駆気体分子がクラスター化（核形成）し超微小粒子となり，それらが衝突して凝集し微小粒子のサイズまで成長する．その後雲に取り込まれて降雨により大気から除去されたりする（**図3.15**）．二次粒子も一次粒子と同様，無機粒子と有機粒子に分けられる．二次無機粒子は，3.4.3項で説明した硫酸エアロゾルや硝酸エアロゾルのことである．二次有機粒子（SOA）は，VOCとオゾンやOHラジカルの反応により生成した蒸気圧の低い過酸化物や有機酸が凝集して生成すると考えられているが，詳しいメカニズムは明らかとなっていない．

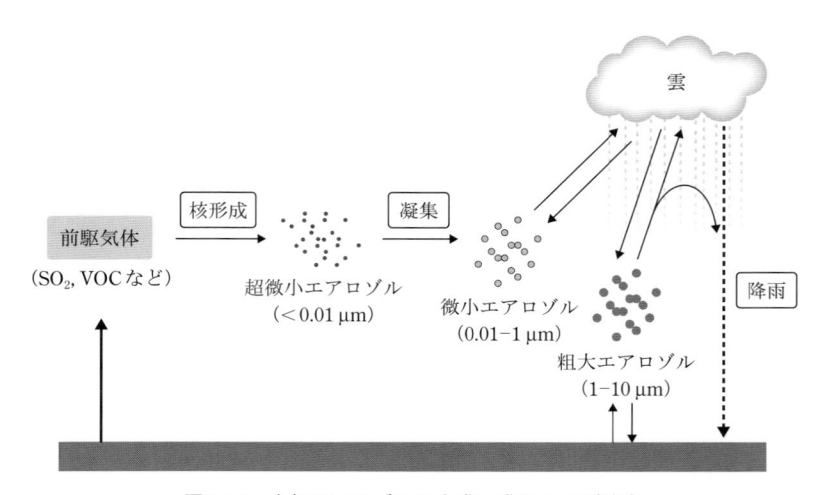

図3.15 大気エアロゾルの生成，成長および除去

3.4 大気汚染問題

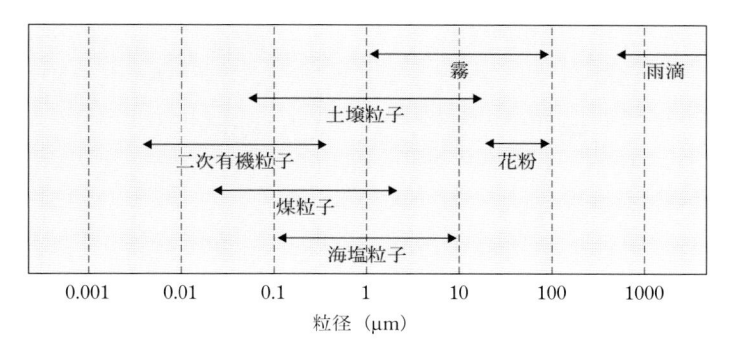

図3.16 対流圏大気中に浮遊する粒子

図3.16におもな大気エアロゾルとその粒径について示した．粒径が10 μmより小さいものを総称してPM10（またはSPM）といい，さらに2.5 μmより小さいものは総称してPM2.5という．エアロゾルには自然起源のものと人為起源のものがある．自然起源では土壌粒子，海塩粒子およびSOAが重要である．人為起源では一次汚染物質である燃焼過程で生じる煤や，産業活動から出る粉じんなどがある．また，人為起源の二次汚染物質である硝酸塩や硫酸塩を含んだ無機エアロゾルとSOAが重要である．

B. エアロゾルの放射強制力

エアロゾルの太陽放射に対する影響については，直接効果と間接効果が考えられる．直接効果は，放射を吸収・散乱して地球気温に直接影響を与える効果のことである．無色のエアロゾルは太陽を散乱するため，負の放射強制力をもつ．煤のような黒色のエアロゾルは太陽放射を吸収し大気を暖める効果があるので，正の放射強制力を示す．図3.7に示すとおり，SOAや無機エアロゾルは無色であることから，その放射強制力は$-0.8\,\mathrm{Wm^{-2}}$程度であり，温室効果ガスの効果を相殺する可能性がある．それに対し煤は$0.5\,\mathrm{Wm^{-2}}$程度の放射強制力を有することから，メタン自身の温室効果に匹敵する温暖化物質である．

間接効果はエアロゾルによる雲の特性を変化させる効果であり，第一間接効果と第二間接効果がある．第一間接効果は，吸湿性のエアロゾルが大気中に存在すると雲凝結核（cloud condensation nuclei : CCN）として働き雲量を増やし，雲によるアルベドを増加させることをいい，寒冷化に貢献するものである．吸湿性のエアロゾルとしては海洋起源の硫酸エアロゾル（sea salt sulfate）や海

第3章 大気の化学

塩粒子がある．第二間接効果は，エアロゾルの数が増加すると1つのCCNにとらえられる水分子の数が少なくなることによる，雲粒の微小化を引き起こす現象である．このことにより雲の寿命は長くなり，長期にわたり負の放射強制力をもつ．これらの間接効果はその定量的な取り扱いが困難であり，現在盛んに研究が進められているテーマのひとつである．

●コラム　　レーザーを使った大気中の反応性微量成分の総合評価

　大気中には窒素酸化物（NO_x）や揮発性有機化合物（VOC）が存在しており，大気光反応の中心的な役割を演じている．光化学オキシダントやPM2.5などは，これらの反応性成分が原料となり，大気中でつくられると考えられている．都市の大気を改善していくためには，これらの反応性成分がどの発生源からどのくらい出ているかを詳しく知る必要がある．大気中のVOCの種類は多岐に渡り，500種類とも2000種類ともいわれており，それらを精密に定量することは実質的に難しい．ここでは，我々が開発した反応性成分の評価手法を紹介する．

　大気質の議論では，OHラジカルと反応する物質がどのくらい存在するかが本質的に重要となり，その構成成分は必ずしも精密に測定する必要がない場合がある．このような状況では，OH反応性を調べることで目的を達成できる．

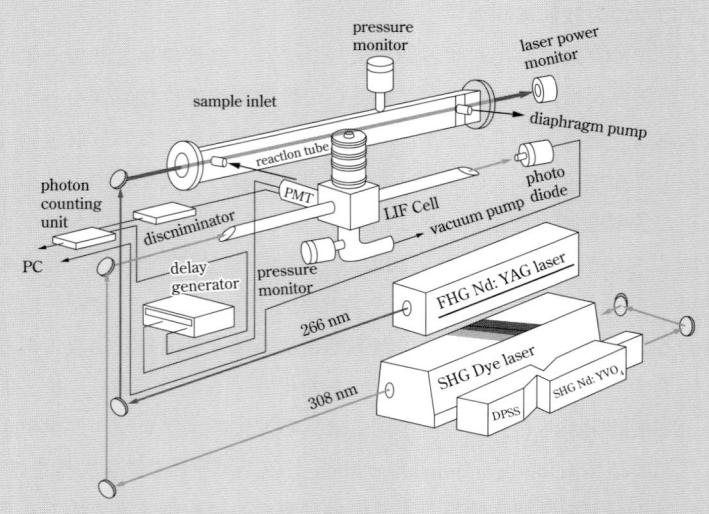

図3.17　レーザーポンププローブ法によるOH反応性測定装置図

構成成分を一つずつ積み上げながら測定する手法をボトムアップ計測，OH反応性測定のように化学応答する成分の動的観測により必要な情報を得る手法をトップダウン計測と称する．ここでOH反応性とは，OHラジカルの大気化学反応による減衰寿命の逆数として定義される．

　我々はOH反応性を計測するシステムを開発してきた．原理は，ポンプレーザーにより大気中濃度より約2桁程度高濃度のOHラジカルを人工的にパルス生成し，その減衰速度をプローブレーザーで追跡するというものである（図3.17）．この減衰をOH反応性と定義する．この反応性は，観測された大気試料の反応性微量成分濃度が完全に既知の場合，$k_{cal}=\sum k_i[C_i]$という式により予測できる．ここで，k_iと$[C_i]$はそれぞれ，物質C_iのOHとの反応速度定数と物質濃度を示す．レーザーポンプ・プローブ法により測定されたOH反応性をk_{obs}とすると，大気試料の場合は多くの観測で$k_{obs}>k_{cal}$となる．100-120種類程度の化学物質測定をおこなっても，未知のOH反応性（Δk）が観測されることが多い．このΔk（$=k_{obs}-k_{cal}$）がどのような化学成分であり，どこから発生しているのかを知るのが，現在の大気化学の重要な研究対象の一つとなっている．

第4章　海洋の化学

4.1　海水循環

　海洋における化学物質の分布や循環には，海水そのものの循環が大きく影響する．海洋表層では，風の応力によって駆動される水平方向の流れがあり，これを**風成循環**（wind-driven circulation）と呼ぶ．一方，大気との熱交換によって表層水の密度は変動する．冷却に蒸発作用が伴えばより大きな密度の表層水が生じ，その海水は下層に向かって沈降する．このような**熱塩循環**（thermohaline circulation）と呼ばれる鉛直方向の流れも存在する．本節では，これらの海水循環を取り上げる．

4.1.1　風成循環
A.　エクマンの吹送流

　広い海上で長時間に渡って同じ方向に風が吹き続けると，風の応力と地球の自転によるコリオリ力の影響によって，海面からある深さまでの海水が風の向きとは異なる方向に動かされる．この現象を理論的に説明したのはスウェーデンの海洋物理学者，エクマン（Vagn Walfrid Ekman, 1874–1954）である．彼は1905年，風によって引き起こされる海流について考察し，流向と流速に関する**エクマンの吹送流理論**を発表した．

　風の応力が影響するのは海水表面から数十メートルの深さに限られる．この層を**エクマン層**（Ekman layer）と呼ぶ．エクマン層内の海水の流向と流速を図示すると，**図4.1**のようになる．北半球では，海面の海水は風の方角に対して右45度に引きずられる．そして深さとともに海水の流れはさらに右へ右へと向き，流速も減少していく．風の応力が最も低下する最下層では，風の向きと逆方向に流れる．各深さにおける海水の速度ベクトルの先端を結ぶとらせん形となり，これを**エクマンらせん**（Ekman spiral）と呼ぶ．エクマン層全体の海水の流れを体積輸送（エクマン輸送）といい，その輸送量は流速を鉛直に積

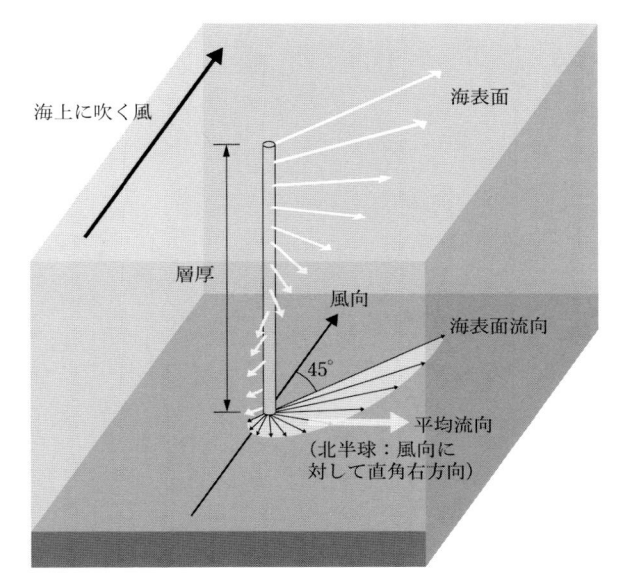

図4.1 エクマンの吹送流

分することで求められる．また，エクマン層内の海水が流れる方向（平均流向）は，北半球では，風の向きに対して直角右方向となる（南半球では左）．

B. エクマンの吹送流と大洋の表層海流系との関係

エクマンの吹送流理論は実際の海洋表層における海流系（**図4.2**）をみごとに説明している．エクマンの吹送流と大洋の表層における海流系との関係を知るために，例として，北太平洋の亜熱帯循環を考えてみよう．

まずは，海水の動きがまったくなく，貿易風と偏西風が吹いている状態を仮定してみる．赤道域には西向きの貿易風が，そして亜熱帯の北側には東向きの偏西風が卓越している．それらの卓越風によってエクマン輸送が起こり，北半球の亜熱帯中央域に向かって海水が集積する．海水の集積した海域には，高圧域が形成される．海流は等圧線に沿って高圧域を右に見て流れる．つまり高圧域から低圧域に海水が流下すると，その流れにコリオリ力が働く．その結果，圧力差による力（圧力傾度力）とコリオリ力が均衡し，高圧域の南側である赤道近くでは海水は西向きに流れ（北赤道海流），逆に高圧域の北側では東向きに流れる（北太平洋海流）．一方，亜熱帯高圧域の西側では海水は北向きに，

第4章 海洋の化学

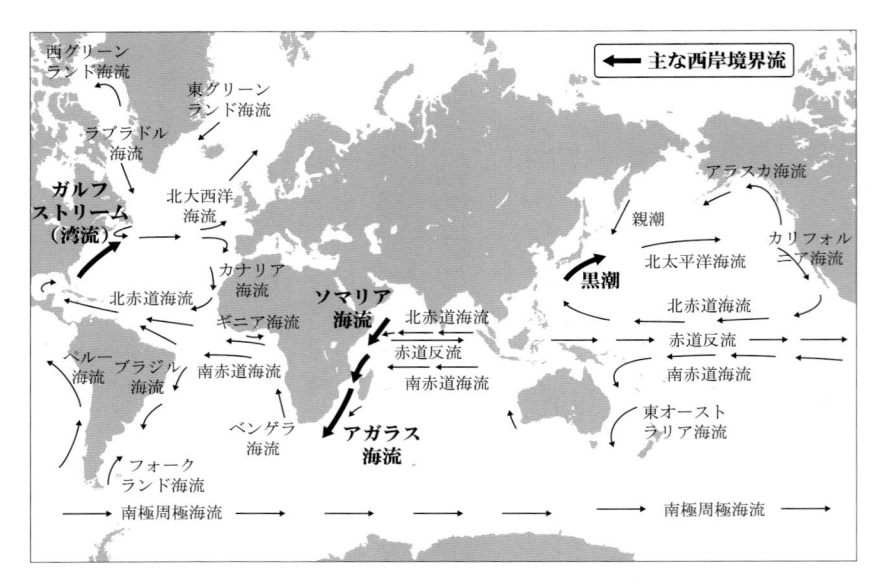

図4.2 世界の海洋における主な海流．大洋の西岸域には黒潮に代表されるような強い流れが卓越する．それを西岸境界流という．
(Gross and Gross, 1996[2])をもとに作成)

東側では南向きに流れる．特に，西側の北向きの流れに対してはコリオリ力の緯度方向の効果が大きく作用し，右へ右へと曲げられながら流れは強くなる．この流れが西岸境界流としての黒潮である．

ところで，赤道上ではコリオリ力は働かないので，海水は風と同じ方向に流れる．太平洋の赤道では西側に海水が集積し高圧域をつくるので，海流は逆の方向，すなわち西から東に流れる．この流れが赤道反流である．

4.1.2 熱塩循環

次に，熱塩循環を考えよう．熱塩循環による海水の鉛直方向の流れは，海水の冷却あるいは蒸発による密度の増加によって駆動される．

ところで，淡水の密度が最も大きくなる温度は4℃である．したがって，どんなに寒い場所にある池でも凍るのは表面だけで，底には密度の大きな水が沈んでいるため，水温は4℃になっている．ところが，塩が溶け込んでいる海水では事情が異なる．海水が氷となるときには（結氷温度は−1.9℃），塩は海水

中に取り残されるため，塩分が高く水温の低い重い海水が形成する．これが冷却による海水の密度変化である．

　蒸発によって海水の密度が変化するのは，理解がたやすい．海水から水が蒸発すれば，その海水の塩分が高くなり密度は大きくなる．つまり，海水は冷却と蒸発によってどんどん重くなるのである．北大西洋の北部域では，北極域から乾いた冷たい風が吹く．特に冬期は厳しい北風が吹く．この風に冷却され蒸発が活発となる海域の表層水は，密度が大きくなって下層に沈降する．

　1970年代に，アメリカの海洋学者を中心とする大型の海洋研究，すなわちGEOSECS（Geochemical Ocean Sections Study，大洋縦断地球化学計画）がはじまった．これは，放射性核種をトレーサーとして用いることで，とくに熱塩循環による深層水の流動の把握を目的とした計画である．

A.　熱塩循環が始まる場所：トリチウムによる追跡

　熱塩循環は北大西洋の北部域からはじまることが，1972-1973年に実施されたGEOSECSの観測における海水中のトリチウム（^{3}H：半減期12.5年）の測定から明らかとなった[2]．^{3}Hは宇宙線生成核種であるため，つねに大気中で生成されている．また，1954-1963年にかけて，アメリカなどがおこなった大気圏核実験によって大気中に放出された．大気中の^{3}Hは^{3}H$_2$Oとなって海洋表層に降下する．

　大西洋の西側における^{3}Hの南北縦断分布をみてみよう（**図4.3**）．北大西洋の北部域の表層水では高濃度で，深層に向かって濃度が減少するものの，底層水中にも検出されている．このような^{3}Hの分布は南太平洋の亜寒帯域では見られない．この様子から，表層水の沈み込みが北大西洋の北部域で起こっていることがわかる．

B.　深層水の動き：炭素14による追跡

　放射性炭素（^{14}C：半減期5,730年）は^{3}Hに比べて半減期が長いので，大洋全体における長い時間スケールの海水の流動を追跡できる．やはりGEOSECSの観測で得られた大西洋におけるΔ^{14}Cの南北縦断分布は，**図4.4**のようになっている．ここで，Δ^{14}Cとは，大気圏核実験以前の1950年の大気中の^{14}C/^{12}Cを基準にして，海水中の溶存無機炭素と標準物質（シュウ酸）の^{14}C/^{12}Cの差を標準物質の値に対する千分率（‰）で表したもので，マイナス値が大きいほど海水が古いことを示す[15]．

第4章 海洋の化学

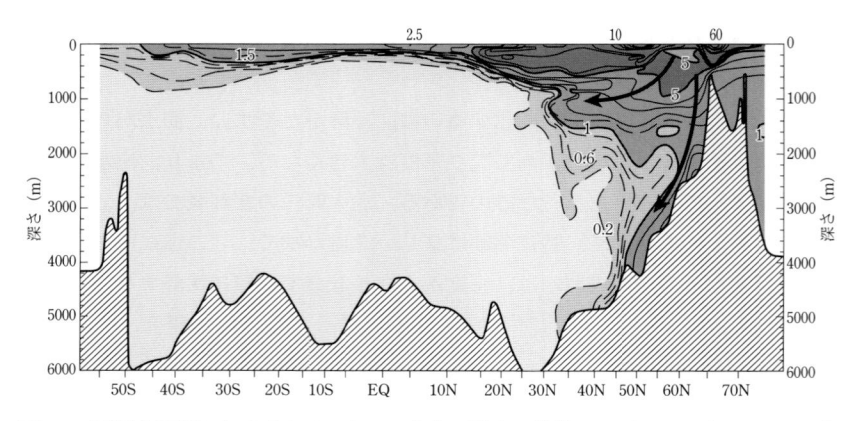

図4.3 西部大西洋におけるトリチウムの分布．濃度の単位はTU（トリチウムユニット）．1TUとは，$^3H/^1H$の原子比が10^{18}のことである．
（Östlund et al., 1987[2]）をもとに作成）

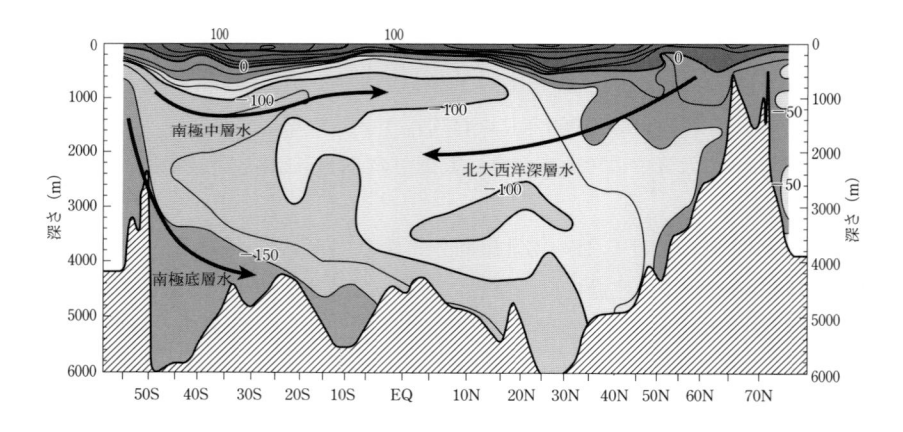

図4.4 西部大西洋における炭素14の分布．数値は$\Delta^{14}C$を示す．$\Delta^{14}C$については67ページ参照．
（Östlund et al., 1987[2]）をもとに作成）

北大西洋の北部域においては，$\Delta^{14}C$の等値線が明らかに深層に伸びていることが読み取れる（図4.4）．すなわち，特有な水温と塩分で性格づけされた海水が一塊となって沈降していると推測される．このような一塊の海水のことを水塊といい，北大西洋の北部域で沈降する水塊を北大西洋深層水（North Atlantic

Deep Water：NADW）と呼ぶ．また，大西洋の深層で（深さ2,000-3,000 mを中心に）Δ^{14}Cの等値線が南に向かって舌状に張り出している様子から，北部域で沈降した若い（Δ^{14}Cのマイナス値が比較的小さい）水塊は，ある深さまで沈降した後は南下していることが理解できる．

図4.4で，深さ1,000 m付近で南から北へΔ^{14}Cの等値線が延びている．これは，南極海から北上し大西洋へと流れ込む水塊の存在を示す．南極海の表層では，南極大陸から見て時計回りの南極周極水が流れており（図4.1），この海流を南極周極海流と呼ぶ．南極海における海水の密度は，表層水と深層水とで大きな差はない．そして，北大西洋深層水よりやや低い密度をもった南極中層水（Antarctic Intermediate Water：AAIW）が形成され，その水塊はおよそ1,000 m層を中心に南極海から大西洋に向かって北上する．また，南極海の付属海であるウェッデル海（大西洋側）ではきわめて重い南極底層水（Antarctic Bottom Water：AABW）が形成する．この水塊は大西洋の底層を通って北上する．南極中層水と南極底層水は北大西洋深層水より古いので，これらの水塊は北上するにつれて上下の新しい海水と混合し，年齢が若くなる．

C. 海水の年齢

海水の年齢がわかれば，深層水の循環をより直感的に理解することができる．その年齢はΔ^{14}C値から見積もることができる（文献4）に詳しい）．**図4.5**は，表層水のΔ^{14}Cを現在の値として深さ3,000 m層における海水の年齢を見積もり，その水平分布を表したものである．表層水が深層に沈み込む北大西洋の北部域では，海水の年齢は100年程度であった．その北大西洋深層水は南下し，約600年かけて南極海に到達する．南極海では表層水が冷却されて沈み込み，深層水と混合するため，年齢は500年より若い．

太平洋の深さ3,000 m層では，ちょうど周極深層水から北太平洋深層水の下部を横切る面で年齢を見ていることになる．海水の年齢は，南極海から北太平洋に向かって，順次古くなり，北緯20〜40度において最も古く，およそ2,000年である．アリューシャン列島付近では，その年齢は上層の北太平洋中層水との混合によっていくぶんか若くなる．

D. ブロッカーの海洋コンベアーベルト

アメリカの地球化学者ブロッカー（Wallace S. Broecker, 1931-）は，上述したおよそ2,000年かかって北大西洋から沈み込んで北太平洋にいたる深層水の

第4章 海洋の化学

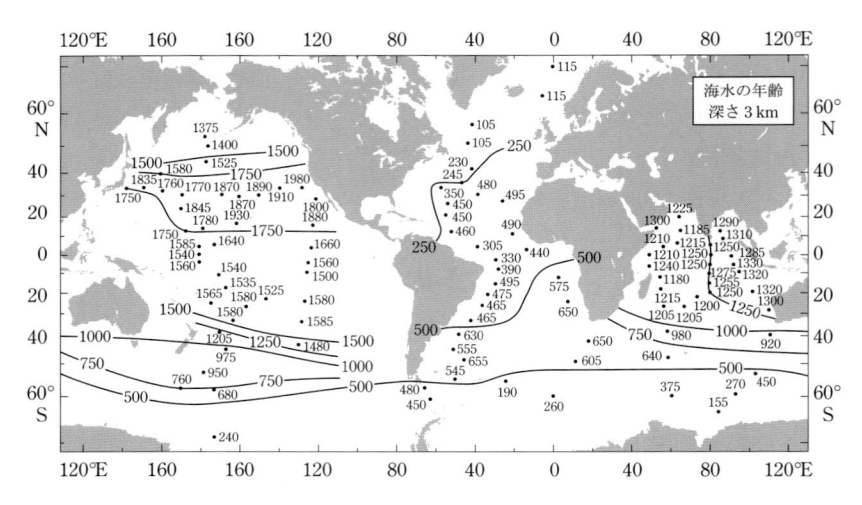

図4.5 深さ3kmにおける海水の炭素14年齢．海水中の溶存無機炭素に含まれる放射性炭素14を測定し，表層水中の値を現在として3kmにおける海水の年齢を見積もった．小さな数字はそれぞれの観測点における年齢であり，それに対して等年齢線が示してある．この図から北太平洋の北緯20-40°付近の中層水が最も古い海水であることがわかる．
（Andree et al,. 1985[5]）をもとに作成）

大規模な流れを図4.6のように描き，それを**海洋コンベアーベルト**（the great conveyor belt）と呼んだ．深層水の流れは，北太平洋の北部域にいたると，地形的制約（アリューシャン列島の壁）を受けて，徐々に表層に湧昇する．そしてその海水は表層の海流に取り込まれて，やがてはインドネシア多島海，インド洋を経由して，またもとの北太平洋北部域に戻るのである．ここで重要なのが，ベルトコンベアーが物質を載せて運ぶように，この深層水の流れが海洋全体に物質を運ぶ役割を果たしていることだ．次に，この海洋の大循環が物質を運ぶ例として，世界の海洋におけるバリウムの濃度分布をみてみよう．

海洋中における溶存バリウムは，表層では低濃度で，深層に向かって高濃度となる栄養塩型の鉛直分布を示す（詳しくは，4.2.3項の図4.8を参照）．このことは，海水中の粒状バリウムが沈降中に溶解していることを表している．大西洋，太平洋，インド洋における溶存バリウムの水平分布は**図4.7**のようになっている[8]．この分布は，南極海から沈み込んで，大西洋，太平洋，そしてインド洋の深層を北上する周極深層水について，代表的密度である$\sigma_4=45.86$（深さ

4.1 海水循環

図4.6 ブロッカーによる深層水の海洋コンベアーベルト
(Broecker, 1987[6])およびSteele, 1989[7])をもとに作成)

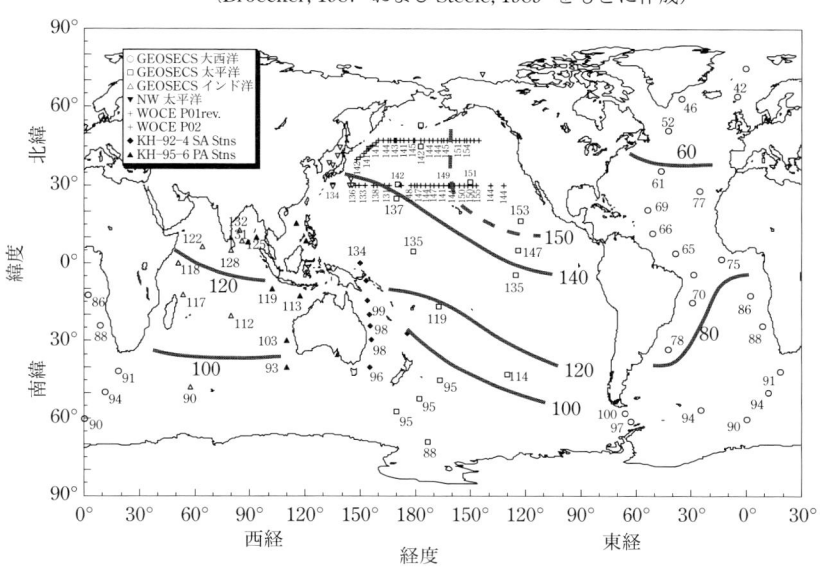

図4.7 深層水の等密度面 ($\sigma_4 = 45.86$) における溶存バリウムの水平分布．濃度の単位は nmol kg^{-1}．
(加藤ほか，2005[8])より)

4,000 dbar（およそ4,000 mに相当）に規格化した海水の密度）の等密度面でみたものである．太平洋におけるその等密度面深度の緯度方向に対する変動は図4.5に示したとおりだが，大西洋とインド洋においてもその深度の変動はほぼ類似している．溶存バリウムの濃度は，北大西洋の北部域では60 nmol kg^{-1}であるが，インド洋北東部域では120 nmol kg^{-1}，そして北太平洋の東部域にいたると150 nmol kg^{-1}以上に増加している．このことは，海洋コンベアーベルトの上流域（北大西洋北部域）から下流域（北太平洋北部域）に向かって深層水が流れていく間に，バリウムが次々と溶け込んだ結果であると考えてよい．このように，コンベアーベルトは物質を運ぶ役割を担っているといえる．

4.2　海水中の化学成分

4.2.1　海水中の元素濃度

　世界の海水の99％は，水温−2〜32℃，塩分33〜37の範囲内にある．また75％は，水温0〜6℃，塩分34〜35の範囲内にあり，水温と塩分の平均値はそれぞれ3.5℃と34.72である[1]．なお，海水の塩分の濃度単位は，1980年以前は千分率（‰）で表されていたが，それ以後は無次元量として単位を付さないことになった．海水にはさまざまな塩類が溶解しており，上記の平均値を例にすれば，海水1 kgに塩類が合計34.72 g溶解していると考えてよい．

　海水の化学組成は，今日ではたいへん多くの元素について知られるようになった[9]．一般的に，海水中に1 mg kg^{-1}（＝ppm）以上溶解している11種の元素群（Cl, Na, Mg, S, Ca, K, Br, C, Sr, B, F）を**主要元素**（major element）という．一方，海水中の**微量元素**（trace element）の定義は，厳密には定まっていないが，1 mg kg^{-1}以下の濃度で存在している元素群を**少量元素**（minor element），1 μg kg^{-1}（＝ppb）以下の元素群を微量元素と呼ぶこともある．海水中の主要元素が塩分と同様にふるまうのに対し，微量元素の濃度は海域や深さ，季節などによって大きく変動することが多い．

4.2.2　元素の滞留時間

　海洋中の元素の起源はおもに大陸岩石である．岩石は風化して河川水に溶解し，海洋へと運ばれる（ただし希ガスは除く）．もし元素が陸から供給される

ばかりだとしたら，海水の塩分はどんどん高くなるはずである．しかし実際はそうなっていない（一定を保っている）ので，供給とバランスする除去過程（おもに海底への沈降）があると考えられる．海洋の進化については本章では触れないが，今日の海水中の元素は陸域からの流入速度と海底への除去速度がバランスした結果と考えられている．

ここで，海水中の元素の分布と挙動を特徴づける尺度である「平均滞留時間」について説明しよう．元素Xの平均滞留時間は次式から求められる．

$$\text{元素Xの平均滞留時間(y)} = \frac{\text{海水中の元素Xの全量}}{\text{河川を経由して海洋に加わる元素Xの流入速度}}$$

ここで右辺の分子は，「海水中の元素Xの濃度」と「海水の全量」の積で求められる．多くの元素の濃度データが得られており，海水の全量もおおよそ見当がつくので，計算可能だ．一方，分母は「河川水中の元素Xの濃度」と「河川水の流入量」の積で求まるが，世界中の河川についての確かなデータを収集するのは難しい．それでも妥当であると考えられる推定値を用いて，元素の平均滞留時間が報告されている（**表4.1**）．

主要元素の平均滞留時間は50万年以上であることから，平均滞留時間が3,000年（2.2.1項参照）である海水に対して，主要元素ははるかに長時間海水中に滞在しているといえる．したがって，主要元素は，海水から除去されるまでの間に十分かき混ぜられ，海洋のいたるところで一様の鉛直分布を示し，かつその濃度も変わらないことになる．一方，微量元素の平均滞留時間は，個々の元素によって大きく異なり，ウランやモリブデンのように10^5～10^6年と比較的長いものから，アルミニウムやマンガンのように10^3年以下の短いものまである．したがって，海水中の微量元素濃度は，その化学的，生物学的特性に応じて，特異的な鉛直分布を示す．

4.2.3 鉛直分布による元素の分類

海洋中における元素の循環を考えるときに，それぞれの元素がどのような鉛直分布を示すのかについて知ることはたいへん重要である．これらの鉛直分布は，**図4.8**に示すように，保存型（c : conservative type），栄養塩型（n : nutrient type），除去型（s : scavenging type）に大別される．以下でそれぞれの特

第4章　海洋の化学

表4.1　海水の主要元素（塩分35.0の海水）および微量元素の濃度と平均滞留時間

主要元素	溶存形[10]	濃度[10] (mg kg^{-1})	平均滞留時間[4] (yr)
Cl	Cl$^-$	19353	9.2×10^{10}
Na	Na$^+$	10768	2.8×10^{8}
S	SO$_4^{2-}$	2712	1.2×10^{9}
Mg	Mg^{2+}	1292	4.4×10^{7}
Ca	Ca^{2+}	412	8.1×10^{6}
K	K$^+$	399	1.1×10^{7}
Br	Br$^-$	67.3	1.5×10^{10}
C	HCO$_3^-$, CO$_3^{2-}$	27.6	(1.8×10^{5}) [11]
Sr	Sr^{2+}	8.14	1.3×10^{7}
B	B(OH)$_3$, B(OH)$_4^-$	4.45	1.1×10^{9}
F	F$^-$	1.39	1.4×10^{6}

微量元素	溶存形[9]	濃度[9] (ng kg^{-1})	平均滞留時間[4] (yr)
N*	NO$_3^-$	4.2×10^{5}	—
P*	NaHPO$_4^-$	6.2×10^{4}	(1.8×10^{5})
Si*	H$_4$SiO$_4^0$	2.8×10^{3}	2.0×10^{4}
Al	Al(OH)$_3^0$	30	6.2×10^{2}
Mn	Mn^{2+}	20	1.3×10^{3}
Fe	Fe(OH)$_3^0$	30	5.4×10^{1}
Co	Co(OH)$_2^0$	1.2	3.4×10^{2}
Ni	Ni^{2+}	480	8.2×10^{3}
Cu	CuCO$_3^0$	150	9.7×10^{2}
Zn	Zn^{2+}	350	5.1×10^{2}
Mo	Mo(OH)$_4^{2-}$	10000	8.2×10^{5}
U	UO$_2$(CO$_3$)$_3^{4-}$	3200	$\sim 5 \times 10^{5}$

[4] Broecker and Peng (1985), [9] Nozaki (2001), [10] Dyrssen and Wedborg (1975), [11] Froelich et al. (1982), *栄養塩, (　) は推定値

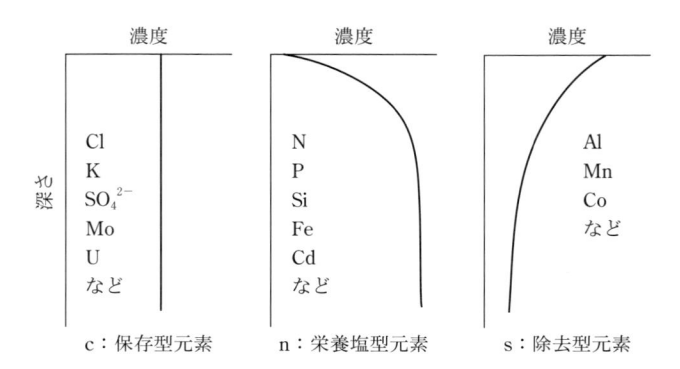

図4.8　海水中の元素の鉛直分布

c：保存型元素（Cl, K, SO$_4^{2-}$, Mo, U など）

n：栄養塩型元素（N, P, Si, Fe, Cd など）

s：除去型元素（Al, Mn, Co など）

徴を述べる．

A. 保存型

　鉛直一様の分布を「保存型」という．保存型の分布を示す元素は，海水中で難溶塩を形成せず，生物に対して不活性で，生物起源や岩石起源の粒子に吸着しない，などの性質をもつ．アルカリ金属のナトリウムやカリウム，アルカリ土類金属のマグネシウムやカルシウムはその代表である．なお，カルシウムは，石灰藻や有孔虫などの動植物プランクトンによって炭酸カルシウムの骨格の形成に利用されるが，その影響の大きさは海水中の濃度や鉛直一様な分布を変化させるほどではない．ハロゲン元素であるフッ素や塩素なども保存型の分布を示す．また，モリブデン，クロム，バナジウム，ウランなどの微量元素は溶存形が陰イオンであるため，海水中の粒子群との吸着性が低く，その分布は保存型に分類される．

B. 栄養塩型

　「栄養塩型」は，表層では低濃度で深さとともに増加し，ある深さで極大値を示すが，それ以深では徐々に減少するような分布を指す．栄養塩とは，海洋表層における植物プランクトンの栄養素である窒素，リンおよびケイ素の塩のことである．栄養塩は表層水中では，光合成による植物プランクトンの生産によって消費されるため，低濃度である．しかし，有光層以深では，生産された生物起源物質の分解・再生が起こるので，栄養塩の濃度は深さとともに増加する．

　鉄，カドミウム，亜鉛，銅，ニッケルなどの多くの微量元素が，栄養塩型の鉛直分布を示す．このことから，これらの元素の分布には，プランクトンへの取り込みとその後の分解による海水中への再生が関与しているように思われるが，必ずしも明確になっているわけではない．しかし，次節で述べるように，極微量の鉄が有光層における植物の生産に利用され，それより下層では，生物起源粒子の分解・再生によって鉄が徐々に増加することが確認された．

C. 除去型

　表層で高濃度を示し，深さとともに急激に減少する分布を「除去型」という．除去型の分布を示す元素は，おもに陸上岩石の砕屑物に由来する．陸上岩石の砕屑物は，河川経由で海洋に加わったり，風によって舞い上がり大気粉じんとして海洋の広域に落下したりする．したがって，供給源付近の表層では高濃度

を示す．また，岩石成分である元素の多くは，海水中においてコロイド粒子となったり，酸化物（水酸化物）粒子を形成したりする．そのため，海洋中の生物起源や岩石起源の微細粒子群によって海水中から速やかに吸着・除去される．アルミニウム，コバルト，マンガンなどの元素は海洋表層では高濃度であるが，深さとともに急激に減少する除去型の分布を示す．

4.3 海洋における炭素循環

2章で述べたように，IPCCの第5次評価報告書によれば，産業革命以降に人間活動によって大気に放出された全炭素量 545 ± 85 GtC のうち，44％が二酸化炭素（CO_2）として大気に残留し，残りは海洋（28％）と植生（28％）に吸収された．このように，地球上での炭素循環において，海洋は CO_2 の吸収源として重要な役割を果たしている．本節では，海洋における炭素循環をみてみよう．

4.3.1 氷期－間氷期における大気中の二酸化炭素濃度の変動

南極大陸におけるロシアのボストーク基地で1970-1998年にかけて採取されたアイスコア（全長3,623 m）には，過去約42万年の大気中 CO_2 濃度と気温の変動が記録されている．アイスコアには，過去の大気が気泡として閉じ込められており，それを分析することで氷形成当時の大気中 CO_2 濃度が得られる．一方，気温は氷中に含まれる酸素などの同位体分析から得られたものである．**図4.9**に大気中の CO_2 濃度と気温の歴史的変動を示す[14]．

気温の変動は規則的で，42万年前以降に，間氷期と氷期を4回繰り返して現在にいたったことが明瞭に示されている．また，大気 CO_2 濃度の変動もほぼ完全に気温の変動と同期している．すなわち，間氷期には CO_2 濃度が高く，寒冷期に入るとそれは徐々に減少し，氷期最寒期には極小値となり，その後に訪れる急激な気温の上昇に同期するように再び増加するのである．ただし，間氷期における CO_2 の濃度はおよそ280 ppmvであり，氷期最寒期のそれは180 ppmvと，周期的な濃度の変動はあるものの，その変動幅は100 ppmvで変わらない．

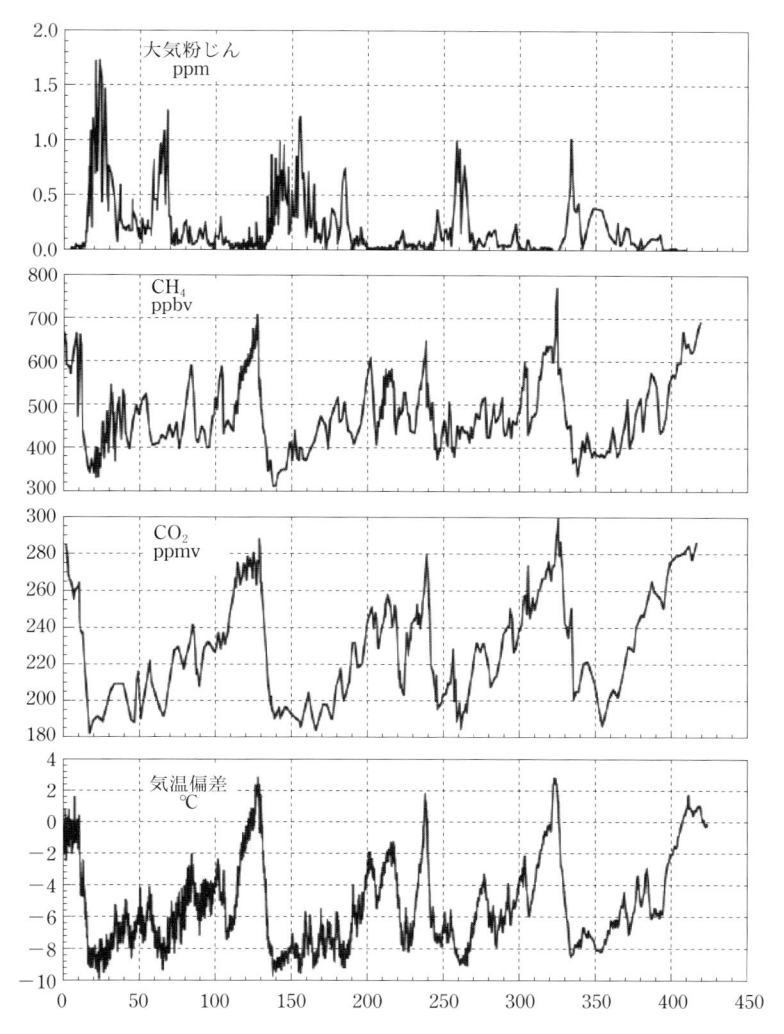

図4.9 南極ボストークのアイスコアに記録された過去42万年の気候と大気成分の歴史的変動. 気温の変動は, ボストーク基地における現在の平均気温−55°Cを基準とし, その値からの偏差として表されている.
(Petit *et al.*, 1999[14])をもとに作成)

4.3.2　大気-海洋間の気体交換：溶解ポンプ

氷期に大気中のCO_2が減少した理由は，どのように説明できるのであろうか．まず考えられるのは，氷期の冷却された海洋では海水中のCO_2の溶解度が増加し，間氷期に比べて大気中のCO_2が大量に海水中に溶解した可能性である．このようなプロセスは，大気中のCO_2を海水へ送り込む役割を担っているので，**溶解ポンプ**と呼ばれている．この項では，溶解ポンプの効果による大気中のCO_2の海水への溶解を，溶液化学の立場で考えてみる．

大気中の二酸化炭素（$CO_2(g)$）がヘンリーの法則に従って海水に溶解すると，以下の反応によって溶存二酸化炭素（実際には極少量の遊離炭酸も生成するので，CO_2^*（$=CO_2(aq)+H_2CO_3$）で表す），重炭酸イオン（HCO_3^-）および炭酸イオン（CO_3^{2-}）が生成する．

$$CO_2(g) \rightleftarrows CO_2^* \tag{4.1}$$

$$CO_2^*(aq) + H_2O \rightleftarrows H^+ + HCO_3^- \tag{4.2}$$

$$HCO_3^- \rightleftarrows H^+ + CO_3^{2-} \tag{4.3}$$

気体のCO_2の溶解は式(4.1)の平衡関係を用いて次式のように表される．

$$K_0 = \frac{[CO_2^*]}{pCO_2} \tag{4.4}$$

ここで，[ ]は濃度（単位は$mol\ kg^{-1}$），pCO_2は大気中のCO_2の分圧（atm），そしてK_0はヘンリー定数（$mol\ kg^{-1}\ atm^{-1}$）である．ヘンリー定数は気体溶解度の尺度ともいえる．

ヘンリー定数を用いて，大気CO_2の溶解度を考えてみよう．**図4.10**にヘンリー定数の温度依存性を示す[16]．ここで，20℃の表層水が2℃だけ冷却されたとしよう．図4.10からわかるように，水温が20℃から18℃に下がるとK_0の値は約6%増加する．式(4.4)においてpCO_2が一定とすれば，K_0値の6%の増加はCO_2の溶解度（[CO_2^*]）が6%増加したことに相当する．

氷期の北大西洋表層水の水温は，現在より約1.5〜2℃低かったと推定されている[15]．しかしヘンリーの法則から求める限り，水温が5℃低下しても，CO_2の溶解度の増加は20%にも満たない．したがって，溶解ポンプのみの効果で，氷期の大気CO_2の濃度が100 ppmv減少したと説明することは無理であろう．

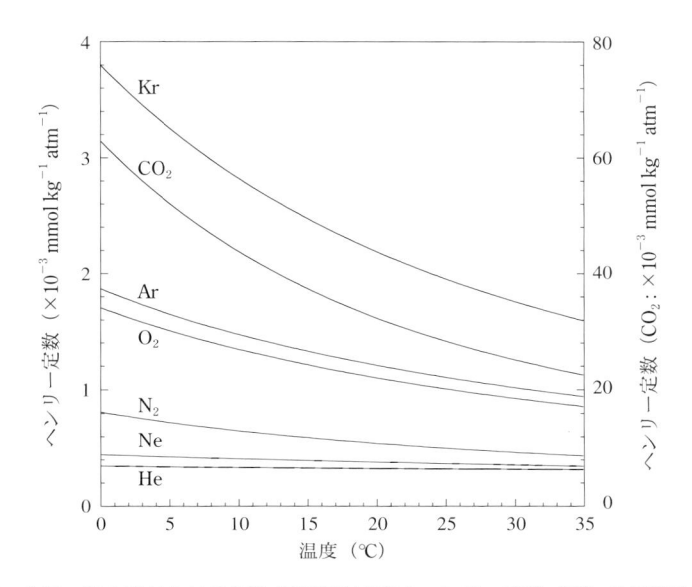

図4.10 大気－海水間における気体の溶解度を表すヘンリー定数（K_0）の温度依存性[16]．K_0 は海水の塩分35における値．

4.3.3 海洋の生物生産：生物ポンプとマーチンの鉄仮説

　海洋表層の有光層では，光合成によって植物プランクトン（有機物）が生産される．その反応は式(4.5)で表され，光エネルギーと海水中の栄養塩を利用して右に進む．しかし，有光層内で生産された有機物の90%以上は，動物プランクトンによって捕食されたり酸化分解を受けたりすることで，無機炭酸物質として再び海水中に溶解する．有光層内で捕食や分解をまぬがれたわずかな有機物粒子が深層に向かって沈降すると，深層水中で酸化分解を受け無機炭酸が再生される．その反応は，式(4.5)が左に進むことで表される．

$$CO_2(g) + H_2O \rightleftarrows CH_2O + O_2 \qquad (4.5)$$

　このように，生物生産，深海への有機物の輸送，そして分解と再生の循環を**生物ポンプ**と呼ぶ．この生物ポンプの効率を上げれば，深海における無機炭酸物質の貯蔵量は増加し，結果として，大気CO_2濃度は減少する．では，氷期に生物ポンプの効率が上がっていたとすれば，どのような理由が考えられるだろうか．

第4章 海洋の化学

A. マーチンによる海水中の鉄の測定

　この疑問に対する答えとして有力な仮説を唱えたのは，アメリカの海洋化学者ジョン・マーチン（John H. Martin, 1935-1993）である．彼は，海水中の鉄，マンガンやコバルトなどの微量元素を正確に測定する技術の向上に努めた．海水中に極微量しか存在しない元素の濃度を正確に測定するのは容易ではない．測定を困難にする要素はさまざまあるが，例えば，いたるところに鉄錆を浮き出たせている観測船が，鉄製のワイヤーにとりつけた採水器で海水試料を採取する場合，試料が船やワイヤー由来の鉄によって汚染されるのを防ぐのは難しい．また，試料水の保存容器の洗浄，陸上実験室内の空気の清浄さを保つこと，用いる蒸留水や薬品の純度の確保など，化学分析における汚染を避けるためには，ありとあらゆる方策・工夫が必要となる．1989年，マーチンとその共同研究者は可能な限りの試料水の汚染対策によって，とうとう海水中に溶存している鉄の測定に成功した．

　その結果，**図4.11**に示すように，鉄と硝酸塩の鉛直分布がきわめて類似す

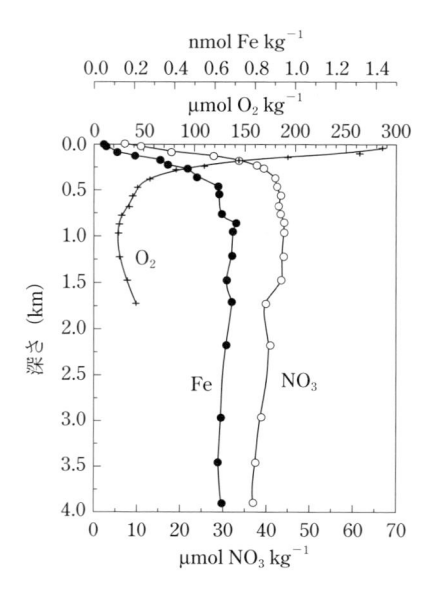

図4.11　アラスカ湾における海水中の溶存鉄と溶存酸素および硝酸塩の鉛直分布（Martin et al., 1989[17]）をもとに作成

ること，すなわち鉄が栄養塩型の分布をしていることがわかった．すなわち，図4.11の関係は，鉄と栄養塩が海洋中で同じ挙動をしていることを強く示している．

B. 高栄養低クロロフィル海域の存在とその成因

このような研究をおこなっている頃，マーチンらは，アラスカ湾の表層水は栄養塩が枯渇していないのに，なぜ，植物プランクトンは栄養塩を使い切るまで生育しないのであろうか，との疑問を抱いた．この北太平洋亜寒帯域のほかにも，表層水中に栄養塩が余っている海域として，東太平洋の赤道湧昇域，そして南極海が知られている．これらの海域を高栄養低クロロフィル海域（high-nutrient low-chlorophyll），略してHNLC海域と呼ぶ．

植物の生育には栄養塩が不可欠であるが，微量必須元素として鉄も重要な働きをする．光合成は植物の細胞内にあるチトクロームという酵素によって活性化するが，その酵素の形成には鉄が必須なのである．マーチンらはHNLC海域の船上において，海水に鉄を添加した場合としない場合の植物プランクトンの増殖の違いを調べる培養実験をおこなった．その結果，**図4.12**に示すように，鉄を添加した海水では，植物プランクトンの増殖速度が増大することが判明した．このことから，HNLC海域で栄養塩が余っている理由は，海水中に鉄が不足して，植物の成長が「鉄制限」を受けているからだということが検証された．特に南極海の表層水中の栄養塩（とりわけ硝酸塩）は，ほかの2つの海域と比較しても高濃度である．その海水に鉄を添加したところ，植物プランクトンが急激に増殖したことから，南極海がほかのHNLC海域よりも強い鉄制限の状態にあることがわかった．

C. マーチンの鉄仮説

南極ボストーク基地アイスコア中におけるCO_2濃度と大気粉じん量の変動については，すでに4.3.1項（図4.9）に述べた．マーチンはその図をみて（ただし，当時は16万年前までの記録），両者が対称的な変動をしていることに気がついた．大気粉じんの主体は，大陸内陸部の乾燥地帯を起源にもつ微細な土壌粒子であり，その鉄含有量は3.5%と比較的高い．したがって，大気粉じんの輸送を通して外洋に鉄が供給される．このことから，大気粉じん量が減ると植物プランクトンが鉄制限を受ける（生物ポンプの効率が下がる）ためにCO_2濃度が増え，逆に大気粉じんが増えると植物プランクトンが増える（生物ポンプの効

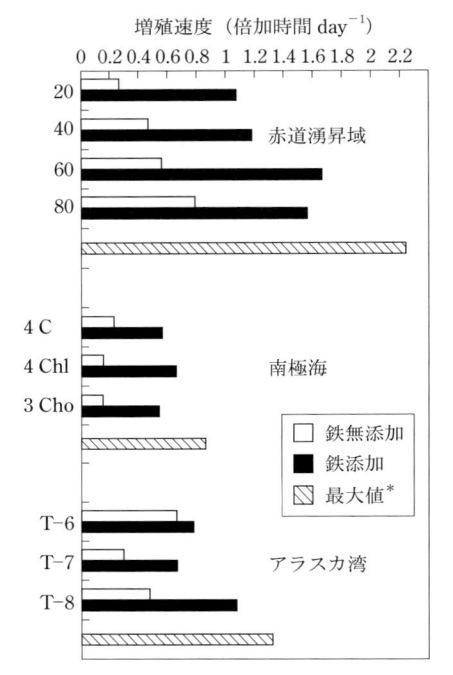

図4.12 鉄添加実験による植物プランクトンの細胞増殖速度（倍加時間）の比較．最大値*とは，最適温度条件により予想される値である．
（Martin, 1991[18]）をもとに作成）

率が上がる）ためにCO₂濃度が減った可能性が示唆される．

　現在の大気粉じんの降下量の分布は，**図4.13**に示すとおりである[19]．北半球ではユーラシア大陸からアフリカ大陸にかけて乾燥地帯が広がっているため，北太平洋や北大西洋では大気粉じんの降下量が多い．一方，南半球では乾燥地帯の分布域が小さく，海洋への降下量も少ない．

　前述したように，南極アイスコアに記録されていた気候変動を過去にさかのぼってみると，温暖期には大気粉じんの降下量はきわめて低いが，氷期の最寒期（例えば1.8万年前の最終氷期最寒期）にはその量は極大値を示している（図4.9）．氷期には強い風が吹き，大陸内陸部の乾燥化が進むことによって，大量の大気粉じんが外洋に降下したに違いない．そこでマーチンは，氷期には大量の鉄が海水中で溶解することによりHNLC海域の生物生産量が増加し，生

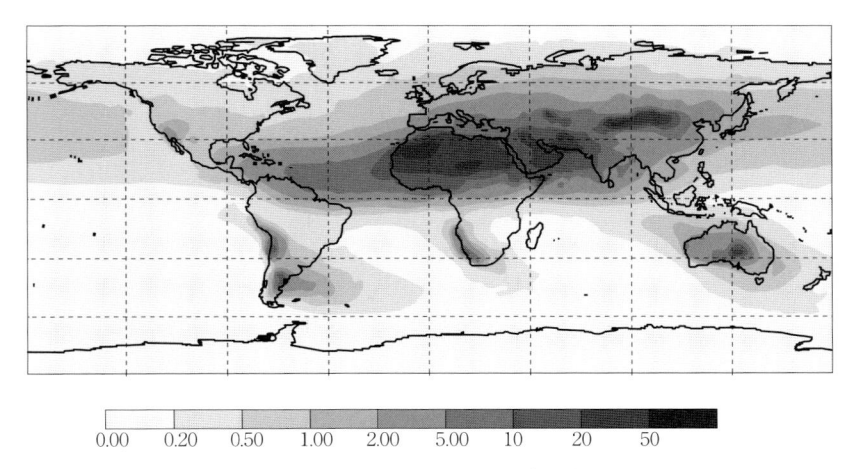

図4.13 海洋に輸送される大気粉じんの降下量（$g\,m^{-2}\,yr^{-1}$）．海洋全体への大気粉じんの降下量は$450\times10^{12}\,g\,yr^{-1}$である．各海洋における粉じん降下量の割合を分布にもとづいて算出すると，北大西洋43％，南大西洋4％，北太平洋15％，南太平洋6％，インド洋25％，そして南大洋6％となる．
（Jickells, 2005[19]より）

物起源物質が有光層以深へ沈降することによって大気CO_2が減少した，と考えた．これを**マーチンの鉄仮説**という[17,18]．

4.3.4 海水のアルカリ度の変化：アルカリポンプ

海洋の表層には，海水中からカルシウムを取り込んで炭酸カルシウムの骨格をつくる動植物プランクトンが存在する．それらは死後に深海へ沈降するが，炭酸カルシウムは比較的難溶性なので，海底に堆積する．また，生物起源の有機物粒子も深海に向かって沈降するが，その過程で酸化分解を受け，深層水にCO_2を供給する．このCO_2が炭酸カルシウムを溶解する酸として働くと，深層水中のCO_2濃度は減少する．その深層水が循環して表層に供給されると，大気中のCO_2を吸収することになる．このような炭酸塩の溶解を伴うCO_2の吸収を**アルカリポンプ**と呼ぶ．このアルカリポンプも，海洋の炭素循環を考えるうえで重要なプロセスのひとつである．

ここで，大気中のCO_2が海水と溶解平衡にあると仮定し，表層水中の炭酸アルカリ度とpHの値がどのように変動するのかについて考えてみる．CO_2が溶

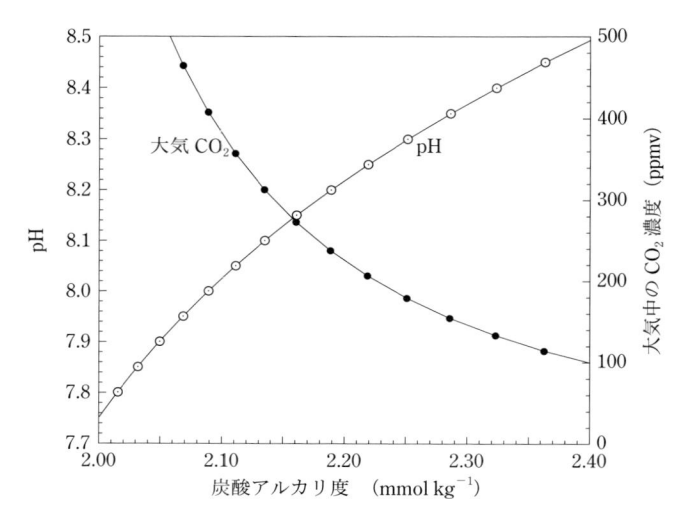

図4.14 大気中CO_2濃度と平衡関係にある表層水の炭酸アルカリ度とpHの変動（東海大学海洋学部成田尚史氏の計算による）．全炭酸濃度は一定とした場合の結果（$\sum CO_2 = [CO_2^*] + [HCO_3^-] + [CO_3^{2-}] = 1.9$ mmol kg^{-1}）．

解すると，前掲の式(4.1)〜(4.3)の解離平衡に従って，重炭酸イオン（HCO_3^-）と炭酸イオン（CO_3^{2-}）が生成する．炭酸アルカリ度は，式(4.6)に示すように，HCO_3^-とCO_3^{2-}の合計の濃度を水素イオン当量数として表した値である．

$$炭酸アルカリ度 = [HCO_3^-] + 2[CO_3^{2-}] \quad (4.6)$$

図4.14の平衡関係をみると，CO_2の濃度が減少すると，炭酸アルカリ度は増加し，pHも高くなることがわかる．炭酸アルカリ度の増加は，すなわち[CO_3^{2-}]の増加を表している．

大気中のCO_2は，産業革命以前の温暖期では280 ppmvであったが，氷期最寒期には180 ppmvまで減少していた（図4.9）．図4.14を利用すると，温暖期から氷期最寒期までに，表層水の炭酸アルカリ度は0.10 mmol kg^{-1}増加し，pHは0.15上昇していたと見積もれる．

先に述べたように，生物起源の有機物粒子は，深層水中に沈降する過程で酸化分解され，生成したCO_2は深層水中に放出される．そうなると，次の式(4.7)で示すように，深海底に堆積した炭酸カルシウムの溶解が進む．

$$CaCO_3 + CO_2 + H_2O \rightleftharpoons Ca^{2+} + 2HCO_3^- \qquad (4.7)$$

その結果，CO_2が減少した深層水が熱塩循環によって表層に持ち上がれば，大気中のCO_2を吸収することが可能となる．

ここで問題となるのは，現在のような熱塩循環（図4.6）が氷期でも同じように起こっていたかどうかである．氷期には海洋コンベアーベルトが止まっていた，もしくは弱くなっていた，などとする説もあるため，今のところ，アルカリポンプの働きによって氷期の大気中のCO_2濃度が低かったとはいえない[15]．深層水の流量，循環の時間規模によってアルカリポンプの効率が決まるので，今後のさらなる解明が望まれる．

4.3.5 海洋酸性化

産業革命以降，大気中のCO_2濃度は増加の一途にあるが，今後さらに増加が続けば海洋が酸性化し，やがて海洋生態系のバランスを崩してしまうのではないかと懸念されている．確かに，図4.14は，大気中のCO_2が海水に過剰量溶解すると，溶存炭酸物質の溶解平衡がずれて，炭酸アルカリ度の減少を招き，それとともにpHは低下するので，表層水は酸性化することを表している．IPCCの第5次評価報告書では，表面海水のpHは産業革命以後すでに0.1低下したと評価している．海洋酸性化の影響を受けやすいと考えられているのは，海洋表層に生息する炭酸カルシウムの殻や骨格をもつ多くの生物である．動植物プランクトンは，円石藻や有孔虫は方解石（カルサイト），翼足虫や介形虫はアラレ石（アラゴナイト）の結晶質炭酸カルシウムを形成している．そのほかにも，サンゴ類，ウニ類，貝類などが炭酸カルシウムを分泌して体の一部を形成している．

現在の海洋表層水中には，石灰化に必要なカルシウムイオンと炭酸イオンは，炭酸カルシウムの溶解度よりも過剰に溶解している（過飽和状態にある）ので，炭酸カルシウムの結晶を形成する動植物プランクトンなどには好都合である．しかし，今後さらに大気中のCO_2が増加すれば，炭酸カルシウムが溶解しやすくなり，骨格形成が妨げられるため，プランクトンの増殖が抑制される，あるいは絶滅の危機に瀕するとも考えられる．現在では，海洋酸性化は海洋環境保全，生物多様性，そして社会・経済にかかわる問題としてとらえられている．

4.4 海底堆積物

海底堆積物は，河川や氷河で運ばれた粒子状物質，大気を経由して運ばれる土壌粒子や火山灰，沿岸の侵食によりもたらされる砕屑物，海底熱水活動からもたらされる物質，プランクトンなどの生物の死骸，化学沈殿物など，さまざまな物質から構成される．それらの割合や組成は，海域，陸からの距離，水深などの違いによって大きく異なる．本節では，まず，それらの物質の海洋での沈降過程および堆積物内での変質過程を取り上げ，それが海洋の物質循環に果たす役割について考えてみる．次に，海底堆積物は連続的に堆積しており，海洋で進行している諸過程の時間的経過を記録していることから，この特性を利用した海洋の古環境復元についてみてみよう．

4.4.1 海洋と海底の物質循環

A. 基礎生産と沈降粒子

海洋における基礎生産が栄養塩の供給によって支えられていることは，いうまでもない．その基礎生産量の分布をみると（図4.15）[20]，沿岸や高緯度の海域，それに湧昇域（インド洋西岸域，東太平洋赤道域など）で高く，亜熱帯域では低いことがわかる．沿岸域では河川水が栄養塩を供給している．陸棚域（200 mより浅い）では鉛直混合による下層からの栄養塩の供給，湧昇域では有光層以深の栄養塩に富む海水の湧昇によって，有光層に栄養塩が供給される．また，高緯度海域で基礎生産量が大きいのは，冬期になると表層が冷却され，鉛直混合が活発になるためである．一方，亜熱帯海域では夏季と冬期とで日射量の変化が小さいので，季節によらず表層は高温の低密度水に覆われ，鉛直混合が起こりにくい．そのため，有光層内の栄養塩はほぼ枯渇状態となる．

有光層内で捕食や分解をまぬがれたわずかな有機物粒子のうち，糞粒（フィーカル・ペレット）やマリンスノー[注1]と呼ばれる比較的大型の粒子（沈降粒子）は，深層に向かって大きな速度で沈降する．1970年代中頃から，沈降粒子が海洋の物質循環にどのような役割を果たしているか，その実態を明らかにする目的

注1　海中で光を当てて沈降粒子の動きを観察すると，まるで雪が降っているようにみえることから，マリンスノー（marine snow）と命名された．

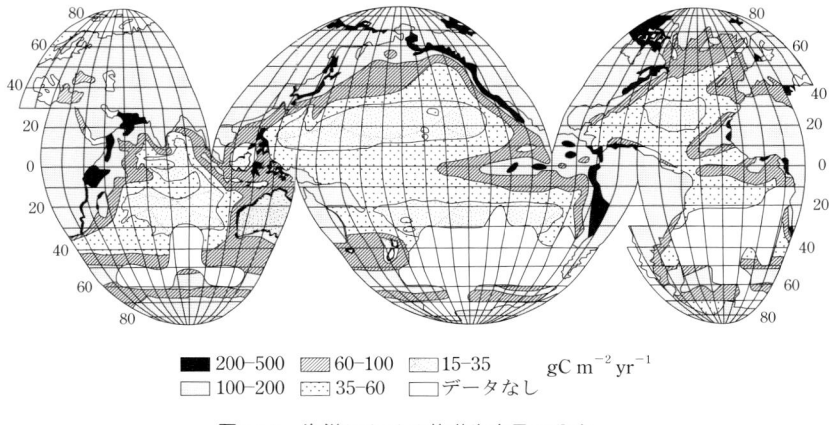

図4.15 海洋における基礎生産量の分布
(Berger, 1989[20])をもとに作成)

凡例: ■ 200–500　▨ 60–100　▥ 15–35　gC m^{-2} yr^{-1}
□ 100–200　⋯ 35–60　□ データなし

で，現場観測法のひとつであるセジメントトラップ実験が世界の各海域で実施されてきた[21]．沈降粒子を構成するおもな物質は，生物起源有機物とその骨格である炭酸カルシウムおよび二酸化ケイ素（非晶質のSiO_2），それに陸上から供給される岩石起源微粒子であった．また，沈降粒子の沈降量は深さとともに減少することがわかったが，これは沈降中に有機物が酸化分解を受けたり骨格成分が溶解したりするためである．さらに，沈降粒子が海洋物質循環に果たす重要な役割として，海水中の微量元素や放射性核種を吸着して深海に運んでいることが明らかとなった．

以上に述べた沈降粒子と海洋の物質循環との関係を簡潔に表すと，**図4.16**となる．

B. 海底における物質循環

堆積物は，粒子間を海水が満たす固相–液相系である．堆積物中においては化学的・生物学的な反応が活発に起こり，粒子と間隙水間，そして間隙水中の鉛直上下方向にも物質の移動が起こる．すなわち堆積物は開放系の物質循環の場であり，それを駆動させる作用を包括して**続成作用**（diagenesis）という．特に，粒子が沈積した後に速やかに起こる変質作用を**初期続成作用**（early diagenesis）という．

堆積物の初期続成作用で重要な過程は，基礎生産によって形成した有機物が

第 4 章　海洋の化学

陸から砂じんの飛来
(P, Si, Fe, Mn, CaCO₃ などを含む)

有光層
150 m

炭素　窒素
リン　ケイ素
微量必須成分（鉄など）

光合成
摂取

食べる

植物
動物

炭素　窒素
リン　ケイ素

分解
再生

マリンスノーの沈降

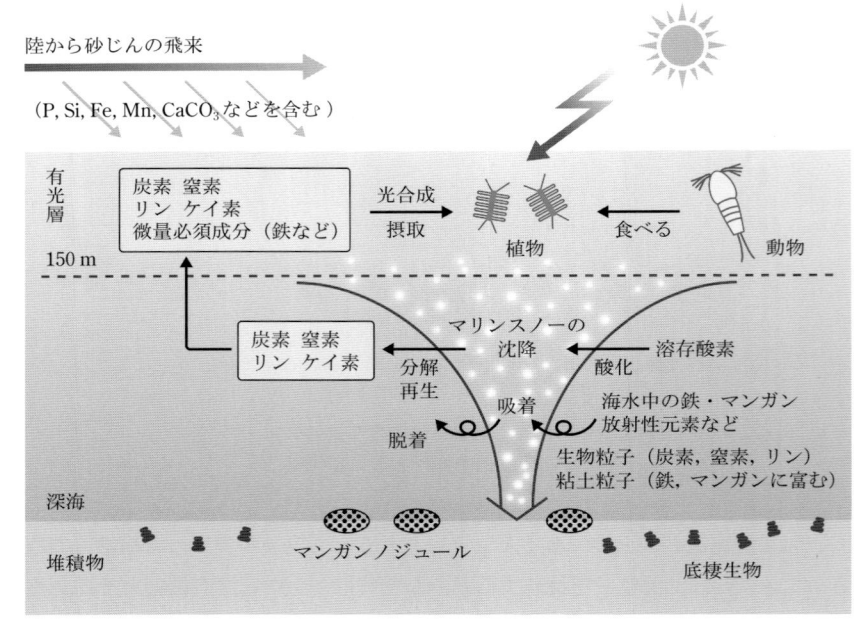

溶存酸素
酸化

吸着
脱着

海水中の鉄・マンガン
放射性元素など

生物粒子（炭素, 窒素, リン）
粘土粒子（鉄, マンガンに富む）

深海
堆積物

マンガンノジュール

底棲生物

図 4.16　マリンスノーの沈降と物質循環との関係

　微生物を介して好気的，嫌気的に分解される反応である．このとき，有機物は還元剤として働き，堆積物中の酸化剤を自由エネルギー準位の高い順に還元する．**図 4.17** は堆積物中で起こる主要な酸化還元反応の電位を表している．電位の高い順から，好気的呼吸，硝酸還元，マンガン還元，鉄還元，硫酸還元，メタン発酵である．閉鎖性内湾や日本海のような海盆地形をもつ海底では，堆積物中の有機物の含有量が高いので，硫化水素が発生しやすい．初期続成作用による堆積物中と間隙水中の成分の再分布をモデルで示すと，**図 4.18** となる．

　ここでは，実際に海底堆積物を採取して，初期続成過程における鉄とマンガンの挙動を調べた結果を紹介する（**図 4.19**）．採取したのは四国沖の大陸斜面域（水深 2,860 m）の堆積物コアである．コア上層の 6 cm 層は茶褐色，それより下層は灰色であった（図中にその境界の深さを矢印で示す）が，間隙水中の溶存マンガンの濃度や固相中の酸化物態マンガン濃度も，コアの色が変わる深さを境に大きく変化していた．間隙水中の溶存マンガン濃度は，茶褐色層では検出限界以下であったが，灰色層の上部で急激に濃度が増す．それより下側（灰

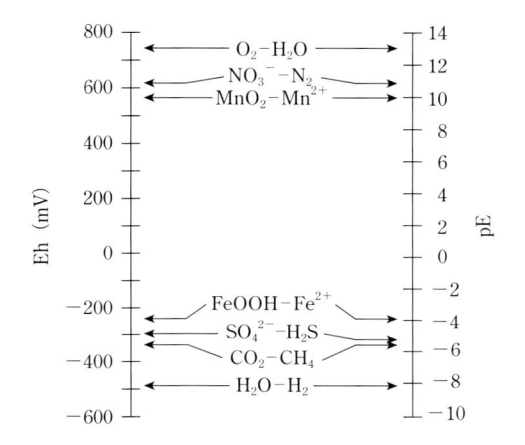

図4.17 海洋堆積物中で起こる主要な酸化還元反応の平衡酸化還元電位．EhとpE[21]はpH＝8.1における値で，標準状態における自由エネルギーを用いて求めた．（加藤，2012[22]より）

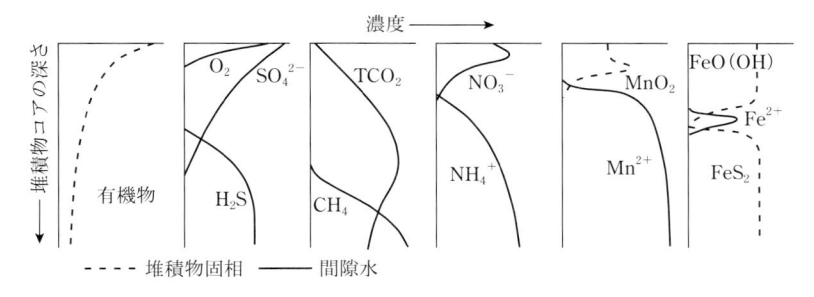

図4.18 堆積物の初期続成作用と間隙水成分の典型的な分布（加藤，2012[22]より）

色層の大部分）ではほぼ一定の濃度を示した．一方，固相中の酸化物態マンガンの分布をみると，その濃度は，深さ2 cm層で極大値を示すものの，灰色層ではほぼ検出限界以下であった．このような液相と固相におけるマンガンの分布の特徴は，図4.18に示す分布モデルとほぼ一致している．

上述したように，酸化物態マンガンは海底面直下において濃度極大層を形成している．その理由は，間隙水中の溶存成分の濃度勾配にもとづく拡散・移動で説明できる．すなわち，灰色層における酸化物態マンガンの還元溶解によって，高濃度となった溶存マンガンが間隙水を通って上層の低濃度層に拡散する

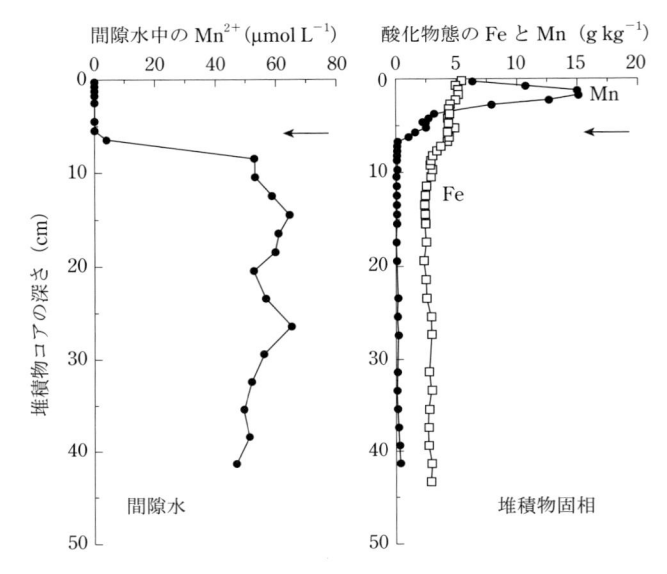

図4.19 四国沖斜面域から採取した堆積物の間隙水中の溶存マンガン，および固相中の酸化物態の鉄とマンガンの鉛直分布．堆積物コア（32°26.3′N, 134°14.1′E, 水深2,860 m）の表層6 cmは茶褐色，それ以深は灰色であった．
（Kato *et al*., 1995[23]）を一部改変）

（溶存マンガンの上方拡散）．一方，上層では，堆積物中の有機物の酸化によって消費された溶存酸素を補給するように，底層水中から溶存酸素が間隙水中を拡散する（溶存酸素の下方拡散）．両者が交わると固相中にマンガン酸化物が沈積するため，酸化物態マンガンの高濃度層が形成される．図4.19の結果から，このコアでは2 cm層を中心に酸化物態マンガンの沈着が起こっていると考えられる．

一方，酸化物態の鉄の濃度は茶褐色層でやや高いが，灰色層でも一定の濃度を示していた．したがって，この堆積物では灰色層でマンガン還元が起こっているが，鉄還元は起こっても硫酸還元が起こるような酸化還元電位までには低下していないと判断される．

このように，堆積物中においても生物起源の有機物の分解が引き金となり，物質の存在形が変化するとともに，再分布が起こっている．

4.4.2 海底堆積物による古環境復元

大気中のCO_2濃度が氷期に低下していたことはすでに述べた．その謎を解き明かそうとして，マーチンの鉄仮説が発表されると，海洋環境の歴史的変遷を復元する研究（古海洋学）はいちだんと盛んになった[15]．

古海洋の研究で海底堆積物コアを用いる場合には，そのコアの深さを年代で表すことが必須となる．現在一般的におこなわれている堆積物コアの年代決定には，コア中に含まれる有孔虫の殻が用いられる．表層水中で有孔虫がカルサイト（方解石：$CaCO_3$）の殻を形成するとき，そのカルサイトの酸素同位体比（$^{18}O/^{16}O$）は生息する水温に依存して変動することがわかっている．そこで，堆積物中に埋没した有孔虫殻を各層から採集し，その酸素同位体比を測定して得たコア中の酸素同位体カーブ（$\delta^{18}O$）と，酸素同位体編年の標準尺度であるマーチンソンの同位体カーブとを対比させてコアの年代を決定する[25]．

本項では，北太平洋亜寒帯域における生物生産量の変遷を，特に最終氷期に焦点を絞って復元することを試みた研究例を紹介する．

オホーツク海の海底から堆積物コアを採取して，生物起源オパール（おもにケイ藻の骨格物質である非晶質SiO_2）の歴史的変遷を復元したところ，温暖期にオパール含有量が高く，氷期にはむしろ低下していたことがわかった（図4.20）[24]．この結果は，氷期に生物生産量が増加したとの推論（4.3.3項参照）を否定することになる．さらに中央太平洋亜寒帯域の2地点からコア試料を採取して調べたところ，それらのコア中のオパール含有量はオホーツク海コアに比べて低いものの，その時間変動をみると，氷期で低く温暖期で高かった．また，コア中には海氷によって運ばれたと考えられる漂流岩屑（角に丸みのある小粒子）が含まれていた．これらの事実から，オホーツク海および北太平洋亜寒帯では，氷期に大陸氷河起源の海氷が漂流し，最終氷期最寒期に向かうにつれて，その海氷の分布範囲も南方へ（少なくとも北緯44度47分までは）広がったと考えられる．

海氷の融解は表層水の低塩分化を引き起こし，低塩分の表層水の分布域も広がった．低塩分表層水の分布域では海水の鉛直混合が抑制され，有光層への栄養塩の供給が減少し，生物生産量が低下した．このような推論が成り立つなら，少なくとも北太平洋亜寒帯域は，氷期におけるCO_2の吸収源にはなっていないことになり，4.3.3項で述べたマーチンの鉄仮説を支持しないことになる．こ

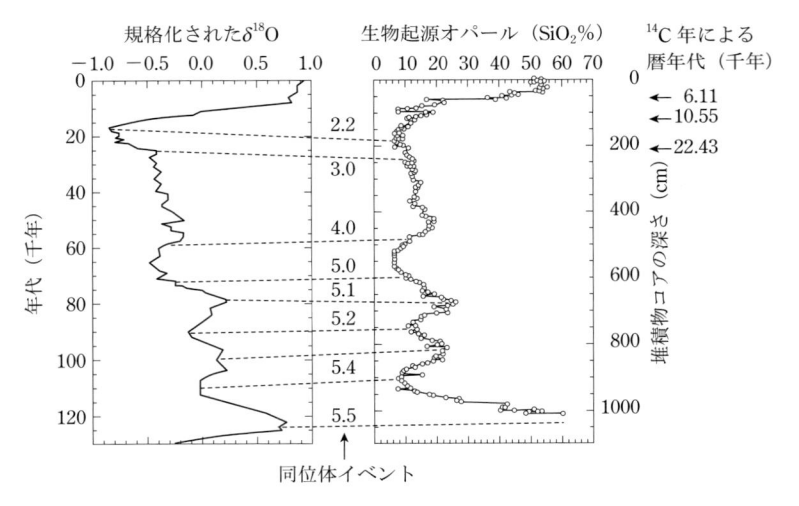

図4.20 オホーツク海の堆積物中に記録された過去の生物起源オパールの変動（Narita et al., 2002[24]）をもとに作成）

のように，古海洋の環境変化には未知の部分が多く，鉄仮説が完全に立証されているわけではない．

> ● **コラム　　原子力発電所の事故で放出された放射性セシウムの海底堆積物における分布と蓄積量**
>
> 　2011年3月11日14時46分，東北地方三陸沖日本海溝付近を震源とする巨大地震（M9.0，震度7）が発生した．この「東北地方太平洋沖地震」が引き金となって，大規模な津波が発生し，東日本太平洋沿岸地方に甚大な被害を与えた．この巨大地震が引き起こした大規模地震災害は「東日本大震災」と呼ばれている．特に，東京電力福島第一原子力発電所では，地震発生とともに原子炉が制御不能に陥り，稼働中であった3機の原子炉の内，2機の原子炉が同年3月12日から14日かけて水素爆発を起こし，放射性物質が大気中へ飛散した．この ^{137}Cs の飛散量は約 15 PBq[26]（1 PBq＝10^{15} Bq）で，この内の北太平洋への飛散量は 7.4 PBq[27] と見積もられている．一方，原子炉建屋に溜まった高濃度汚染水は，同年3月26日から4月6日にかけて，海洋へ漏出し，その内の ^{137}Cs の漏出量は 3.5±0.7 PBq と推定されている[28]．なお，福島原発から放出された ^{134}Cs（半

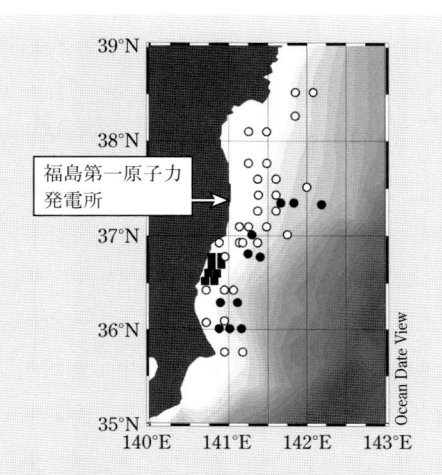

図4.22 福島沖における海底堆積物コアの採取位置

減期2.06年）と^{137}Cs（半減期30.1年）の濃度比は[^{134}Cs]/[^{137}Cs]＝1であることが知られている[29]．

大気から沈降したり，あるいは汚染水の漏洩によって海洋へ加わった放射性物質は，沿岸域の生態系に大きな打撃を与えることは自明である．我々は，日本海洋学会の声明と提言[30]にもとづいて，福島原発沖陸棚およびその斜面域において堆積物コアを採取し（**図4.22**），放射性セシウムの分布を調査した[31]．ここでは^{134}Csに注目して得た結果について紹介する．

本研究では，堆積物コア中における^{134}Csを測定するとともに，堆積構造の指標となる過剰鉛210（^{210}Pb$_{ex}$）も測定した．特に^{210}Pb$_{ex}$の分布にはコア上層で不連続性が見いだされた．そこで両者の分布を対比して分布型を分類したところ，^{134}Csの分布は3タイプに分類できることがわかった（**図4.23**：詳しくは文献31）を参照）．タイプIの分布型は，砂質堆積物であるJ7コアがその代表で，不連続面Aより上層では^{134}Csが高濃度を示す．タイプIIでは，J8コアのように，^{134}Csの分布に2つの不連続面BとCが見られる．そしてタイプIIIでは，FS1コアのように，表層数cm層にのみ^{134}Csの濃縮が見られる．このように，少なくともタイプIとIIの分布型における^{134}Csの分布の不連続性は，地震とその後の津波による上層堆積物の乱れと強く関係していることを示唆している．すなわち，コア上層における^{134}Csの濃縮は，高濃度汚染水の堆積物表層への浸入，そして汚染水中の^{134}Csの堆積物への吸着に起因していると考えられる．

堆積物コア中における^{134}Csの蓄積量（Bq m^{-2}）は，**図4.24**に示すように，

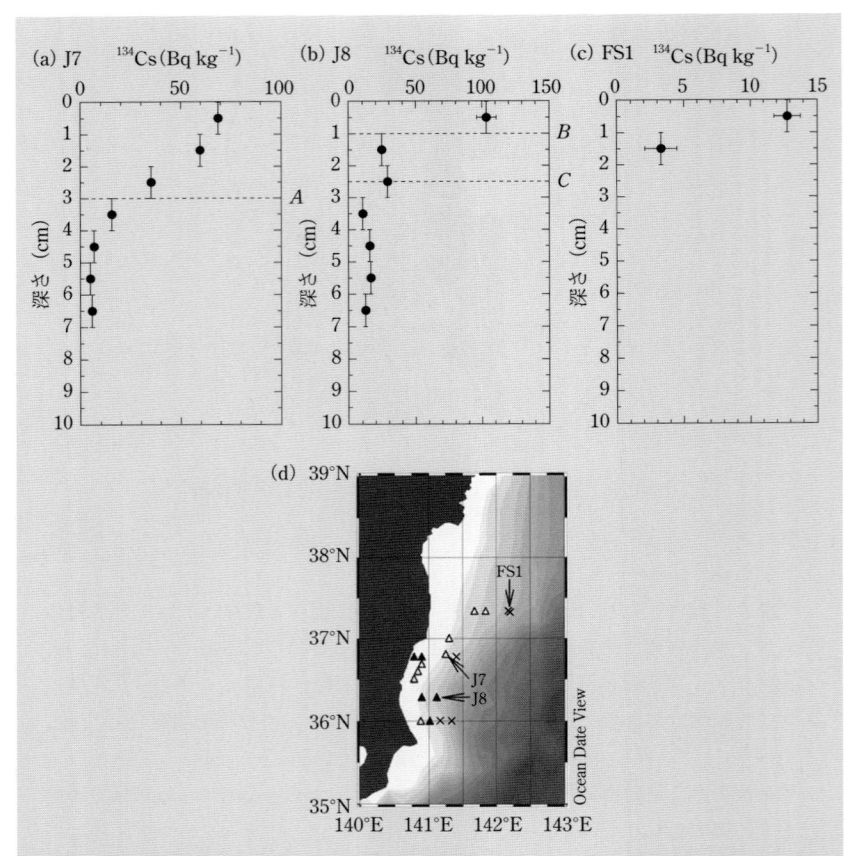

図4.23 海底堆積物コア中における^{134}Csの鉛直分布.各コアの分布は,(a) J7コア型(△),(b) J8コア型(▲),および(c) FS1型(×)の3タイプに分類される.(d)は分布型毎に印で区別したコアの位置.図中のA, B, Cはそれぞれ分布の不連続面の深さを表す(本文参照).
(Otosaka and Kato, 2014[31])をもとに作成)

福島原発沖の陸棚域で高く,陸棚沖斜面域においては急激に低下していた.その結果,堆積物中の^{134}Csの90%以上が水深200 m以浅の陸棚堆積物中に蓄積されていることがわかった.このことは,高濃度汚染水の移流が沿岸に沿って卓越して起こっていたことの反映であると考えられる.このような汚染水の流れは数値シミュレーションの結果とも符合している[28].結果として,福島沖陸棚域(図4.24の点線で囲んだ範囲)における^{134}Cs蓄積量の合計は0.2 PBqと見

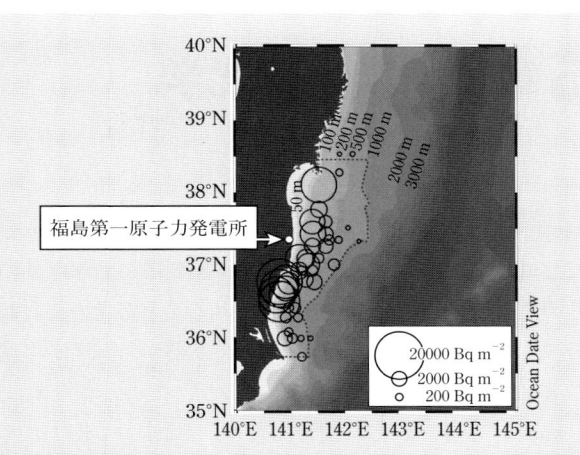

図4.24 海底堆積物中における^{134}Csの蓄積量の分布．点線で囲んだ範囲における全蓄積量を見積もると，$2.0\pm0.6\times10^{14}$ Bqとなる．

積もられる．この値は，北太平洋への^{137}Csの大気飛散量 7.4 PBq と高濃度汚染水としての^{137}Csの漏出量 3.5 PBq（両者の値は^{134}Csのそれと等しいとする）の合計量の約 2% となる．

本研究では，福島原発事故後の比較的短い時間内に，多量の放射性セシウムが福島沖陸棚域に蓄積したことが明らかとなった．^{137}Csの半減期から判断すると，いったん堆積した汚染堆積物は，浸食による剥離が起こらない限り，陸棚域において地層を形成し，今後長時間に渡ってガンマ線を放出し続けると予想される．現在，我々はさらに堆積物コアを採取して，放射性セシウムの測定を継続するとともに，時間経過に伴うその蓄積量の変動に注視している．

第5章　　陸水の化学

　陸水（terrestrial water, land water）は，陸地に存在する水のことで，海水との対比としてしばしば用いられる言葉である．実質的に海水以外の天然水は陸水であり，そのため塩分濃度で海水と区別されることが多い．ただし，陸水の大部分は塩分濃度の低い**淡水**（fresh water）であるが，蒸発が卓越した乾燥地域の水では高濃度の溶存成分を含むものもあり，このような水は塩水または**鹹水**（かんすい）（saline water）と呼ばれる．塩分濃度は，しばしば水に溶け込んだイオンの総重量である**総溶解固形分**（total dissolved solid : TDS）として表現され，淡水はTDSが$1.0\ g\ L^{-1}$以下の水を指し，それ以上の水は塩水と呼ばれる[1]．

　2.2節でも触れたように，陸水の中で最も量が多いのは極地の氷河の氷であり，その量は$24,064×10^3\ km^3$である．その次に量が多いのは地下水（淡水のみ$10,530×10^3\ km^3$）であり，淡水湖（$91×10^3\ km^3$）がそれに続き，内陸の塩水湖は淡水湖とほぼ同じ水量である．河川水の量はこれら湖沼に比べてさらに約2桁少ない$2.1×10^3\ km^3$である．

　陸水中の化学成分は，地表に到達した降水やエアロゾル中の化学物質の沈着（それぞれ湿性沈着と乾性沈着と呼ぶ；また2つをあわせて大気降下物ともいう），岩石・土壌の風化，植物や水中生物の代謝，人間活動などの影響を受けている．これらの化学成分は，すべてが溶存状態にあるわけではなく，懸濁した状態で存在している成分もある．こうした溶存態および懸濁態の化学物質は，水中で常に化学的な作用を受けており，その濃度や存在状態は絶えず変化する（5.3節参照）．

　人間が生きるうえで利用するのはおもに河川水，地下水，（淡水の）湖水などで，これらの水の化学組成や水質は，それを利用（特に飲用）する人間の健康と直結しており，環境化学的に非常に重要である．また淡水は人間の生存に不可欠なので，資源としてとらえるべきものである．特に人口が集中する都市では，局地的に水不足が問題となる．またグローバルにみた人類の水使用量も無視できない．世界の人口が70億人に達し，1人あたりの水使用量を年間$800\ m^3$とした場合，人類が必要とする水量は$5.6×10^3\ km^3$となる[2]．この量は，

利用可能な陸水の量（淡水湖＋河川）や陸域の年間降水量（1.1×10^{20} g）に比べて5〜6%と，無視できるレベルではなく，人間活動がグローバルな水循環に大きな影響をおよぼし得ることがわかる．今後とも世界的な人口増加や都市化の進行が予想され，水資源の量や水質の問題は人類が直面する重要な環境問題である．

5.1 陸水の循環

2.2節で述べられているとおり，おもに海水の蒸発によって供給された大気中の水（水蒸気）は，降水として地表にもたらされる．この水は氷床，湖水・河川水，地下水，土壌のしめりなどとして存在し，**図5.1**に示すようなさま

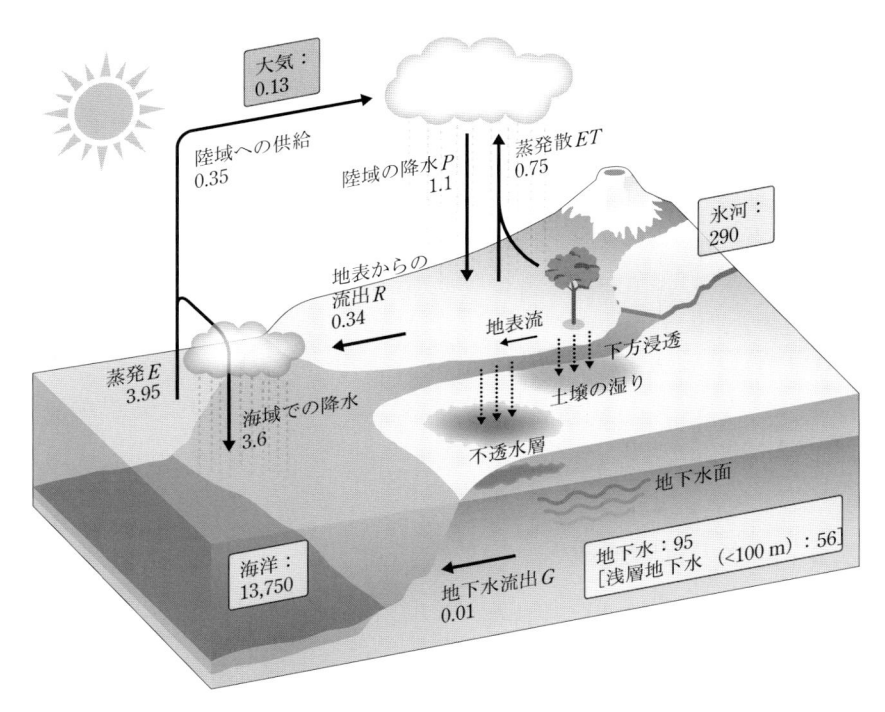

図5.1 地球表層での水の循環の模式図．太線の数字は移行する水の年間の移動量（10^{20} g y^{-1}）を表し，四角内は各リザーバーの水量（10^{20} g）を表す．
（Langmuir, 1997[3]）およびAppelo & Postma, 2005[4]）をもとに作成）

まなプロセスを経て最終的には海水に戻っていく．降水でもたらされた水のほとんどは地表面に存在し，陸上での平均滞留時間は短く，速やかに海水に流入する．しかし一部の水は，地層に浸透し地下水を形成する．これらの水の挙動における主要プロセス（図5.1）には，表層水の蒸発（蒸発量），植物からの蒸散（蒸散量），表層河川の流れ，地下水の流れ（base flow），表層水の下方浸透（infiltration），地下の不飽和透水層の水の形成などがある．

これらの水循環の中で，陸域から海域への水の流れは流出（runoff）と呼ばれる．そのうち，単位時間あたりに浅層地下水や河川などの地表を経由する流出量Rや地下水を経由する流出量Gは，単位時間あたりの陸域の降水量Pなどと以下のような関係にある．

$$G（地下水流出量）=P（陸域降水量）-R（地表流出量）-ET（蒸発散量） \quad (5.1)$$

ここで陸域降水量Pは，海水から蒸発する水（3.95×10^{20} g y^{-1}）のうち陸上に運ばれる成分（0.35×10^{20} g y^{-1}）と陸域の蒸発散量（＝蒸発量と蒸散量の和；0.75×10^{20} g y^{-1}）の合計（1.1×10^{20} g y^{-1}）に等しい．また海水から蒸発する水（3.95×10^{20} g y^{-1}）のうち3.6×10^{20} g y^{-1}は海域で降水となり，その残りが海域から陸域にもたらされる水蒸気量となっている．

P（1.1×10^{20} g y^{-1}）のうち0.75×10^{20} g y^{-1}は，上記のように陸域での蒸発散に使われる．残りの0.35×10^{20} g y^{-1}のうち0.01×10^{20} g y^{-1}が地下水に移行し，0.34×10^{20} g y^{-1}は浅層の地下水も含め，地表から流出する水（R）となる．RとGは最終的に海水に流入する量であり，その和（0.35×10^{20} g y^{-1}）が陸水から海水にもたらされる流出総量である．これは水蒸気として海洋から陸域にもたらされる水の量と等しい．

5.2　陸水の化学組成

陸水の化学組成はおもに，「降水（およびそれに影響を与えるエアロゾル）の化学組成」と「土壌・岩石との反応」の2つの因子で決まる．ここでは，降水の化学組成からはじめて，それが表層の土壌や地下に浸透していくにつれてどのように変化していくかを概観し，最終的に陸水の化学組成の系統的な変化について述べる．

5.2.1 降水からの寄与

降水は，もとは蒸発した水が凝結したものなので清浄な水のはずだが，実際には大気中の二酸化炭素（CO_2）が溶解した弱酸性の水である．このことを簡単に計算してみよう．

大気中のCO_2が水に溶ける現象は式(5.2)で表され，その平衡定数（25°C）をK_{H2CO3}とすると式(5.3)が成り立つ（P_{CO2}はCO_2の分圧）．

$$CO_2 + H_2O \rightleftarrows H_2CO_3 \tag{5.2}$$

$$K_{H2CO3} = \frac{[H_2CO_3]}{P_{CO2}} = 10^{-1.47} \text{ M atm}^{-1} \tag{5.3}$$

このH_2CO_3が電離をすると以下のようになり，その平衡定数をK_1とする．

$$H_2CO_3 \rightleftarrows H^+ + HCO_3^- \tag{5.4}$$

$$K_1 = \frac{[H^+][HCO_3^-]}{[H_2CO_3]} = 10^{-6.35} \text{ M} \tag{5.5}$$

HCO_3^-はさらに解離することができ，その平衡定数をK_2とする．

$$HCO_3^- \rightleftarrows H^+ + CO_3^{2-} \tag{5.6}$$

$$K_2 = \frac{[H^+][CO_3^{2-}]}{[HCO_3^-]} = 10^{-10.33} \text{ M} \tag{5.7}$$

さて現在の大気中のCO_2濃度を$10^{-3.41}$ atm（=389 ppm）とすると，$[H_2CO_3]=10^{-4.88}$となる．このとき，仮に$[H^+]$は式(5.4)で解離したプロトンのみで近似できるとし，$[H^+]=[HCO_3^-]=X$とすると，式(5.5)から$X=10^{-5.62}$ Mとなり，大気平衡の水のpHは5.62となることがわかる[注1]．つまりCO_2を含む大気と平衡にある水はpH値がおおよそ5.6であることから，便宜上，pH値が5.6より小さい降水を酸性雨と呼ぶ．

降水は，大気中のCO_2に加えて，エアロゾルなどを溶かし込むことで，さま

注1　このとき，純粋な水では$[H^+]=10^{-7}$ Mなので，$[H^+]=[HCO_3^-]=X$の近似がほぼ成り立つことがわかる．また$[H^+]=[HCO_3^-]$という条件が成り立つには，生成した$[HCO_3^-]$に比べて式(5.6)による$[CO_3^{2-}]$の生成が十分に低い必要があるが，これも式(5.7)から妥当であることがわかる．

第5章 陸水の化学

表5.1 降水の主成分の起源
(Berner & Berner, 1996[5]) より)

成分	(i) 海洋起源	(ii) 陸上自然起源	(iii) 人為起源
Na^+	海塩	土壌ダスト	バイオマス燃焼
Mg^{2+}	海塩	土壌ダスト	バイオマス燃焼
K^+	海塩	土壌ダスト バイオマス燃焼	バイオマス燃焼 肥料
Ca^{2+}	海塩	土壌ダスト	セメント産業 燃料燃焼 バイオマス燃焼
H^+	酸性ガス成分の溶解	酸性成分の溶解	燃料燃焼
Cl^-	海塩	—	工業的なHCl排出
SO_4^{2-}	海塩 生物起源のジメチル硫化物(DMS)の酸化	生物起源 (DMS, H_2S) 火山起源 土壌ダスト	化石燃料燃焼 バイオマス燃焼
NO_3^-	落雷によるN_2の酸化 (熱帯地域で顕著)	土壌中の窒素サイクルにおける生成物	自動車排ガス 化石燃料燃焼 バイオマス燃焼 肥料
NH_4^+	生物起源のNH_3	土壌中の窒素サイクルにおける生成物	肥料 排泄物分解
PO_4^{3-}	生物起源のエアロゾルが海塩に付着	土壌ダスト	バイオマス燃焼 肥料
HCO_3^-	大気中のCO_2の溶解	土壌ダスト	—
SiO_2, Al, Fe	—	土壌ダスト	—

ざまなイオンを含んでいる．海からの距離が数千km以内であれば，降水はエアロゾルの一種である海塩粒子の影響を受けて，Na^+とCl^-を主成分とする水となる．この海塩粒子は，おもに海洋表面に存在する気泡が破裂した際に生じる微小な液滴から水が蒸発することによって生成する．海塩粒子は，大気中で水の凝結核として働き，水分を吸って雨滴になるなどして最終的に雨に取り込まれる．また陸地を移動した降水は，Ca^{2+}，NH_4^+，H^+，Cl^-，SO_4^{2-}，NO_3^-，HCO_3^-などを含む．これらの降水の主成分の起源について，**表5.1**にまとめた．このうち，陸源で天然由来の土壌ダストなどと反応した場合，降水中にCa^{2+}濃度が増加するとともに，SiO_2，Al，Feなどの濃度も増加する．また現在の地球環境では，おもに人為起源であるNO_X(NO，NO_2，N_2Oなど)やSO_2の影響を受け，それらが大気中で酸化を受けたNO_3^-イオンやSO_4^{2-}イオンが降水中に増加する．

以上のプロセスから，Na^+およびCl^-を主成分とする降水に，Ca^{2+}，NH_4^+，

(a) Cl⁻

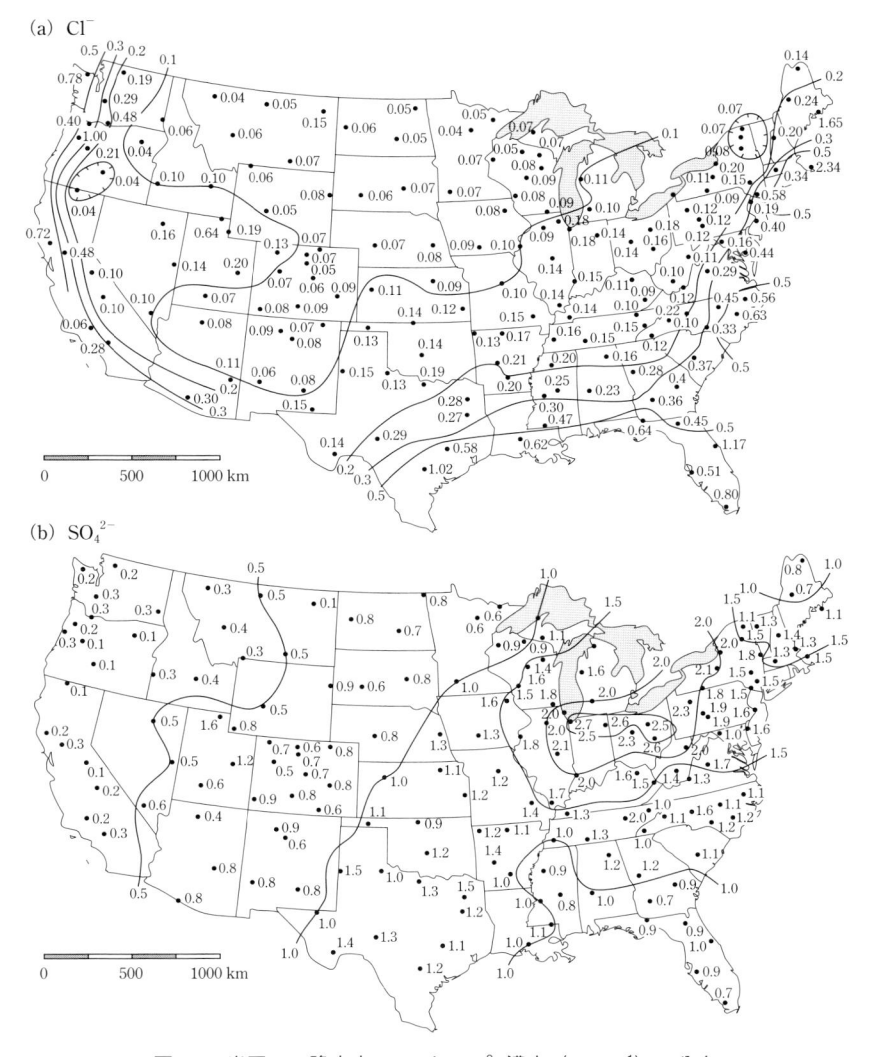

(b) SO₄²⁻

図 5.2　米国での降水中の Cl^- と SO_4^{2-} 濃度（mg L^{-1}）の分布
（NTN, 1996[6]）をもとに作成）

SO_4^{2-}，NO_3^- が付加していくという一般的傾向が読み取れる．これらを反映した例として，米国における降水中の Cl^- と SO_4^{2-} の濃度をみてみよう（図5.2）．Cl^- 濃度は，海岸から遠ざかるにつれて減少していき，海から最も遠い内陸の

第5章 陸水の化学

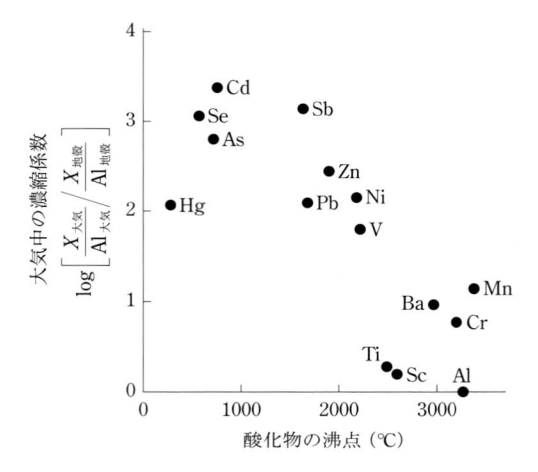

図5.3 種々の元素Xの酸化物の沸点とアルミニウム濃度で規格化したXの地殻中濃度に対する大気中濃度の比（大気中の濃縮係数）
（Mackenzie & Wollast, 1977[7])をもとに作成）

縦軸: $\log\left[\dfrac{X_{大気}}{Al_{大気}} \Big/ \dfrac{X_{地殻}}{Al_{地殻}}\right]$ 　横軸: 酸化物の沸点（℃）

北部地域で極小となる．これは海塩の影響が内陸ほど小さくなるからである．一方SO_4^{2-}は，米国の代表的な工業地帯である五大湖周辺で濃度が最大となっており，人為起源の寄与が大きいことが明瞭である．またSO_4^{2-}では，沿岸地域での濃度の増加はほとんどみられておらず，海塩からの寄与は重要でないことがわかる．

このような主要元素に対して，微量元素の多くは，鉱物粒子が巻き上がり粒子態として降水中に取り込まれたものがほとんどである．ただし，蒸気圧が高い元素は気体として大気中に存在し，最終的に湿性または乾性沈着として地表に供給される．ある元素が気体として放出されるかどうかは，図5.3に示したように各元素の沸点（ここでは酸化物の沸点をプロット）と関連がある．この図では，アルミニウム濃度で規格化した微量元素の大気中濃度と地殻中の平均濃度の比（各元素のエアロゾルへの濃縮係数，Enrichment Factor：EF）を縦軸にとっており，沸点が低い元素ほど大気中濃度が高い傾向がみてとれる．これらの元素の起源は，火山，生物活動，海塩などの天然起源に加えて，化石燃料の燃焼，金属資源の製錬，ゴミの焼却などの人為起源の寄与が大きい．こうした元素が溶け込んだ降水の陸地への供給は，陸水の化学組成を決定するひとつの因子である．

5.2.2　土壌への浸透に伴う化学組成の変化

5.2.1項で述べた降水は，地表にもたらされ浸透しながら，土壌や岩石などの固相と反応することで，濃度や化学組成が変化する．こうして生成する土壌水や地下水中の化学成分の濃度や組成は，降水量，蒸発散量，水の滞留時間，接する固相との化学反応などに支配される．

例えば，降水量が多く，砂質で水に溶けにくい固相が地層を形成している場合には，地下水は降水の化学組成に類似する．ハワイの玄武岩を覆う土壌中の水（土壌水）の例では，多雨で海に近いため降水はNa^+とCl^-が主成分と考えられ，土壌水中でもNa^+とCl^-の濃度が卓越している（表5.2）．またTDSは30 mg L^{-1}とさほど高くなく，土壌からの塩類の溶脱はみられない．

一方，乾燥地帯や半乾燥地帯で年間蒸発散量が年間降水量を上回る地域では，土壌水中の塩濃度が著しく高くなり，土壌には塩類集積が起きる．豪州の半乾燥地帯でユーカリの植生がみられる地域の例[13]では，蒸発とユーカリの根からの水の吸収の影響で，（不透水層よりも高い位置にある）3 m以深の地下水では塩化物イオンの濃度が14 g L^{-1}程度まで高まっている．この地域では，年間降水量260 mm y^{-1}のほとんどが蒸発散により失われ，地下水へ浸透する水は0.1 mm y^{-1}以下であり，その結果，土壌水中で塩分濃度が高まる．このような場所で農業活動（灌漑）のために灌漑水を加えると，灌漑期間中の水の動きは上層から下層の方向であるが，灌漑水の導入を停止した時点から土壌水は下層から上層に移動するという乾燥地本来の状態に戻る．その結果，土壌中の塩類は土壌水に溶け込んで土壌表面まで運ばれ，そこで蒸発散により水が失われることで塩として沈積する．このように，塩類集積は人為的作用によっても引き起こされ，農作物の生育に深刻な影響を与える（塩害）．

地層が風化しやすい固相で構成されている場合には，水の浸透とともに水の化学組成が大きく変化する．米国ボルチモアやシエラネバダ地域の風化花崗岩の土壌水では，TDSがそれぞれ142 mg L^{-1}や70 mg L^{-1}と高いうえに，その化学組成はCa^{2+}とHCO_3^-が主成分となっていた（表5.2）[9]．これは，(i) 固相の化学風化が卓越していること，(ii) 深部で水の動きが遅いため地下水と固相が接する時間が長いこと，を示している．特に前者の土壌水はC層（土壌層の下部；第6章参照）から採取されたものであり，その水の滞留時間が長く，土壌中の鉱物と長時間反応したことが，溶存成分の増加につながっている．

第5章 陸水の化学

表5.2 さまざまな陸水の主要元素濃度 ($mg\ kg^{-1}$). 最右列の「No.」は, 図5.8中でのデータの位置を表す.

	Na^+	K^+	Mg^{2+}	Ca^{2+}	Cl^-	SO_4^{2-}	HCO_3^-	SiO_2	pH	TDS	$Na/(Na+Ca)$	文献	No.
海水	11155	414.5	1339	428	20093	2816	146.4			23055	0.963	8)	1
日本の降水	1.1	0.26	0.36	0.97	1.1	1.5				3.4	0.531	9)	2
世界の平均的な降水	1.978	0.313	0.292	0.08	3.799	0.577		0.83	5.7	5.2	0.961	9)	3
土壌水 (表層土壌・ハワイ)	6.3	0.6	1.9	0.9	9.1	4	6	0.83	5.1	30	0.875	9)	4
土壌水 (風化花崗岩・米国ポルチモア)	4.9	0.9	15	5.8	0.8	11.6	80	1.2	8.4	142	0.458	9)	5
土壌水 (風化花崗岩・米国シエラネバダ)	3.9	1	0.3	7	0.4	0	34	23	6.9	70	0.358	9)	6
表層水平均	6.3	2.3	4.1	15	7.8	3.7	58	23		120	0.296	10)	7
地下水平均	30	3	7	50	20	30	200	14		350	0.375	10)	8
日本の河川の平均	6.7	1.19	1.9	8.8	5.8	10.6	31	16	7.4	66	0.432	11)	9
世界の河川の平均	5.15	1.3	3.35	13.4	5.75	8.25	52	19		76	0.278	11)	10
カナダ北西河川 (高緯度, 結晶岩流域)	0.6	0.4	0.7	3.3	1.9	1.9	10.1	10.4		14	0.154	11)	11
ガイアナ川 (低緯度, 結晶岩流域)	2.55	0.75	1.05	2.6	3.9	2	12.2	0.42		29	0.495	11)	12
フィリピン小河川 (低緯度, 火山岩領域)	10.4	1.7	6.6	30.9	3.9	13.6	131	10.9		179	0.252	11)	13
コロラド川 (乾燥地域)	9.5	5	24	83	82	270	135	30.4		496	0.103	11)	14

5.2.3 地下水の化学組成

降水が浸透してできた地下水は，短い滞留時間で地球表層に供給される浅部地下水と，より深部で長時間かけて固相と反応している深部地下水がある．図5.1に示した深部地下水の量は95×10^{20} gであるので，その平均滞留時間は2.2.1項の式(2.1)により，$(95\times10^{20}\text{ g})/(0.01\times10^{20}\text{ g y}^{-1})=9500$ y程度となる．これらの地下水の化学組成は，降水の寄与の割合，水が土壌層を浸透する過程での固相との反応，地下水中での水－岩石反応などで変化する．

表層水と地下水の典型的な主要成分の組成を表5.2に示すとともに，微量成分まで含めた各化学成分濃度の頻度分布を**図5.4**に示した．また比較として，表層水についての同様の図も示した．頻度50％の濃度は各水試料の中央値を

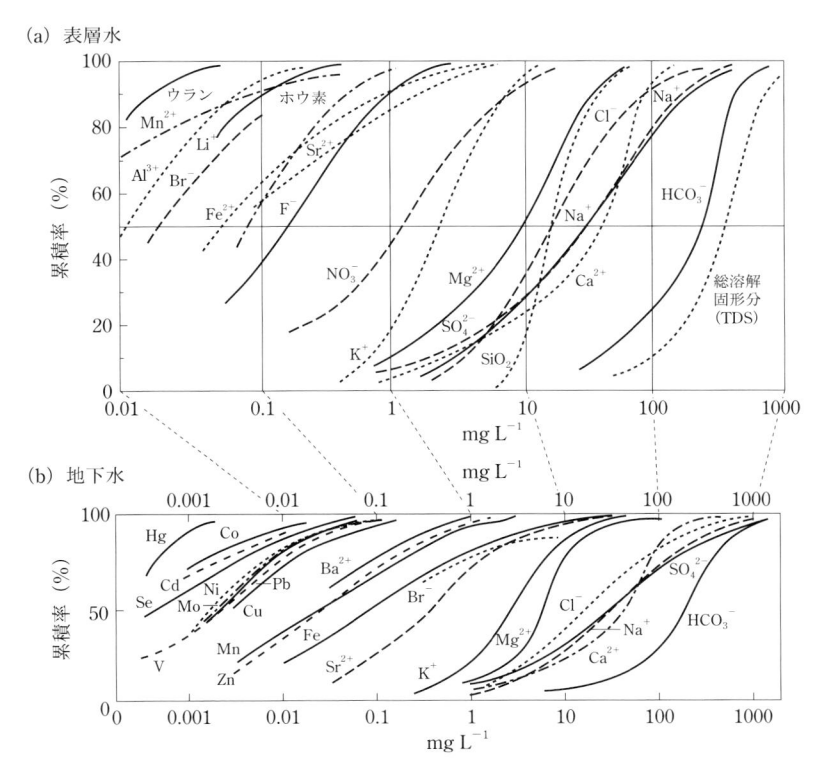

図5.4 （a）表層水および（b）地下水中の化学成分の濃度の累積度数分布曲線
　　　（(a) Davis & DeWiest, 1966[4]をもとに作成）（(b) Rose *et al*., 1974[13]をもとに作成）

表しており，全体の特徴を把握するのに有効である．地下水と表層水を比較すると，以下の特徴がみてとれる．

- 地下水のほうがTDSが著しく高い．これは地下水のほうが固相と接している時間が長いことと，降水の影響を直接受けないことが原因である．
- 主成分の濃度は，表層水では$Ca^{2+} ≒ Na^+ > Mg^{2+} > K^+$かつ$HCO_3^- > Cl^- > SO_4^{2-}$である一方，地下水では$Ca^{2+} > Na^+ > Mg^{2+} > K^+$かつ$HCO_3^- > SO_4^{2-} > Cl^-$である場合が多い．地下水では硫酸イオン濃度が相対的に高い．
- 地下水は多くの場合還元的な環境にあるため，酸化的な環境ではFe^{3+}やMn^{4+}となって沈殿する鉄やマンガンが還元される．その結果生じたFe^{2+}やMn^{2+}は溶けやすいため，表層水よりも地下水で鉄やマンガンの濃度は高くなる．

5.2.4　風化の影響

河川水のもととなる土壌水や地下水の化学組成に大きな影響を与えるのが**風化作用**（weathering）である．風化は通常，高温高圧で大気（酸素）が少ない環境でできた岩石が，水や大気と相互作用し地表付近の環境で安定な状態に変化していく過程と考えられる．この風化は，物理的風化，化学的風化，生物的風化に分けられるが，通常これらは協同して作用する．陸水の化学を考えるうえでは，化学的風化が特に重要である．

岩石・鉱物が水と作用して変化する反応は非常に遅いため，反応速度に着目した理解が必要になる．そこで，地下での水の単位時間の流出量（フラックス）と，岩石が反応した量を表すとみなせるTDSとの関係を示す（**図5.5**）．流出量が多いと地下水の平均滞留時間（＝反応時間）は短くなる．このような場合，最も溶けやすくTDSを増加させるのは石灰岩であり，その他，頁岩・砂岩＞火山岩＞砂・小石という順にTDSが減少していく．一方，流出量が小さく平均滞留時間が長い場合，岩石・鉱物と水の反応は平衡に達するとみなせる．このようなときの岩石・鉱物の水溶解性は，頁岩・砂岩＞花崗岩＞石灰岩＞火山岩＞砂・小石の順となっている．

図5.5で示した水の流出量の違いが鉱物の溶解にもたらす影響として，次のことが考えられる．（i）石灰岩は，溶解の反応速度が速く平衡に達しやすいた

5.2 陸水の化学組成

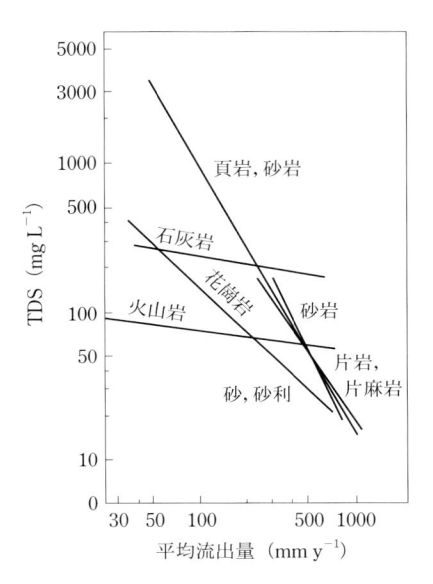

図5.5 風化する岩石ごとの平均流出量とTDSの関係
(Goldich, 1938[15])をもとに作成)

め，水の流出量が多くてもよく溶ける．しかし，流出量が小さいと化学平衡に達し，溶解度の制限のため他の岩石ほど溶けない．(ii) それ以外の岩石の場合のTDSは，流出量の増加とともに大きく減少している．これは，これら岩石に含まれる鉱物（例えば花崗岩や砂岩であれば，石英，長石，雲母など）の溶解速度が非常に遅いことを反映している．

主要な造岩鉱物の風化のしやすさは，風化岩石中の鉱物の存在比から調べられている[16]．玄武岩のような塩基性の岩石では，かんらん石が最も風化しやすく，輝石＜角閃石＜黒雲母の順に風化に対する抵抗性が増加していく．花崗岩のような酸性岩では，斜長石＜正長石＜カリ長石＜白雲母の順に風化への抵抗性が増加し，主要造岩鉱物で最も風化しにくいのが石英である．また以上のことから，岩石全体としてみた場合，玄武岩のほうが花崗岩よりもずっと風化しやすいことが理解される．

これらの鉱物（ケイ酸塩）の風化反応の代表的な例を以下に示す．

正 長 石：$2Na(AlSi_3)O_8 + 2H^+ + 9H_2O$
$\longrightarrow Al_2Si_2O_5(OH)_4 + 2Na^+ + 4H_4SiO_4$

第5章　陸水の化学

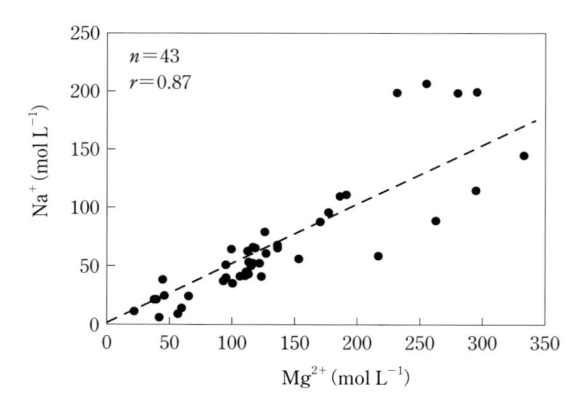

図5.6　インド・デカン高原西部の河川のNa^+とMg^{2+}濃度の相関
（Das et al., 2005[17]をもとに作成）

$$斜長石：Ca(Al_2Si_2)O_8 + 2H^+ + H_2O$$
$$\longrightarrow Al_2Si_2O_5(OH)_4 + Ca^{2+}$$
$$カリ長石：2K(AlSi_3)O_8 + 2H^+ + 9H_2O$$
$$\longrightarrow Al_2Si_2O_5(OH)_4 + 2K^+ + 4H_4SiO_4$$
$$輝石：(Mg_{0.7}CaAl_{0.3})(Al_{0.3}Si_{1.7})O_6 + 3.4H^+ + 1.1H_2O$$
$$\longrightarrow 0.3Al_2Si_2O_5(OH)_4 + Ca^{2+} + 0.7Mg^{2+} + 1.1H_4SiO_4$$
$$黒雲母：2K(Mg_2Fe)(AlSi_3)O_{10}(OH)_2 + 10H^+ + 0.5O_2 + 7H_2O$$
$$\longrightarrow Al_2Si_2O_5(OH)_4 + 2K^+ + 4Mg^{2+} + 2Fe(OH)_3 + 4H_4SiO_4$$

いずれも水に溶解した後でカオリナイト（$Al_2Si_2O_5(OH)_4$）などの粘土鉱物を二次的に生成する（**二次鉱物**）．また鉄を含む鉱物（上の例では黒雲母）では，溶解した鉄が二次鉱物である水酸化物・酸化物を形成する．この水酸化鉄は，表面積が大きく水中のイオンを吸着する性質が強いため，水圏においてさまざまな微量元素の挙動を支配する．

　一方，上記の反応で二次鉱物に取り込まれなかったイオンは水に溶解し，その土壌水や地下水中の濃度は増加する．またこうした風化反応によりプロトン（H^+）は消費され，pHは増加する．そのため，岩石と反応しTDSが高い土壌水や地下水では，一般にpHが高くなる傾向がある（表5.2）．

　例として，インド・デカン高原西部の河川のNaとMgの相関図を示す（**図5.6**）．ここでは，河川の化学分析から降雨の影響を差し引いたNaとMgの

5.2 陸水の化学組成

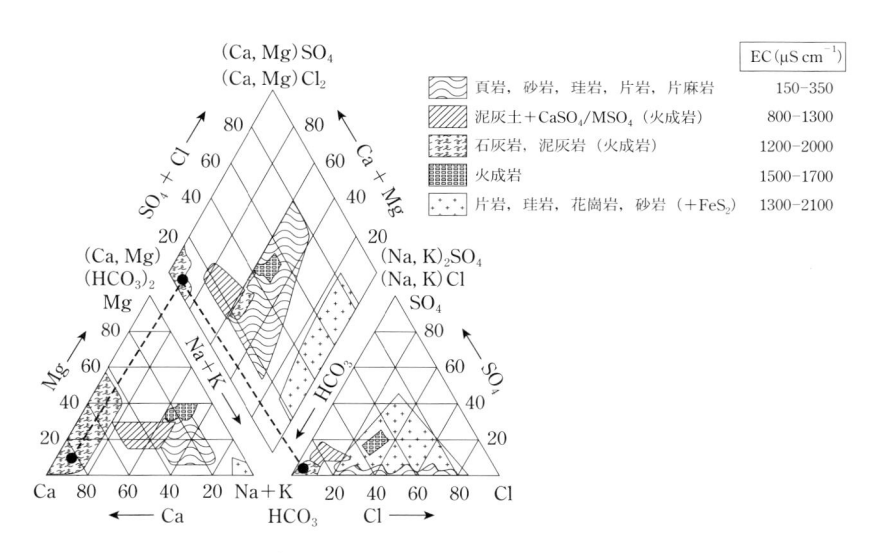

図5.7 Piper図．この図は地下水などの化学組成を図示する方法のひとつであり，地下水が反応した岩石種を推定するために利用できる．EC：電気伝導度
(Zuurdeeg & Van der Weiden, 1985[18]をもとに作成)

濃度（それぞれNa^*とMg^*とする）を求めており，これら濃度は互いによく相関している．また得られた濃度比Na^*/Mg^*は，この地域の主要な岩石である玄武岩のNa/Mg比と一致しており（図5.6の点線），河川水中の元素濃度が玄武岩の風化で決定されていることを示している．このような検討は，その地域で風化の影響を大きく受けている岩石を特定するうえで重要である．

ケイ酸塩の風化は，上記の式のようにプロトンを消費し，このプロトンは地球表層ではおもに炭酸から供給される．そのため地球化学的時間スケールでは，ケイ酸塩の風化の増大は大気中のCO_2濃度を減少させ，CO_2による温室効果を低下させる．そのため，河川水の分析により，その地域で風化を受けている主要な岩石がどのような岩石かを特定することは，気候変動とも関連した重要なテーマである．

陸水の化学組成は，Piper図と呼ばれる図に表現される場合がある（**図5.7**）．この図では下半分の左右に主要陽イオンの三角図を配し，関連するひし形の図を中央上側においている．三角図では，対応する3つの成分の和を100とし，各成分の寄与をプロットする．この図を用いることで，試料がどのようなタイ

プの水であるかを知ることができる．Piper図に●で表した点では，陽イオンの組成は$Ca^{2+}:Mg^{2+}:(Na^++K^+)=80:10:10$であり，陰イオンの組成は$HCO_3^-:Cl^-:SO_4^{2-}=90:5:5$である．これらの点は，ひし形のプロットでは●の部分にくる．ここに地下水に接して主要イオンを供給した岩石種の領域を示すと図のとおりとなり，この水は石灰岩が主要な岩石である地域で形成されたことを示唆している．

5.2.5　陸水の化学組成の系統的理解

以上のことから，陸水の化学組成は大きく，(i) 降水に近い組成をもつ水と，(ii) 土壌や岩石と長い期間反応した水，に分けられることがわかるだろう．さらに前者では，海に近く海塩の影響をもつ降水が端成分となることが予想される．降水でも，土壌ダストと大気中で反応したものは，相対的にNa^+よりもCa^{2+}に富んでくる．

一方，(ii) の水は土壌や岩石から溶解しやすい成分が溶け出す．その際，岩石中に存在し溶解しやすい鉱物は，溶解しやすい順に，岩塩（NaCl）＞石こう（$CaSO_4\cdot 2H_2O$）＞カルサイト（$CaCO_3$）である．このうち最も普遍的に存在するのはカルサイトであるため，土壌・岩石と反応した結果，降水の組成に比べてCa^{2+}の濃度が増加することが一般的である．またこの土壌・岩石と水との反応の結果，水中のTDSも増加することになる．

以上の予想にもとづき，横軸にNaとCaの比を表す[Na]/([Na]＋[Ca])を，縦軸にTDSをとり，海水を含むさまざまな天然水の組成をプロットした図が**図5.8**である．この図の中で，最もTDSが高く，[Na]/([Na]＋[Ca])比がほぼ1に近いのが海水である．この海水を出発点とし，海水の影響を受けた降水が支配的な陸水では，[Na]/([Na]＋[Ca])比はそのままでTDSだけが低くなるので，右下に位置する．この水が土壌や岩石（あるいはエアロゾル）と反応することで，徐々に[Na]/([Na]＋[Ca])比は減少し，TDSは上昇する．そのため，多くの天然水は，この図に描かれた「く」の字の下側にプロットされ，右下から左側中央へのずれの大きさが，水試料が受けた土壌・岩石との水反応の程度を表すとみなせる．土壌・岩石からの溶解が十分に大きくなると，水は$CaCO_3$で飽和する．このような水が蒸発などにより濃縮作用を受けると，TDSが上がるとともに，相対的にCaよりもNa濃度が増加することになるので，「く」

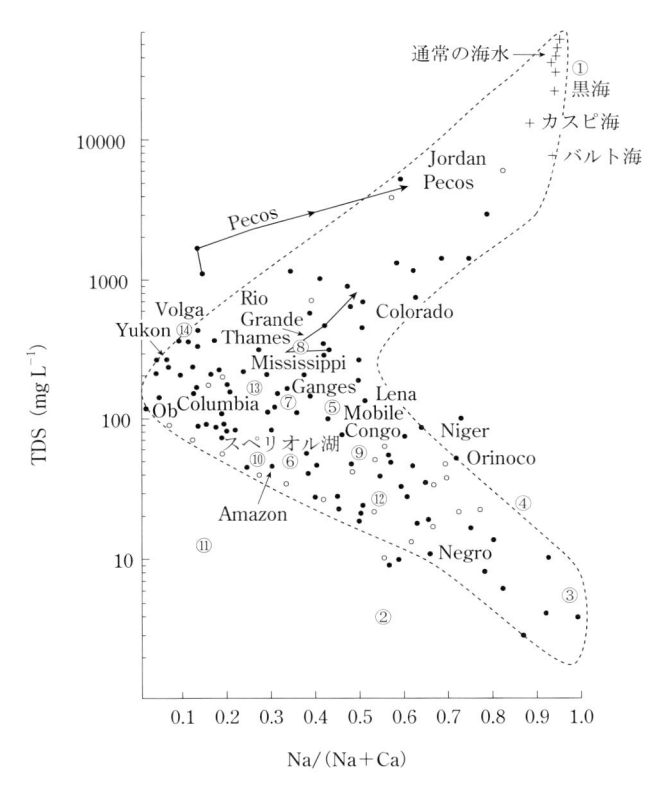

図5.8 さまざまな陸水のTDSとNa/(Na+Ca)比の関係．英文はいずれも世界の河川．表5.2の天然水は図中に数字でプロットした．
(Gibbs, 1970[19])をもとに作成)

の字の左側中央から右上に化学組成が変化すると期待される．

　これらの系統的な変化は，河川の化学組成にも表れる．表5.2には，日本および世界の河川の主要元素の組成を示した[11]．このように世界の河川の大半ではCa^{2+}とHCO_3^-を主成分とし，CO_2を含む降水による岩石の化学風化が重要であることがみてとれる．しかし日本の河川では，海に近いため海塩粒子などの大気降下物の影響が大きい結果，Na^+とCl^-の濃度が高く，風化の影響が相対的に小さい．高緯度の寒冷地域でも風化速度が小さいために，大気降下物の寄与が相対的に大きい．また風化速度が遅い鉱物を多く含む花崗岩や片麻岩などの結晶岩流域では，溶存成分濃度が低い．さらに乾燥地域では，蒸発の影響

により，溶存成分の濃度が高い．これらの傾向も，図5.8の変動の中に含まれている（表5.2の天然水は図5.8の中に数字でプロットされている）．

5.3 陸水の環境問題に対する地球化学的研究

ここまでは，おもに自然にみられる物質循環の中での陸水の化学について述べてきた．ここに人為起源の物質が加わることで，さまざまな環境問題が引き起こされてきた．陸水で生じる問題は，大気に比べて地球規模の問題にはなりにくい．しかし，陸水，特に地下水などでは，汚染の除去やもとの環境への回復には多大な時間と労力がかかるし，水質汚染の影響は人間の健康に直接的な影響を与えるので，陸水の環境問題の重要性は大気のそれと比しても勝るとも劣らない．我が国の陸水の環境問題としては，新潟水俣病（有機水銀）やイタイイタイ病（カドミウム）などがよく知られており，いずれも人為的に排出された物質が原因となった．また，本章ではおもに無機物の陸水での動態に着目してきたが，環境ホルモン物質を含むさまざまな有機物の環境汚染も重要である．以下では，これらの陸水での環境問題として，ベンガル平野における地下水ヒ素汚染および福島第一原発事故による放射性核種の放出について紹介する．

A. ベンガル平野における地下水ヒ素汚染

現在地球上で起きている最も甚大な陸水の汚染は，インド東部とバングラデシュにまたがるベンガル平野における地下水ヒ素汚染である（8章のコラムも参照）[20,21]．この汚染は実際には人為的汚染ではなく，地下で起きる地球化学的反応が引き起こす高濃度のヒ素の溶出に原因がある．この原因としてしばしば指摘されているのが，ヒ素を吸着している酸水酸化鉄(III)の還元的な地下環境における溶解である．しかし，実際の物理化学的素過程は非常に複雑であり，鉱物表面への吸着性の強い5価のヒ素（ヒ酸イオン）が水溶解性の高い3価のヒ素（亜ヒ酸イオン）に還元されることが，より重要である可能性もある．また還元的環境で酸水酸化鉄(III)が溶解した場合に，固相側でヒ素を保持する鉱物は何かなど未解明な点が多い．

ここで重要なのは，複雑な地下環境でのさまざまな生物地球化学的素過程の解明とそれを統合したモデルの構築である．このうち素過程としては，鉄とヒ

素の酸化還元反応，ヒ素の吸脱着反応，これらにおよぼす微生物や共存物質（リン酸イオン，炭酸イオンなど）の影響などが主要な研究対象となっている．これらの現象の解明には，濃度分析にとどまらず，化学状態（スペシエーション）の把握が必須である．特に元素の固液分配比を扱う場合，固相側の元素のスペシエーションがカギを握る場合が多い．固相中の元素の化学状態の解明には，試料をそのまま分析することで価数や元素のホスト相を決定できる手法の適用が重要であり，そのためにX線吸収微細構造（XAFS）法などの分光学的手法が近年頻繁に用いられている[22]．しかし，ベンガル平野地下の堆積物中のヒ素濃度は通常 10 mg kg^{-1} 以下と顕著に高いわけではないため，分光学的手法の適用も限られる．今後さらに多くの手法を駆使して，ヒ素の挙動を支配する生物地球化学的素過程を明らかにすることが重要になるであろう．

B. 福島第一原子力発電所事故による放射性核種の放出

現在日本国内では，2011年3月11日におきた福島第一原子力発電所事故に

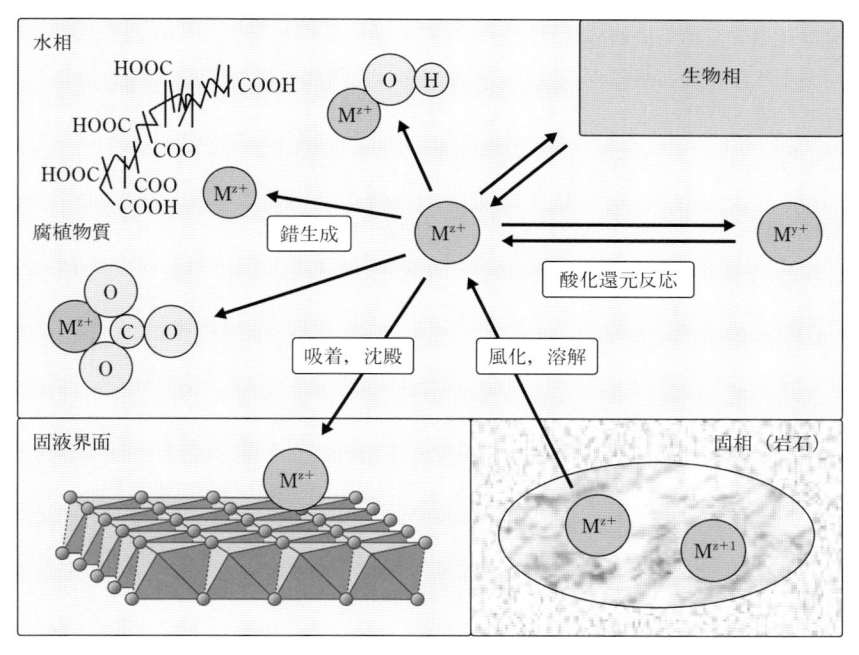

図5.9 天然水中で起きる元素Mが受けるさまざまな化学的素過程
（日本地球化学会，2012[26]をもとに作成）

より放出された放射性セシウムの表層環境での挙動解明が重要な課題になっている[23]．放射性セシウムの表層水中での挙動では，雲母などの層状ケイ酸塩に対する吸脱着反応が重要であり，阿武隈川中の放射性セシウムの70％以上が懸濁粒子に吸着されて移動している（吸着反応については第6章参照）[24]．一方，腐植物質（第6章参照）などを主とする天然有機物が存在した場合，天然有機物が層状ケイ酸塩の表面を被覆してしまうため，放射性セシウムの吸着を阻害し，放射性セシウムの溶存態の割合が増加することも示唆されている[25]．放射性セシウムが溶存態と懸濁態のいずれの化学種をとるかは，プランクトンへの放射性セシウムの移行，ひいては生態系への放射性セシウムの移行を解明するうえで重要である．

これらの例でみられるとおり，水圏での元素の挙動には，**図**5.9で示されるようなさまざまな化学的素過程が重要である．特に沈殿生成・鉱物溶解反応や吸着反応は，溶存濃度を支配しているので重要であるが，溶液中の錯生成反応や酸化還元反応も固液分配に大きな影響を与えるので，これらの素過程をさまざまな手法で明らかにすることが，水圏環境化学において重要である．

●コラム　　地球化学図

　地質学の分野では，地球上の岩石の分布を示したものを「地質図」と呼んでおり，この地質図は国土を開発するうえで重要な情報となっている[27]．同様に地球上の元素の分布を示した図は「地球化学図」と呼ばれる．地球化学図は通常，河川堆積物の化学組成にもとづいて作成される．手順としては，その地域を代表する河川を選定し，河川堆積物の元素分析をおこない，それが分析地点よりも上流側の集水域の元素の平均濃度を反映するとして描かれる．地球化学図には，地質による元素濃度の地域間の違いや，特定の元素が濃縮した鉱床の存在などが鋭敏に反映されるとともに，人為的な汚染の評価にも利用できる[27]．

　図5.10には四国におけるクロムとアンチモンの地球化学図を示した．クロムはマントル物質中の濃度が高く，四国を東西に横切るようにクロム濃度が高い部分は，中央構造線（日本を横切る巨大な断層）の位置と一致しており，この部分でマントル物質が表層に露出していることが示唆される．一方，四国中央北部のアンチモン濃集域は，アンチモン鉱山（市ノ川鉱山）があった場所で，

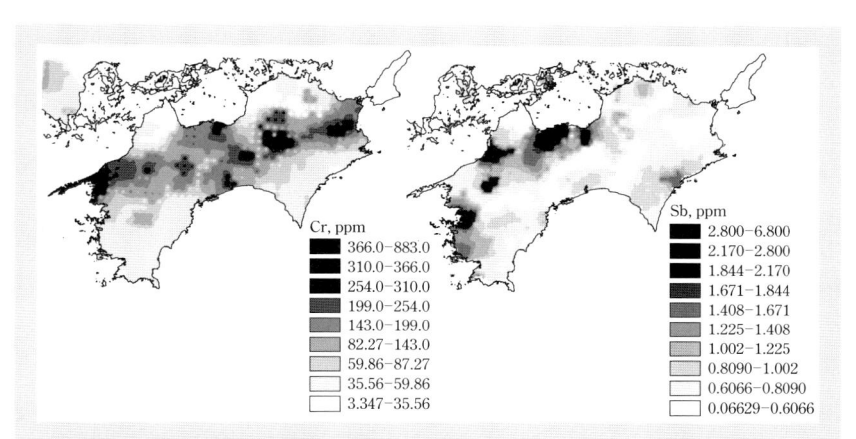

図5.10 河川堆積物の分析による四国のクロムおよびアンチモンの地球化学図
いずれの図も以下の著作物から引用している．産業技術総合研究所地質調査総合センター，『日本の地球化学図』(https://gbank.gsj.jp/geochemmap/chihoh.htm)[27]，クリエイティブ・コモンズ・ライセンス表示2.1 (http://creativecommons.org/licenses/by/2.1/jp/)

その影響で河川堆積物中の濃度が高い．また同族のヒ素も類似の分布をみせる（図は省略）．その他，広島地域など花崗岩の露出が多い地域ではカリウム濃度が高く，それとウランはよく相関するなど，地球化学図には地球化学的に興味深い現象が多く表れている．

第6章　　土壌の化学

　我々の身体をつくっているほとんどの元素は，もとをたどると岩石に起源があるが，我々が生命に近いものという意識で岩石を眺めることは少ない．その一方で，我々は土にはもっと生命の温かみを感じ，故郷を表すときに「郷土」などといったりもする．岩石から生命体への元素の動きを示すと**図6.1**[1]のよ

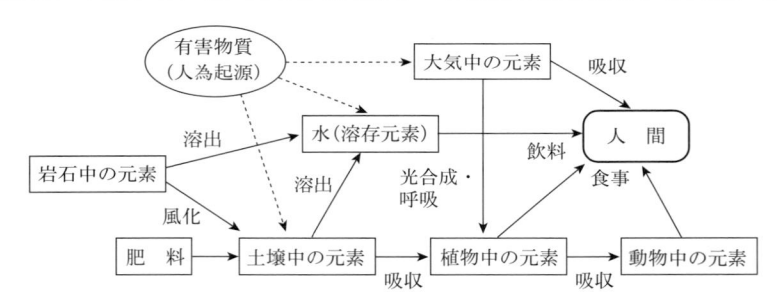

図6.1　岩石や大気から人間への元素の移行経路
（Montgomery, 1999[1]）を改変）

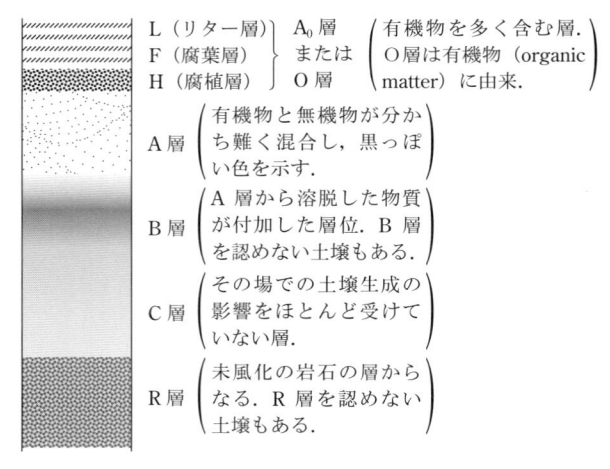

図6.2　典型的な土壌層位
（久馬ほか，1992[2]）および岡崎ほか，2011[3]）をもとに作成）

うになり，土は岩石と生命（微生物，植物，動物）の間に挟まれた相であることがわかる．土壌が岩石と生命の中間に位置する相であることは，一般的な土壌層位（図6.2）からも見て取れ，土壌の表層にいる生物からは有機物のインプットがあり，深部には基盤となる岩石が存在し，これらの中間の層として土壌では多様な物質循環が起きている．人間は，この土壌という場で作物を栽培して生きる糧としており，またその営みを維持するために施肥などのさまざまな工夫を土壌に施している（図6.1）．一方で，土壌の重要さゆえに，一度土壌が汚染されれば，生態系や人間生活への影響は非常に大きくなる（図6.1）．

6.1 土壌の成因と構成物質

6.1.1 土壌の成因と種類

　土壌の生成因子は，母材（岩石・鉱物），気候，地形，生物，時間である．このうち，物質を表す因子は岩石・鉱物と生物であり，土壌の成因そのものに植物や微生物などの生物が大きく関与していることがわかる[2,3]．母材が，その地域に特有の気候や地形という環境条件のもとで，生物作用の影響を受けながら時間をかけて生成したものが土壌である．

　表6.1には，日本の主要な土壌の種類を示した．例えばポドゾルは，植物を起源とする腐植物質（後述）と呼ばれる有機物の一部が溶出し，A層下部やB層上部（図6.2）のアルミニウムや鉄と錯体を生成し，B層下部に移動させることで生成した土壌である（6.2.4項参照）．また我が国特有の土壌タイプである黒ボク土は，火山噴出物を母材とし，腐植が集積した結果，黒色を呈する土壌である．また国内の平地の多くを占める沖積平野における主要な土壌タイプが灰色低地土であり，河川が上流から運搬してきた物質を母材とし，多量の水が存在する還元的な環境で生成する．これらの例から，上記の5つの生成因子（母材，気候，地形，生物，時間）が影響し合って生成したものが土壌であることがわかる．

6.1.2 土壌の構成物質

　これら土壌の主要な構成物質を表6.2にまとめた．このうち，土壌中の岩石由来の物質としては，岩石が機械的に破砕された岩石片や砂質・シルト質など

第6章 土壌の化学

表6.1 日本のおもな土壌の種類
(久馬ほか, 1992[2]) および岡崎ほか, 2011[3]) をもとに作成)

	成因・特徴	分布	
ポドゾル性土	表層に堆積した有機物の分解によって生じた腐植 (水溶性) によって, 酸化鉄やアルミナが溶解して下方に移動して集積した土壌.	湿潤冷温帯の針葉樹林帯が主で, 北海道北部に分布	成帯性土壌 (気候帯に従って分布する土壌)
褐色森林土	活発な生物学的循環のもとで生成. 非石灰質で多雨な場合に, 特に強い酸性を呈する.	温帯の落葉広葉樹林帯に多く, 北海道・東北地方北部に分布	
黄褐色森林土	若い地形面の照葉樹林下の土壌で, 腐植含量が低く, 水和酸化鉄の結晶化が進んだ土壌.	北関東以南からトカラ列島まで分布	
赤黄色土	強酸性で粘土集積が弱く, しばしば下層に酸化鉄の析出による縞状の赤・白や褐・黄の紋様を伴う.	南西諸島に分布	
グライ土	水で飽和された還元的状態で鉄が還元され, 独特の青灰色を呈する土壌.	透水不良地や低湿地に分布	成帯内性土壌 (地形や母材の影響を受け, 気候帯とは無関係にできた土壌)
低地土	河川が運搬してきた種々の物質が海岸近くの低地に堆積してできた土壌.	河川の近傍に分布	
黒ボク土	火山噴出物に由来し, 腐植含量の多い黒い土壌. pH>5の場合, アロフェンやイモゴライトを多量に含む.		

表6.2 土壌を構成する物質

固相	無機物	a. 一次鉱物 (造岩鉱物, 岩石破砕物) 石英, 長石, 雲母, 角閃石, 輝石, カンラン石, 火山ガラス b. 二次鉱物 一次鉱物が溶解後に生成する物質 粘土鉱物, 金属の(水)酸化物 c. リン酸塩 d. 交換性塩基 e. 水溶性塩類 f. 硫化物
	有機物	植物遺体, 土壌有機物
	生物	微生物, 下等植物, 土壌動物
液相	土壌水	
気相	土壌空気	

6.1 土壌の成因と構成物質

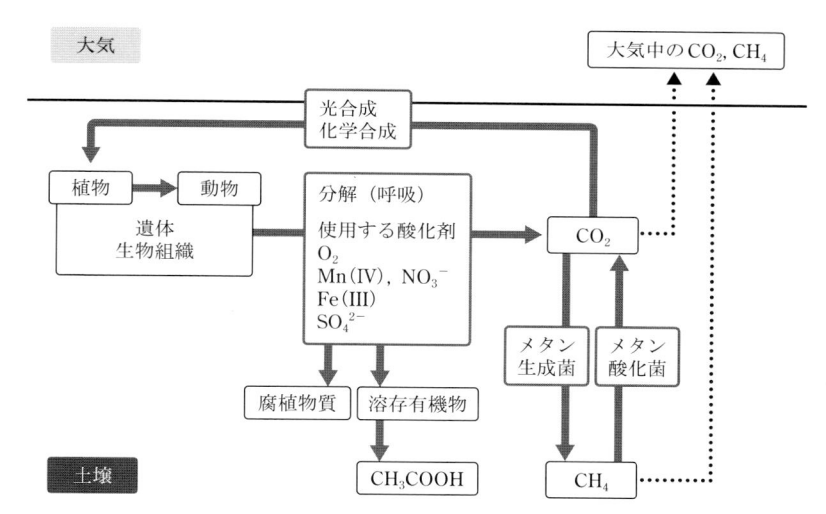

図6.3 土壌を中心とした炭素循環
（久馬ほか，1992[2]，岡崎ほか，2011[3]，Stevenson 1994[4]，石渡ほか，2008[5]をもとに作成）

の形状をとる一次鉱物に加えて，岩石が化学的に風化をして生成した二次鉱物がある．**一次鉱物**には，石英，長石，雲母などがあり，もとの岩石の中で風化しにくい鉱物が残って土壌の構成物質となる（5.2.4項参照）．また，**二次鉱物**は，岩石・鉱物から水に溶けた元素が特定の元素と結びついて新しくつくった鉱物であり，水の存在下でできるので，地球表層に特有の物質といえる．この中には，アルミニウム8面体シートとケイ素4面体シートが層状の構造をなしている粘土鉱物，鉄が沈殿してできたフェリハイドライトや針鉄鉱などの（水）酸化鉄，アルミニウムが沈殿して生成したギブサイトなどがある．

一方，有機物には，生物そのものやその遺骸や糞尿，それらが分解して生成した分子量がより小さな有機物，反対に有機物が土壌中で非生物的あるいは生物的に合成されたより高分子の有機物（腐植物質など）など，多種多様なものがある（**図6.3**）．また一部には，生物が能動的にある機能をもって体外に排出した有機物もある（6.2.4項のムギネ酸など）．このうち土壌有機物の大部分を占める**腐植物質**[4,5]は，pHを変化させたときの溶けやすさの違いから，フミン酸（または腐植酸；pH＝1で沈殿する画分），フルボ酸（酸性でも溶解する画分），ヒューミン（アルカリ性にしても溶けない画分）に分類されているが，いずれ

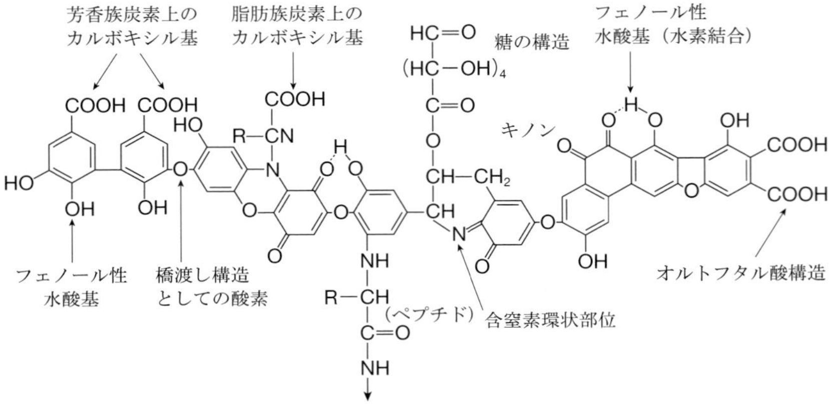

図6.4 さまざまな官能基分析にもとづく腐植物質の構造モデル
(Stevenson, 1994[4])を改変)

も無定形（特定の化学式をもつ単一の物質からなるものではない）の混合物である．これらは，脂肪族炭素や芳香族炭素の骨格からなる高分子中に，酸解離基（カルボキシル基やフェノール性水酸基など）やカルボニル基，アルコール性水酸基などの多様な官能基をもっている．無定形ではあるが，具体的な理解を進めるために，これらの官能基組成の特徴を反映させたモデルが多数提案されている（**図6.4**）．さまざまな土壌での腐植物質の炭素14年代の平均値は，おおよそ1,000～10,000年の範囲にあり[4,6]，腐植物質が長い期間土壌中での反応を経て生じた物質であることがわかる．錯生成能をもつ多数の官能基が1分子中に存在する（高分子電解質）ことで，さまざまな金属イオンと安定な錯体をつくる．また一部は水溶性であるため，腐植物質と錯生成をする元素の移行に影響をおよぼす[4,5]．

6.1.3 土壌の構造

土壌中でこれら無機物と有機物は分かちがたく複合体をつくっており，高分子の有機物はしばしば無機物同士を結びつける接着剤の役割を果たし，団粒と呼ばれる複合体の生成を促す（**図6.5**）．こうした団粒構造は土壌に隙間をつくり，それは土壌空気や土壌水を保持する空間となる．特に団粒内の微小な孔隙に土壌水は保持され，ここでは外気との空気の交換がおこなわれないため，酸

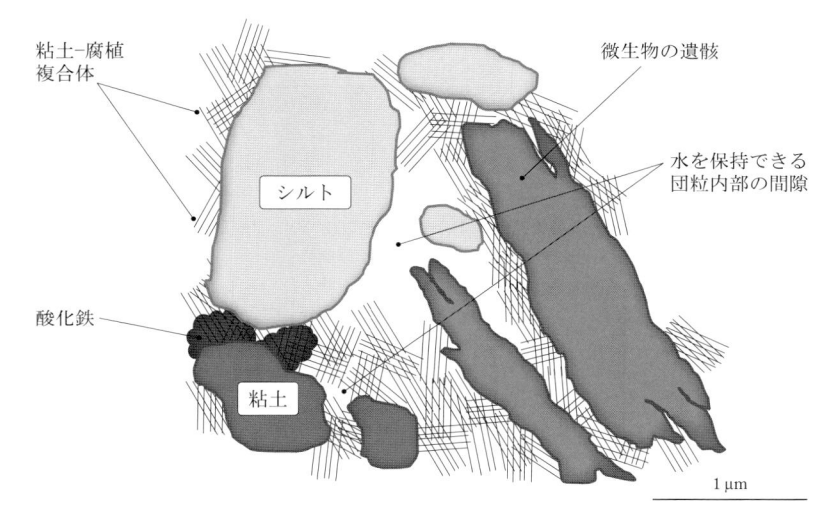

図6.5 土壌の団粒構造

素の少ない嫌気的な環境が形成される．一方，団粒間の空隙は大きくて土壌空気で満たされるため，酸素が多い好気的な環境がつくられる．

以上のことから，土壌は無機物と有機物の混合物で空気や水も含んだ固相－水相－気相－生物相からなる複雑なシステムをもつことがわかる．対比できる物質として，天体の衝突や宇宙線の影響で月や火星の表面にできたレゴリスと呼ばれる細粒化した物質があげられるが，これらには有機物や水は（ほとんど）含まれておらず，地球表層の土壌とは様相が異なる．もっとも地球においても，生命体が陸上に進出する以前は同様の姿であっただろう．

6.2 土壌中の物質循環

図6.2に典型的にみられるような土壌での物質循環には，生物（おもに微生物）の代謝により引き起こされる化学反応が重要な役割を果たす．その代表として，土壌中の炭素循環や窒素循環があげられる．

6.2.1 土壌中の炭素循環

土壌を舞台にする炭素循環（図6.3）は，二酸化炭素（CO_2），メタン（CH_4），

表6.3 地球上の炭素の貯蔵庫
(仁王・木村，1994[8]より)

貯蔵庫	炭素 (Gt)
陸上	
植物のバイオマス	550
土　　壌	1,500
大　気	750
海　洋	38,000
化石燃料	4,000
地　殻	65.5×10^6

$1\,\text{Gt} = 10^9\,\text{t}$

　土壌有機物（おもに腐植物質）の3つを中心としたさまざまな（生物）化学反応により成り立っており，その影響は地球温暖化に影響を与える二酸化炭素やメタンの大気中濃度とも密接に関係している[注1]．土壌は有機物の巨大なリザーバーで，約1.5兆トンの炭素が存在すると見積もられており，これは大気中二酸化炭素の約2倍，陸上の植物バイオマスの約3倍に相当する（**表6.3**）．

　このように，土壌有機物の量は非常に多く，その少しの増減が地球規模の炭素循環に大きく影響する．例えば，先史時代から現在までに人間が森林を開墾するなどして放出した土壌有機物の炭素は，人為的に放出された化石燃料の炭素量の2倍以上になるという試算もある[9]．また湛水下で還元的な環境にある水田は，メタンの発生源として重要であり，全球のメタン発生量の10-25％を占めるとされている[10]．このように，土壌中の炭素化合物の動態と地球温暖化は密接に関連している．

6.2.2　土壌中の窒素循環

　窒素もあらゆる生物に必須な元素であるが，大気中に大量に存在する窒素ガス（N_2）は非常に安定な物質であり，ほとんどの生物にとって利用可能ではない（**図6.6**）．しかし，土壌中に存在する**窒素固定菌**（根粒菌など）や一部の**光合成細菌**は，菌体内にもつニトロゲナーゼの作用により，窒素をアンモニア（NH_3）に変換できる（**窒素固定**）．このアンモニアは，植物などの働きにより

注1　100年の期間で計算した場合，メタンは二酸化炭素の約30倍の温室効果をもつ[7]．

6.2 土壌中の物質循環

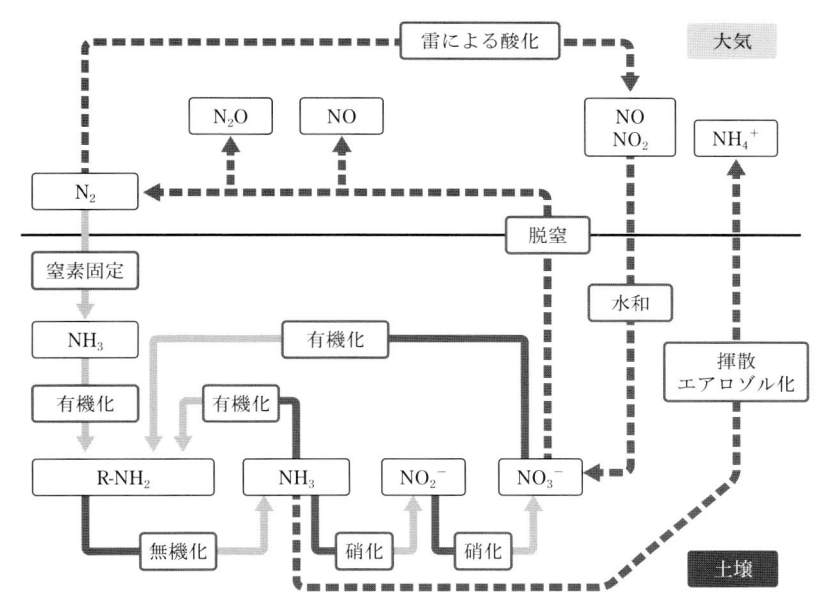

図6.6 土壌を中心とした窒素循環
(岡崎ほか，2011[3]および仁王・木村，1994[8]をもとに作成)

有機態になった後で，微生物による分解でアンモニアに戻るなどする．ただし，別の経路もあり，そちらではアンモニアはアンモニア酸化細菌により亜硝酸イオン（NO_2^-），最終的には硝酸イオン（NO_3^-）に変換される（**硝化作用**）．硝酸イオンは植物に利用される一方で，一部は脱窒菌により窒素や一酸化二窒素（N_2O）となって大気に戻っていく（**脱窒作用**）．また上記の窒素循環の中で生成するアンモニアの一部は，そのまま大気に揮散する．

この一連のプロセスには，環境化学的に重要な現象が多く含まれる．まず硝酸イオンは，溶脱し土壌から失われて河川や地下水に流出しやすい．一方，人間は工業的に合成（ハーバー・ボッシュ法）した窒素肥料を土壌に加えており，結果的に人為的影響で大量の硝酸イオンが陸域生態系に供給され，富栄養化（赤潮など）を引き起こしている．また，硝酸イオン濃度が 10 mgN L^{-1} の水は飲用には適さない．

脱窒で生成する一酸化二窒素は，対流圏で安定な温室効果ガスであり，成層圏ではオゾン層を破壊する．また，大気に揮散したアンモニアは，アンモニウ

ムイオンとなってエアロゾル化し土壌に沈着する．アンモニウムイオンは，酸化される際に1 molのアンモニウムイオンから2 molのプロトンを生成するため，土壌の酸性化を引き起こしやすい．

6.2.3 元素の移動

土壌中の物質の移動は，水を介して起きる．土壌は多孔質媒体であり，この土壌中の間隙に存在している水に溶けて物質は移動する．いったん水に溶けた物質（溶質）は，水の流れとともに移動する一方で，濃度勾配がある場合には水の流れがなくても広がる．前者は**移流**（advection）とよばれ，後者を狭義の**拡散**（分子拡散；molecular diffusion）という[3,11]．さらに移流にかかわる流速が間隙内で不均一な場合，流速が大きな部分から小さな部分への溶質の移動が生じ，結果的に平均流速よりも速く物質が移動する（水理学的**分散**；dispersion）．単位面積・単位時間あたりの1次元の溶質の移動量は，物質フラックス J（mol m^{-2} s^{-1}）で表す．Jは，移流に伴うJ_{adv}，拡散に伴うJ_{dif}，分散に伴うJ_{dis}に分けられる（$J=J_{adv}+J_{dif}+J_{dis}$）．

A. 移流

このうちJ_{adv}は，間隙内の水の流速Vと間隙水中の溶質の濃度Cを用いて

$$J_{adv}=\theta VC \tag{6.1}$$

と書ける．式(6.1)のθは有効間隙率であり，土壌のような多孔質媒体において，溶質が移動する水相の体積を固相全体の体積で割ったものである．ただし，土壌水の流れは実際には一様ではなく，個々の間隙によって異なるため，土壌全体の断面を垂直に流れる水の平均的な流速q[注2]は，Vよりも小さくなり，

$$q=\theta V \tag{6.2}$$

という関係になる．水田のように間隙がすべて水で飽和している場合，

$$q=Ki \tag{6.3}$$

注2 土壌の単位面積・時間あたりに流れる水の体積（$=$m^3 m^{-2} s^{-1}$=$m s^{-1}）なので，正確には流束と呼ぶべき．

と表される（**ダルシーの法則**）．ここでKとiはそれぞれ飽和透水係数と動水勾配である．

B. 拡　散

　一方，水の流れがまったくなくても，溶質の濃度が空間的に勾配をもてば溶質は移動する．例えば，酸化還元環境が変動してある鉱物が溶解した場合，局所的に溶質濃度が高まる．すると，水の流れがなくとも，濃度の高い領域から低い領域へ溶質は移動する．このフラックスJ_difは，溶質mの濃度勾配$\mathrm{d}C/\mathrm{d}x$に比例し，その拡散係数D_mを用いて次のように書ける（**フィックの法則**）：

$$J_\mathrm{dif} = -D_\mathrm{m} \frac{\mathrm{d}C}{\mathrm{d}x} \tag{6.4}$$

この拡散係数D_mは，溶質が水中で移動する際に受ける抵抗と関係している．移動するときの溶質の大きさ（イオンであれば，移動時に伴われる水和水も含めた大きさ）が大きいほど，D_mは小さくなる[11]．

C. 水理学的分散

　水理学的分散による溶質のフラックスは，拡散と同じ形の次式で表せる：

$$J_\mathrm{dis} = -D_\mathrm{h} \frac{\mathrm{d}C}{\mathrm{d}x} \tag{6.5}$$

このうちD_hは水理学的な分散係数（$\mathrm{m^2\,s^{-1}}$）であり，分散長（分散特性長）αと平均流速V_aを用いて$D_\mathrm{h}=\alpha V_\mathrm{a}$と表される．分散の式は拡散の式と類似しているため，多くの場合に拡散と水理学的分散はまとめて広義の分散として扱われ，その場合の分散係数Dは，$D=D_\mathrm{m}+D_\mathrm{h}$となる．このときの分散は，$V_\mathrm{a}$が大きい場合には水理学的分散の影響が大きく，流れがなくV_aが小さい状況では拡散が卓越する．

D. 移流と拡散の比較

　移流や水理学的分散は，いずれも流れの平均流速V_aが大きければその寄与は大きくなる．では拡散の寄与が効いてくるのはどのような場合だろうか．ここでは水理学的分散の効果はないとし，移流と拡散を比較してみよう．時間tの間にイオンmが地下水中での濃度勾配による拡散で移動する距離L_difは，

$$L_\mathrm{dif} = \sqrt{D_\mathrm{m} t} \tag{6.6}$$

として評価できる[11]．$\mathrm{Na^+}$を例にとると，$D_\mathrm{Na^+}=1.0\times 10^{-5}\,\mathrm{cm^2\,s^{-1}}$なので，$t=$

10^6 s（＝11.6日）でL_{dif}＝3.2 cmと推定できる．一方，移流による移動距離L_{adv}は，

$$L_{adv} = Vt \tag{6.7}$$

と書ける（ここではθ＝1とする）．このとき，土壌水の流速Vが100 cm y^{-1}以下と非常に小さい場合にはL_{adv}は3.2 cm以下となり，拡散による移動のほうが卓越する．したがって，多くの場合，移流や水理学的分散が卓越するが，土壌深部などで土壌水がほとんど動かない系では，拡散が重要となる場合がある．

6.2.4 土壌中の化学反応

6.2.3項で述べた水中の溶質の濃度は，その物質の水への溶解度や，水と接している固相表面への吸着反応に支配される[12-14]．また，溶液中での配位子と金属イオンの錯生成も，元素の挙動に大きな影響をおよぼす．例えば，遷移金属の中でも2価の銅イオンは錯体の安定性が高いため，土壌水中の溶存配位子と強く錯生成することで，見かけ上溶解度が高くなる．このような配位子として腐植物質は重要であり，それ以外にも生物が分泌したさまざまな配位子が土壌中には存在する．生物によっては，このような配位子を能動的に放出し，栄養素の取り込みに利用している．例えば，イネ科の植物である大麦などでは，ムギネ酸と呼ばれるキレート錯体を生成できる有機物を放出し，（水）酸化鉄として土壌中に存在する3価の鉄と結合しこれを溶解させることで，鉄の取り込みをおこなっている[15]．

ここまでで述べた酸化還元反応，吸着反応，沈殿生成反応，錯生成反応などは，土壌中の元素が受ける化学的相互作用として重要である（図5.9）．これらの反応が平衡に達していれば，質量作用の法則に従うと，反応式(6.8)にかかわる化学種A～Dの平衡濃度[A]～[D]は，平衡定数K_{eq}を用いて次のように書ける．

$$a\mathrm{A} + b\mathrm{B} \rightleftarrows c\mathrm{C} + d\mathrm{D} \tag{6.8}$$

$$K_{eq} = \frac{[\mathrm{C}]^c [\mathrm{D}]^d}{[\mathrm{A}]^a [\mathrm{B}]^b} \tag{6.9}$$

この法則にもとづき，上で述べた反応のうち，錯生成反応と沈殿生成反応は一般的に以下のように書ける．

6.2 土壌中の物質循環

A. 錯生成反応

金属イオン M^{z+} と m 個の配位子 A^{y-} が生成する錯体 $MA_n^{(z-ny)+}$ の溶液中の濃度 $[MA_n^{(z-ny)+}]$ は,錯生成反応の平衡定数 β を用いて以下のように書ける.

$$M^{z+} + n\,A^{y-} \rightleftarrows MA_n^{(z-ny)+} \tag{6.10}$$

$$\beta = \frac{[MA_n^{(z-ny)+}]}{[M^{z+}][A^{y-}]^n} \tag{6.11}$$

B. 沈殿生成反応

金属イオン M^{z+} が m 個の配位子 B^{x-} の存在下で沈殿 MB_m を生成し平衡に達したとき,溶液中の濃度 $[M^{z+}]$ は,溶解度 K_{sp} を用いて以下のように書ける(沈殿生成物は通常電荷をもたないので $z-mx=0$).

$$M^{z+} + m\,B^{x-} \rightleftarrows MB_m \tag{6.12}$$

$$K_{sp} = [M^{z+}][B^{x-}]^m \tag{6.13}$$

このうち,錯生成反応は溶存錯体の濃度と金属イオンや配位子の濃度との関係を表すが,沈殿生成反応は溶解できる $[M^{z+}]$ や $[B^{x-}]$ に一定の限度があることを意味する.

C. 錯生成反応と沈殿生成反応が競合した場合のMの溶存種の総濃度

A項の溶液内錯生成反応でMA(簡単のため $n=1$, $y=1$ とする)が生成した場合に,B項で規定される溶液中のMの総濃度がどの程度増加するかを考えてみる.

$[A^-]$ が存在しないとき,溶液中のMの化学種は M^{z+} のみなので,その濃度はB項の反応で規定され,$[M^{z+}]=K_{sp}/[B^{x-}]^m$ である.$[A^-]$ が存在した場合,溶液中のMの化学種は M^{z+} と $MA^{(z-1)+}$ なので,式(6.10),(6.12)より,

$$\begin{aligned}(\text{溶液中のMの総濃度}) &= [M^{z+}] + [MA^{(z-1)+}] \\ &= [M^{z+}](1+\beta[A^-]) \\ &= (1+\beta[A^-])K_{sp}/[B^{x-}]^m \end{aligned} \tag{6.14}$$

と書ける.この式は,配位子Aが存在し,溶液中で錯体MAが生成した場合,Mの溶解度は,見かけ上 $(1+\beta[A^-])$ 倍になることを示している.このことは,6.1節で述べたポドゾル土の成因(=水に溶けている腐植物質との錯生成の効

果で金属イオンが溶出し土壌下部に移動する効果）や，本節で述べたムギネ酸の効果（＝植物から排出されたムギネ酸との錯生成により，固相に存在する鉄が溶出する効果）などと関係している．

6.3　土壌の機能と関連する化学反応

6.2.4項で触れた土壌中の化学反応のうち，(i) 有機物の分解，(ii) (i)に密接に関連した酸化還元反応，(iii) 物質の固定にかかわる吸着反応について，本節で詳しく取り上げる．

6.3.1　有機物の分解

6.2.1項で触れたとおり，有機物の分解は土壌がもつ重要な機能のひとつであり，その多くは微生物が担っている．その微生物と有機物分解の関係の理解のためには，微生物（を含むすべての生物）の主要な2つのエネルギー獲得方法である独立栄養と従属栄養を知る必要がある．

独立栄養生物は，二酸化炭素を原料にして生存に必要な有機物をみずから合成する能力をもつ．この有機物の合成に光を使うのが**光合成独立栄養生物**であり，化学反応によるエネルギーを使って有機物を合成するのが**化学合成独立栄養生物**である．前者は，植物や光合成細菌（シアノバクテリア）に代表される．後者の例としては，Fe^{2+}が酸化的な環境に供給される場で生育する鉄酸化菌などのように，その環境で生じる化学反応に適用したさまざまな化学合成細菌が存在する．

一方，**従属栄養生物**は，有機物を自力でつくることができないので，有機物を外部から取り込み利用するとともに，その環境で利用可能な酸化剤で有機物を二酸化炭素に酸化（＝呼吸）してエネルギーを得ている．その際，その環境に存在するより強い酸化剤を利用することで，獲得するエネルギーを最大化している．そのため，有機物を分解する酸化剤が微生物に利用される順序は決まっており，酸素＞マンガン酸化物≒硝酸イオン＞酸化鉄＞硫酸イオンの順に優先順位が高い（図6.3，**図6.7**）．その結果，各酸化剤による有機物の酸化分解で得られるエネルギーもこの順番に小さく，酸素呼吸により最も大きなエネルギーが得られる．

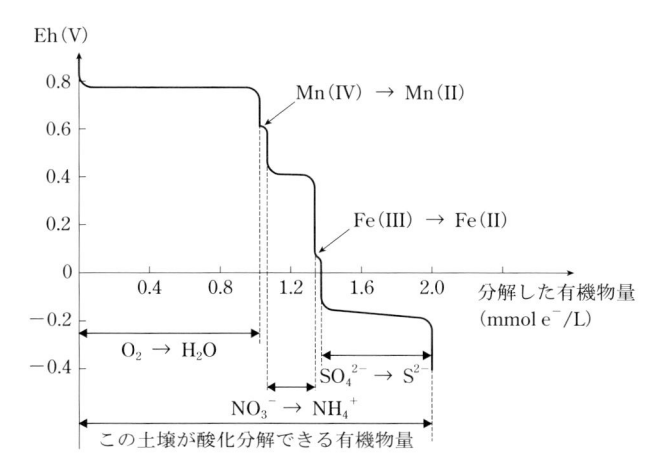

図6.7 ある土壌中での有機物の分解量の増加に伴い使用された酸化剤の消費量の変化
（Stumm & Morgan, 1996[13]）をもとに作成）

このような酸化還元反応の典型的な例は，湛水状態の水田でみられる．水をはった状態の水田では，土壌が水の層によって酸素の供給源である大気から隔離されてしまうため，土壌深度とともにより還元的な環境が形成される．このような場合，土壌深度によって有機物分解を担う微生物の種類が異なる．土壌表層では酸素を使う微生物，より深くなると硝酸やマンガン酸化物を用いる種，さらに深部では(水)酸化鉄を還元する種が活躍する．このような微生物が駆動する酸化還元反応でマンガン酸化物や(水)酸化鉄の分解が起きると，マンガン酸化物や(水)酸化鉄に吸着・固定されていた微量元素が土壌水中に放出され，その系での物質循環に大きな影響をおよぼす[16]．

6.3.2 酸化還元反応

6.3.1項で示したように，天然環境ではそれぞれの酸化還元状態に応じて元素の価数が変わり，価数の変化は元素の挙動に多大な影響を与える．酸化還元環境に依存した各元素の化学種の変化は，Eh–pH図から予測できる．Eh–pH図とは，横軸にpHをとり，縦軸に酸化還元電位Ehをとることで地球上のさまざまなEh–pH環境を表現したものである．Ehが高い酸化的な環境では，そこに存在する化学種を酸化する力が強いため，酸化的な化学種が安定になる．大

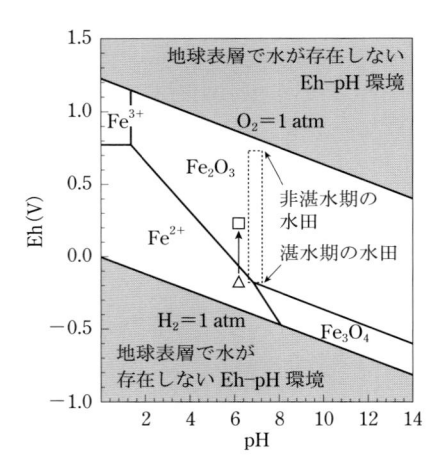

図6.8 鉄のEh–pH図の例．灰色の領域は，地球表層で水が存在しないEh–pH領域
（佐野・高橋，2013[17]）をもとに作成）

気と平衡にある純粋な水のEhは溶存酸素濃度に支配されており，溶存酸素濃度が高いほどEhが高い環境である．

　酸化還元反応では，電子はある電位Ehを超えてやりとりされ，その過程で自由エネルギー変化が生じる．それぞれの酸化還元反応の基準となる電位のことを標準電位といい，通常還元反応に対して定義するので，標準還元電位Eh^0という．Eh^0は相対的な値で，その基準は水素電極で起きる還元反応（$2H^+ + 2e^- \rightleftarrows H_2$）とされている．$Eh^0$が正の値の還元反応は，この水素の還元反応よりも起きやすいことを意味する．

　標準還元電位Eh^0は，対応する酸化還元反応が標準状態にある場合の電位であり，定数である．一方，反応に関与するいずれかの化学種の供給により，酸化還元平衡が標準状態からずれている場合，そのときの還元電位Ehは，その状態での反応商Qと酸化還元反応に関与する電子数nを用いて

$$\mathrm{Eh} = \mathrm{Eh}^0 - \frac{RT}{nF}\ln Q = \mathrm{Eh}^0 - \frac{0.0592}{n}\log Q \tag{6.15}$$

と書ける（ネルンストの式）．この式では，温度25℃で$\ln$を$\log$に変換し，R（気体定数）$= 8.32\ \mathrm{J\ K^{-1}\ mol^{-1}}$と$F$（ファラデー定数）$= 9.65 \times 10^4\ \mathrm{C\ mol^{-1}}$を考慮した．

6.3 土壌の機能と関連する化学反応

この式を用いて鉄のEh-pH図を描いてみる[17].ただし,最も酸化的および還元的な状態として,それぞれ$O_2=1$ atmおよび$H_2=1$ atmの環境を考えた場合,図6.8の上下の線が描かれ,この内側の範囲が地球表層で水が存在できるEh-pH環境である.このEh-pH図の地球表層でとり得る範囲の中で,鉄の安定な化学種の領域がどのように分布するかは,以下のように計算できる.Eh-pH図を描く場合,まず考慮する化学種を決める必要があり,ここでは磁鉄鉱Fe_3O_4,赤鉄鉱Fe_2O_3,溶存Fe^{2+},溶存Fe^{3+}を考慮し,溶存種の濃度は10^{-6} Mとする[注3].

まず赤鉄鉱と磁鉄鉱の境界を考えてみる.この酸化還元反応は,以下のように表され,該当するnとEh^0を式(6.15)に代入することで,赤鉄鉱と磁鉄鉱が共存した場合のEhとpHの関係が得られる.

$$Fe_2O_3 + 2H^+ + 2e^- \rightleftarrows 2Fe_3O_4 + H_2O \quad (Eh^0=0.20 \text{ V}) \quad (6.16)$$
$$Eh=0.20-0.0592\log(1/[H^+]^2)/2=0.20-0.0592\text{ pH} \quad (6.17)$$

この式(6.17)は,その式が表す直線より上側の酸化的な環境では赤鉄鉱が安定で,下側では磁鉄鉱が安定であることを意味する(図6.8).ただし,実環境においては準安定な鉱物(フェリハイドライトなど)が存在する場合も多く,Eh-pH条件がこの領域にあっても,沈殿した鉄が速やかに赤鉄鉱を生成することはむしろまれである.またこの結果から,磁鉄鉱は還元的でpHがより高い環境でできやすいこともわかる.

次に溶存種であるFe^{2+}の寄与を考える.溶存Fe^{2+}と磁鉄鉱の以下の酸化還元反応から,2つの化学種の境界となるEh-pHの関係が得られる(溶存種の濃度$[Fe^{2+}]$は10^{-6} Mと仮定).

$$Fe_3O_4 + 8H^+ + 2e^- \rightleftarrows 3Fe^{2+} + 4H_2O \quad (Eh^0=0.88 \text{ V}) \quad (6.18)$$
$$Eh=0.888-0.0592\log([Fe^{2+}]^3/[H^+]^8)/2=1.41-0.237\text{ pH} \quad (6.19)$$

この直線は磁鉄鉱との境界なので,図6.8や式(6.15)からわかるとおり,赤鉄鉱との関係で磁鉄鉱が存在できないpH=6.82以下では意味がなく,それより

注3　Eh-pH図では,想定する相が計算に含まれている必要がある.本節の例では鉄の炭酸塩($FeCO_3$),硫化物(FeS,FeS_2など)を考慮していないが,これらが存在する環境を想定する場合,その化学反応を考慮したEh-pH図を描く必要がある.

低いpHでは，溶存Fe^{2+}と赤鉄鉱の関係から以下のEh–pHの関係が得られる．

$$Fe_2O_3 + 6H^+ + 2e^- \rightleftarrows 2Fe^{2+} + 3H_2O \quad (Eh^0 = 0.65\ V) \quad (6.20)$$

$$Eh = 0.65 - 0.0592 \log([Fe^{2+}]^2/[H^+]^6)/2 = 1.01 - 0.177\ pH \quad (6.21)$$

さらに溶存Fe^{2+}と溶存Fe^{3+}の酸化還元反応（境界では$[Fe^{2+}]=[Fe^{3+}]$）から，

$$Fe^{3+} + e^- \rightleftarrows Fe^{2+} \quad (Eh^0 = 0.77\ V) \quad (6.22)$$

$$Eh = 0.77 - 0.0592 \log([Fe^{2+}]/[Fe^{3+}]) = 0.77 \quad (6.23)$$

が得られる．また溶存Fe^{3+}と赤鉄鉱の境界を示す溶解度積K_{sp}から

$$K_{sp} = [Fe^{3+}]^2/[H^+]^6 = 10^{-3.91}\ M^{-4} \quad (6.24)$$

となり，溶存種の総濃度は10^{-6}と仮定しているので，pH=1.35が得られる．

これまで得られた5つの関係（式(6.17)，(6.19)，(6.21)，(6.23)，(6.24)）から，鉄のEh–pH図が得られる（図6.8）．この中では赤鉄鉱の領域が広く，鉄はFe(III)になって沈殿しやすいことがわかる．pH=6の環境で赤鉄鉱を生成せず，鉄がFe^{2+}として溶解するには，Eh＝−0.1(V)（酸素分圧でEhが決まっている場合，酸素分圧$10^{-65.9}$ atmに相当）以下の強還元的環境であることが必要である．図6.8に示したとおり，これは，水田土壌のような有機物を含んだ湛水状態の土壌には広くみられる環境である．

ここで改めて，6.3.1項で述べた鉄酸化菌が環境中での酸化鉄の生成におよぼす影響について考えてみよう．このようなFe(II)を酸化する微生物の役割は，化学反応の活性化エネルギーを低下させ反応速度を大きくする点にあり，化学反応の自由エネルギー変化そのものを小さくさせるわけではない．言い換えれば，微生物は，その環境において自由エネルギーの観点からより不安定な物質を作り出すことはできない．つまり鉄酸化菌は，図6.8の△の環境で酸化鉄を作り出すことはできない．しかし，□の環境で，その環境において不安定なFe^{2+}が存在した場合，微生物はそれをFe(III)に酸化することができる．この微生物酸化による水酸化鉄の生成反応速度は，無機的な速度よりも10^6倍も速いことが示されている[12]．こうして生成した水酸化鉄は，さまざまなイオンや有機物などを表面に吸着して，土壌中での物質循環に大きくかかわるが（次項参照），その生成には微生物が大きく関与している．

表6.4 土壌中にみられるさまざまな吸着媒とその比表面積および等電点のpH（pH$_{PZC}$）

鉱　　　物	比表面積（m^2 g^{-1}）	pH$_{PZC}$[21]
Fe(OH)$_3$·nH$_2$O 　（フェリハイドライト，ferrihydrite）	600[18]	8.5
α-FeOOH 　（針鉄鉱，goethite）	20[19]	7.8
MnO$_2$	290[19]	2.8
SiO$_2$ 　（石英，quartz）	0.14[18]	2.0
α-Al(OH)$_3$ 　（ギブサイト，gibbsite）	120[18]	5.0
カオリナイト（kaolinite）	12[18]	4.6
イライト（illite）	65-100[18]	—
モンモリロナイト（montmorillonaite，Na型）	600[20]	2.5

6.3.3　固相への吸着

6.2.4項で述べたとおり，溶液中の溶質の濃度は溶解度により制限される．しかし，実際の環境でみられる溶質濃度は，溶解度で規定される濃度より低い場合が多い．このような場合，溶質の濃度は固相表面への吸着反応により規定されている．吸着反応は，固相と液相の間の界面における溶質の濃度が，固相のバルク中の濃度よりも高い現象を指す．

　土壌中では，鉄やアルミニウムの水酸化物などの金属水酸化物・酸化物，粘土鉱物などの層状ケイ酸塩などが，溶液中のイオンを吸着し固定化できる．このような性質をもつ土壌中の固相を**表6.4**にまとめた．これらはいずれも粒径が小さいか層状の構造をもち，非常に大きな比表面積（単位質量あたりの表面積）をもつことが特徴である．例えば水酸化鉄はナノ粒子であり，1 gで600 m^{2}という大きな比表面積をもつため，たくさんのイオンを吸着できる．

A. 等温吸着線

　では，どの程度の数のイオンが固相表面に吸着されるのだろうか[17,18]．固相表面にはイオンを吸着するサイトがあるが，この数は有限なので吸着量には上限がある．全吸着サイトのうちイオンM（電荷省略）で占められている割合（被覆率）をθとする．Mの吸着速度R_{ads}は，溶液中の濃度[M]$_{dis}$と空いている吸着サイトの割合（1−θ）に比例すると考えられるので，

$$R_{ads}=k_{ads}(1-\theta)[\mathrm{M}]_{dis} \tag{6.25}$$

と書ける（k_{ads}：吸着速度定数）．一方，Mの吸着媒からの脱着速度R_{des}は，Mが吸着しているサイトの割合θに比例するが，$[\mathrm{M}]_{dis}$とは無関係であり

$$R_{des}=k_{des}\theta \tag{6.26}$$

と書ける（k_{des}：脱着速度定数）．この反応が平衡に達したとき，吸着速度と脱着速度はつりあい（$R_{ads}=R_{des}$），速度定数の比k_{ads}/k_{des}を吸着の平衡定数K_{ads}とすると，式(6.25)，(6.26)より，

$$\theta=\frac{K_{ads}[\mathrm{M}]_{dis}}{(1+K_{ads}[\mathrm{M}]_{dis})}=1-\frac{1}{(1+K_{ads}[\mathrm{M}]_{dis})} \tag{6.27}$$

となる．これは，$[\mathrm{M}]_{dis}$の増加とともに$\theta=1$（飽和吸着）に漸近する曲線となり，Langmuir型吸着等温線と呼ばれ，1種類の吸着サイトによる吸着反応を示している．ほかに，多種のサイトが存在する場合のFreundlich型吸着等温線などがある．

B. 表面錯体モデル

固相にどのようなイオンが吸着するかは，固相がもつ表面電荷に影響される．固相表面Rの表面電荷は，次のように溶液中のH^+とのやりとりで変化する．

$$\mathrm{R-OH} \rightleftarrows \mathrm{R-O}^- + \mathrm{H}^+ \tag{6.28}$$

$$\mathrm{R-OH} + \mathrm{H}^+ \rightleftarrows \mathrm{R-OH}_2^+ \tag{6.29}$$

そのため，表面電荷はpHの増加とともに正から負に変化する（**図6.9**）．全体の電荷が中性（point of zero charge：PZC）になるpH（pH_{PZC}）は物質に固有であり（表6.4）[21]，負電荷が卓越していると陽イオンに親和性が高く，正電荷を帯びていると陰イオンに親和性がある．

例えばpHが5以上の土壌を考えると，粘土鉱物（表6.4のカオリナイトやモンモリロナイト）のpH_{PZC}は4.6以下で負電荷をもつことが多いので，陽イオンに対する吸着性が高い．一方，水酸化鉄は比較的高いpHまで正電荷を保持しており（図6.9），土壌中の陰イオンの吸着媒として重要である．例えば，粘土鉱物はセシウムイオンの吸着媒として重要であり，水酸化鉄はヒ素（オキソ酸陰イオンとして溶存）を吸着する物質として重要である．そのため，図6.8に

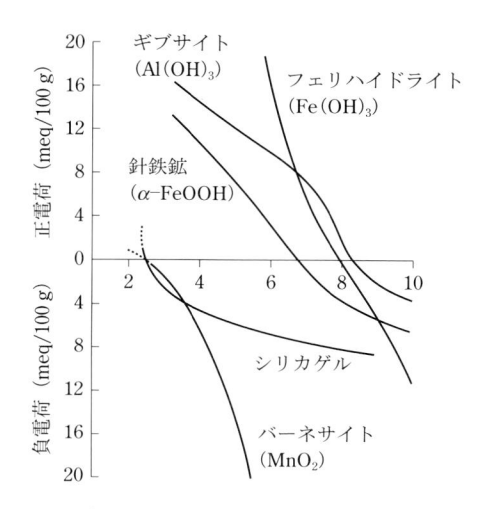

図6.9 さまざまな鉱物の水溶液中での表面電荷のpH依存性
(Langmuir, 1997[12])をもとに作成)

示したEh変化を示す水田土壌では，湛水期に水酸化鉄が溶解するのに伴い，ヒ素も土壌水中に溶出する[16]．地下水のヒ素汚染の問題を抱えるバングラデシュでは，水田が主要な土地利用形態のひとつであり，地下水を灌漑に利用するため，水田土壌中でのヒ素の挙動について精力的な研究がおこなわれている[16,22]．

土壌中の固相表面に吸着したイオンは，水溶液中の錯体の生成と同様に，固相表面に対する錯体（表面錯体）として一般的に次のように記述される．

$$R-OH + M^{z+} \rightleftarrows R-OM^{(z-1)+} + H^+ \qquad (6.30)$$
$$R-OH + L^- \rightleftarrows R-L + OH^- \qquad (6.31)$$

ここでM^{z+}は陽イオンを表し，L^-は陰イオンを表す．ただし，この反応式ではいずれも固相表面と直接結合をもつように書かれているが，実際にはイオンが水和されたまま表面に静電的に引き寄せられているだけの場合もある．このような土壌中の固相表面への吸着化学種の実像は，近年の分光学的手法の発達により明確になってきている[23]．

その結果，固相表面の官能基と直接結合をもつ化学種（内圏錯体）と，結合はもたずに表面電荷に引き寄せられている化学種（外圏錯体）があることがわ

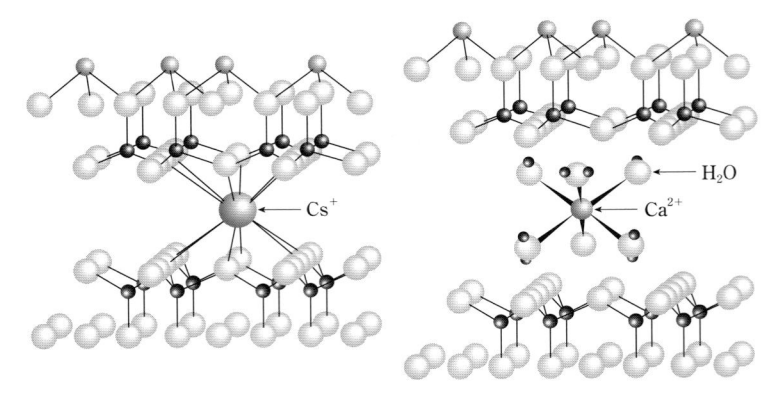

図6.10 2:1型粘土鉱物の層間に吸着したセシウムイオンおよびカルシウムイオンの構造．それぞれ，内圏錯体と外圏錯体を生成
(Stumm, 1992[21])およびFan *et al.*, 2014[24]をもとに作成)

かっている．例えば粘土鉱物に対するアルカリ金属イオンやアルカリ土類金属イオンをX線吸収微細構造（XAFS）法（コラム参照）などで調べると，粘土鉱物（バーミキュライト）の層間に吸着されたカルシウムイオンとセシウムイオンでは大きな違いがあることがわかる（**図6.10**）．カルシウムイオンは，水溶液中と同様に水和イオンで囲まれたまま外圏錯体として粘土鉱物に吸着するが，セシウムイオンは水和水を放して固相表面と直接結合をもつ内圏錯体を生成する．これらの構造の違いは，吸着種の安定性や吸着イオンの水溶解性とも密接に関係しており，直接結合をもつ内圏錯体のほうが外圏錯体よりも安定な吸着種をつくり，水に溶けにくくなる．

このような表面錯体の生成量の熱力学的解釈には，固相表面がもつ電場を評価する必要があるため，溶液中の錯体生成反応に比べて取り扱いが複雑である．これらは一般的に表面錯体モデルとよばれ，多くのモデルが提案されている[14,21,25]．より精密なモデルの構築には，分光学的な手法で得られた構造情報が重要な役割を果たしている．また多くの環境ホルモン物質を含む電荷をもたない有機化合物の場合でも吸着反応は重要であるが，この場合の吸着媒としては，土壌中の不溶性有機化合物（ヒューミンなど）が重要である．

コラム　X線吸収微細構造（XAFS）法

　土壌中の元素の挙動（例えば，その元素が溶けて移動しやすいか，それとも溶けにくく固定されているか）を知るには，その元素の土壌中での化学状態を知ることが先決である．このようなときに，光を使った分析法（分光法）が役に立つ．中でも，X線が試料に吸収される割合をエネルギーに対してプロットしたスペクトルはX線吸収微細構造（X-ray absorption fine structure：XAFS）と呼ばれ，その形状から試料中の対象元素の化学状態（価数や局所構造）を推定できる[17,23]．この方法は，元素の化学状態を感度よく測定でき，特に天然試料のように他の元素が共存する試料でも目的元素の情報が選択的に得られる，などの多くの長所がある．そのため，土壌中の元素の化学状態を知る手法として，きわめて広範に利用されている．ほとんどの場合，分析には放射光施設（国内ではSPring-8や高エネルギー加速器研究機構 Photon Factoryなど）を利用する必要があるが，その利用により高い感度（検出限界：$1-10\ \mathrm{mg\ kg^{-1}}$程度）が達成されている．

　図6.11には土壌中のヨウ素のXAFSスペクトルの例を示したが，標準試料と

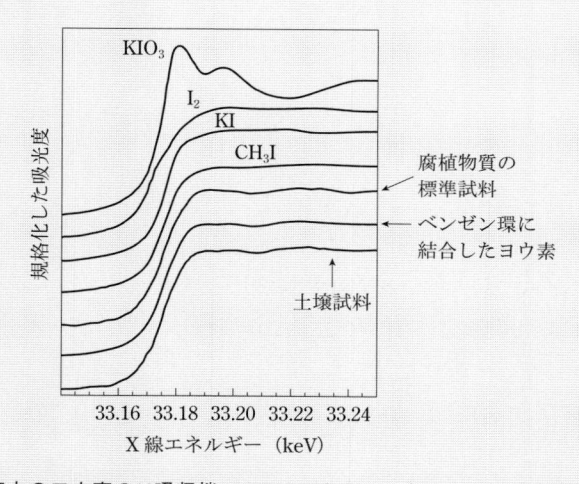

図6.11　土壌中のヨウ素のK吸収端XAFSスペクトル．なおここに示したのは，吸収ピーク近傍のスペクトルであり，よりエネルギーの高い振動構造（広域X線吸収微細構造EXAFS）は，目的とする元素の周囲5Å程度の局所構造の情報をもつが，ここでは省略している．
　(Reprinted (adapted) with permission from Shimamoto *et al*., 2011[25]. Copyright 2011 American Chemical Society)

比較することで，ヨウ素は土壌中の腐植物質に共有結合で結合した状態で存在することが推定された．また放射光から供給される X 線をマイクロビーム化して蛍光 X 線を測定することで，元素の局所的な分布を調べることもできる．上記の例では，ヨウ素と炭素の分布が相関していることもわかり，ヨウ素が有機態として存在することを支持する．この土壌にヨウ素が付加された際には，水溶性の高いヨウ化物イオン（I^-）として供給されたことがわかっているので，土壌中でヨウ素が腐植物質と結合をつくったことがわかる．こうした有機化が起きることで，ヨウ素はヨウ化物イオンよりはずっと溶けにくくなることがわかり，これは放射性ヨウ素の土壌中での挙動を考える場合にも重要な情報となる[27]．

第7章　化学物質と生態系

　本章では，生態系における化学物質の挙動について述べる．**生態系**とは，一般に「ある地域に生息するすべての生物群集と，それを取り巻く環境とを包括した全体．エコシステム」（大辞泉）と理解されている．すなわち，一定の範囲内に存在する生物とその周辺の非生物的環境をひとまとまり，あるいはひとつの系ととらえる考え方である．これに対して，**生物圏**（biosphere）という見方も覚えておこう．これは，生物と生息環境を含む地球上の領域（おもに地球表層部）であり，生態系の存在するすべての範囲のことを指す．

　生態系は，生態学的に相互作用する系であり，構成する生物は大きく**生産者・消費者・分解者**に分類できる．地球上の一般的な生態系では，生産者である植物が太陽光からエネルギーを得て無機態の炭素（炭酸ガス）・窒素（硝酸）・リン（リン酸）などを有機態に固定し，動物などの消費者はそのエネルギーを利用して生存している．また，それらの遺骸や残渣は分解者によって無機化され，その結果生じた元素は，生産者が太陽エネルギーを同化する材料となり再び利用される．このようにして，物質循環が成立している．この生産者・消費者・分解者の間の食う－食われるの関係は食物連鎖（食物網）と呼ばれ，生態系における化学物質の挙動を考えるうえで欠かせないプロセスとなっている．

7.1　物質循環と生物

　第2～5章では，おもに物理化学的プロセスによって引き起こされる水や大気の循環に伴う地球上の物質循環について解説した．生物圏では，これらの非生物学的なプロセスに加えて，光合成や食物連鎖，遺骸・残渣の分解といった生物学的プロセスによって，エネルギーや化学物質の循環が形成されている．この点で生物は地球上の物質循環において重要な役割を果たしている．**図7.1**に，生物圏における物質循環の概念を示す．

　生命が地球上に誕生したのは，およそ40億年前と考えられており（何をもっ

第7章 化学物質と生態系

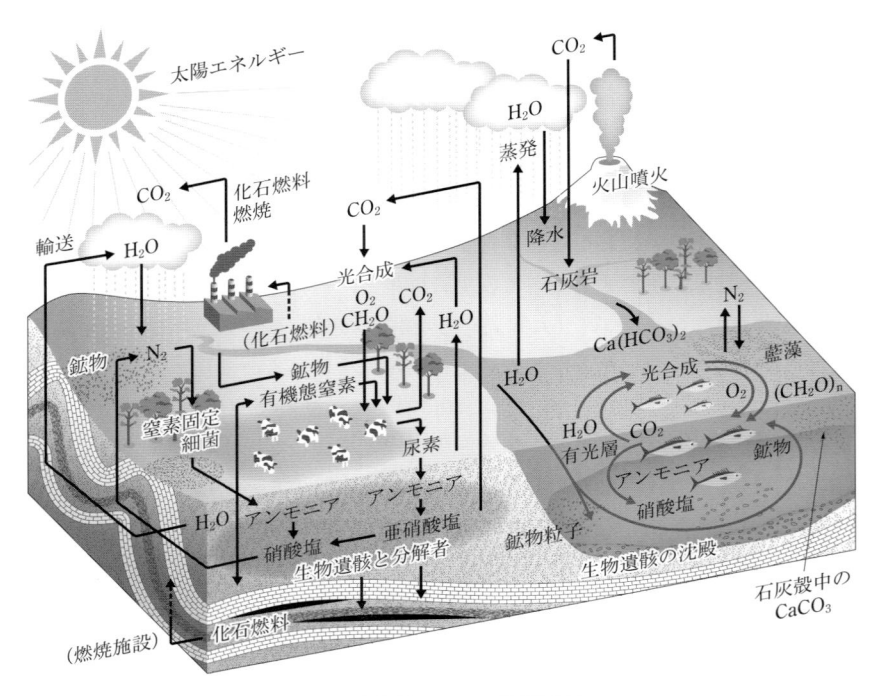

図7.1 生物圏における物質循環
（Hutchinson, 1970[1]を改変）

て生命誕生とするかで議論が分かれるが），その後の環境変化や進化を経て現在の生物圏が形成された．地球の全質量に比べて，生物圏を構成する生物体の質量は無視できるほど小さいが，生物体を構成する元素の循環は速く，化学的活性も高いといえる．この生物圏における物質の循環は，原則的には太陽エネルギーによって駆動される．大気中の二酸化炭素から有機物が合成され，その有機物の合成過程で生じた酸素をエネルギーとして利用するサイクルが形成されている．

この循環は長期に渡って定常状態にあったと考えられているが，産業革命以降の人間活動の顕著な増大によってバランスが崩れ，地球規模の環境問題を引き起こしている．その最も顕著な例が第3章で述べた地球温暖化であり，人間活動によって排出される二酸化炭素などの温室効果ガスが主要因となっている．

7.2 食物連鎖と栄養段階

　生態系や食物連鎖に関する詳細については，生態学分野の教科書などに委ねるとして，ここでは，化学物質が食物連鎖を介してどのように挙動するかという点に着目して解説する．上述のとおり，生態系を構成する生物は生産者・消費者・分解者に分類される．例えば海洋では，生産者である植物プランクトンが固定したエネルギーを動物プランクトンなどの一次消費者が利用し，それをアミ（小型の甲殻類）や小型魚類などの二次消費者が利用する．これらの生物は，さらに高次の消費者である大型の魚類や海棲哺乳類，海鳥などの捕食者に利用される．生産者や消費者の遺骸や排泄物などの残渣は微生物，二枚貝，ホヤ，ナマコといった分解者によって無機化される．ここで，植物などの生産者は無機物から太陽エネルギーを利用して同化するため独立栄養生物と呼ばれ，一方で消費者・分解者は生産者が固定したエネルギーを利用しなければ生存できないため従属栄養生物と呼ばれている．

　また，こうした食う－食われるの関係を，かつては**食物連鎖**（food chain）と呼称していたが，この関係は必ずしも一方向あるいは1対1ではなく複雑に絡み合っていることから，現在では**食物網**（food web）と呼ぶことが多い（本稿では栄養段階を単純化して評価するため，「食物連鎖」という言葉を使用する）．植物などを起点とした生産者－消費者の関係は，おもに生きている生物を利用することから**生食連鎖**と呼ばれる．それに対して，生産者・消費者の遺骸・残渣を起点として分解者がエネルギーを得る関係を**腐食連鎖**という．

　それでは，これらの食う－食われるの関係を通じて，化学物質はどのように挙動するのであろうか．

7.2.1　栄養段階と食物連鎖長

　食う－食われるの関係を介した化学物質の挙動を理解するには，食物連鎖の長さを把握する必要がある．食物連鎖の長さとは，生態系において食う－食われるの関係が何段階生じているか，もしくはその食物網における栄養段階の数を意味している．食物連鎖の長さは，それぞれの生物が生息する環境に左右され，一般に，陸上生態系に比べ海洋生態系のほうが食物連鎖は長いと考えられている．ただし，海洋生態系においても沿岸域と外洋域，湧昇流と沈降流，低

緯度地域と高緯度地域など，それぞれの生態系を構成する生物相の多様性やバイオマスの違いによって，食物連鎖の長さも変動・多様化する．

7.2.2 栄養段階を評価するツールとしての安定同位体

近年の安定同位体比質量分析計などの計測技術の発展および機器の普及に伴って，生態系を構成する生物の栄養段階を，炭素および窒素の安定同位体比を用いて評価する手法が一般化してきた．ここでは，その手法の原理から応用例までを紹介する．

A. なぜ炭素と窒素の安定同位体比が用いられるのか

同位体（isotope）とは，核内の陽子の数が等しく中性子の数が異なる原子のことを指す．同位体は，自発的に放射壊変してα線，β線，γ線を放出し（あるいは電子を捕獲し）安定元素へと変化する放射性同位体と，放射壊変を起こさない（あるいは測定できないほど長い半減期をもつ）安定同位体に分類される．一般に，軽い同位体をもつ分子は，重い同位体をもつ分子に比べて化学反応性が高く，その影響は軽い分子ほど大きい．生物による同化，代謝，分解などの過程で，この反応性の違いによって同位体分別が発生し，反応過程が多い（食物連鎖が長い）ほど同位体比の差は顕著になる．

生物体は，おもに炭水化物，タンパク質，脂質，核酸などで形成されているが，それらの主要構成元素である炭素（C）と窒素（N）にも安定同位体が存在する．植物相や生息域の違い，食物連鎖などによって，安定同位体の存在割合は変化することが知られている．栄養段階を評価する際には，炭素については^{12}Cと^{13}Cの比，窒素については^{14}Nと^{15}Nの比が用いられる．

B. 安定同位体比δの定義

では，なぜ比を用いて評価するか考えてみる．天然に存在する炭素のうち，98.9％を^{12}Cが占め，^{13}Cは1.1％にすぎない．窒素の場合は^{14}Nが99.6％を占めるのに対して，^{15}Nはわずか0.4％である．このわずかに存在する同位体の存在割合の変化はきわめて小さい値の変動となるため，比として表現したほうがわかりやすい．そのため，通常は次式にもとづいて同位体比の千分率偏差（パーミル：‰）で示される[2]．

$$\delta \mathrm{X}(‰) = \left(\frac{R_{\mathrm{Sample}}}{R_{\mathrm{Standard}}} - 1 \right) \times 1000 \tag{7.1}$$

ここで，δX はある元素 X の安定同位体比を，R_{Sample} は試料中の元素 X の同位体比，R_{Standard} は標準物質中の元素 X の同位体比を示している．標準物質とは，国際機関によって同位体比が値づけされた試料であり，炭素については Pee Dee Belemnite (PDB) という米国サウスカロライナ州で発掘された箭石化石を一次標準とした二次標準物質を用いることが多く，窒素については大気中の窒素ガス (N_2) を用いる．つまり，ある環境・生体試料の δ 値は，これらの標準物質と比べた変化率を示しており，δ 値の増加は重い同位体を含む化合物の割合の上昇を示す．また，上述のようにごく微量に含まれる安定同位体を分離して測定する必要があることから，^{12}C と ^{13}C の比および ^{14}N と ^{15}N の比の測定には，近年では元素分析計と質量分析計を連結した，安定同位体比精密測定用質量分析計（GC-IRMS）などの精密分析機器を用いることが多い．

C. 安定同位体比の変動例

炭素安定同位体比（δ^{13}C）の変動例として，海洋生態系における食物連鎖を考えてみよう．表層海水中の溶存 CO_2 の δ^{13}C は 0‰前後であり，これが植物プランクトンによって利用されて固定される際に同位体比の変化（同位体分別）が起こり，植物プランクトン中の δ^{13}C は $-19 \sim -22$‰程度に低下することが知られている．ただしこれは，外洋や湧昇域など，陸域由来の有機物の影響が小さい場所で起きる現象であり，沿岸域では化石燃料の燃焼に由来する炭素（-27‰程度）や，陸域の植生（C_3 植物は -28‰程度であるのに対して，C_4 植物は -13‰程度）の影響を受けて変動する[2]．このように，生体中の δ^{13}C 値は，その生物がエネルギーとして利用する炭素源によって変動するため，生息域の推定などに用いられる．

一方，δ^{15}N 値は大気中では 0‰前後とほぼ一定で（δ^{15}N 測定時に大気中の N_2 を基準とするため当然のことではあるが），生態系の各構成要素における δ^{15}N 値の変動幅は，炭素と比べて小さいことが知られている．例えば，陸域の植物の δ^{15}N は $-8 \sim +3$‰程度，海水中の溶存窒素は $+1$‰，植物プランクトンは $-2 \sim +11$‰を示す．δ^{15}N 値の変動幅が小さいのは，植物の成長や微生物による無機化において窒素が制限因子となることが多いためであり，そのような環境下では利用可能な窒素がすべて生物に利用されるために，同位体分別が起きにくい．

このように，生態系の各構成要素間で同位体比に差が認められることから，

そこに生息する生物体内の同位体比は，その生物の生息環境とエネルギー源（エサ）を反映する．この同位体比は，生物活動，すなわち消化，吸収，代謝，排泄，呼吸を経るに従って，分子の反応性の違いによって同位体分別を受け，変動する．炭素・窒素ともに消化・吸収や呼吸の過程で同位体分別が起きるが，窒素は炭素に比べて食物連鎖を介したδ値の変化が大きいことが知られている．これは，アミノ酸代謝時に^{14}Nが優先的に尿中に排泄され，^{15}Nの割合が上昇するためである．海洋の魚類生態系では，栄養段階が1段階上昇すると，炭素安定同位体比δ^{13}Cは0〜1‰程度，窒素安定同位体比δ^{15}Nは3〜5‰程度，それぞれ上昇する[2-4]．ちなみに，ここでは触れないが，硫黄（S）の同位体比は栄養段階の影響を受けずほぼ一定であることが知られており[2,5]，エネルギー源（エサ）推定の指標として用いられる．

D. 栄養段階の指標としての炭素・窒素の安定同位体比

栄養段階の変化による影響を最も大きく受けること（栄養段階が1段階上昇するごとに3〜5‰上昇）から，栄養段階の指標としてδ^{15}Nが頻繁に用いられる．海洋食物網における炭素・窒素の安定同位体比の変化の概念を図7.2に示す．

ある生物の栄養段階を算出する際には，植物プランクトンを基準生物として

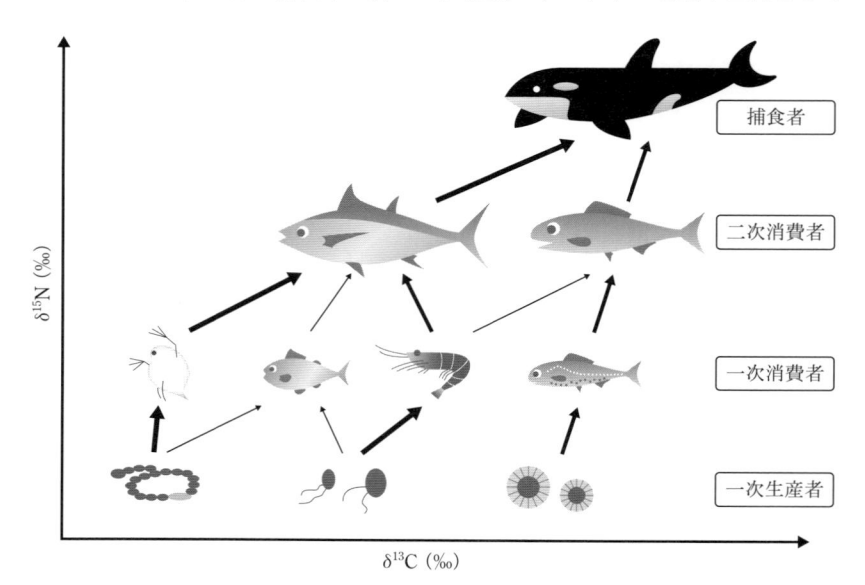

図7.2 栄養段階と炭素・窒素安定同位体比の変化の概念

用い，その栄養段階（trophic level : TL）を 1 とする．ただし，植物プランクトンを現場で採集し同位体比を測定することは技術的に困難な（あるいは手間と時間がかかる）ため，多くの研究ではカイアシ類やオキアミ類などの植物プランクトンを食べる動物プランクトンを一次消費者と考え，それらの栄養段階を 2 として，これを基準に魚類のTLを算出する．各栄養段階のδ^{15}N値の差が3.4であると仮定した場合[4,6]，その食物網に属する栄養段階は次式を用いて算出することができる[7]．

$$\mathrm{TL}_{\mathrm{Consumer}} = 2 + \frac{\delta^{15}\mathrm{N}_{\mathrm{Consumer}} - \delta^{15}\mathrm{N}_{\mathrm{Zooplankton}}}{3.4} \tag{7.2}$$

ここで，$\mathrm{TL}_{\mathrm{Consumer}}$と$\delta^{15}\mathrm{N}_{\mathrm{Consumer}}$は，それぞれ対象とする生物（捕食者）の栄養段階と窒素安定同位体比を，$\delta^{15}\mathrm{N}_{\mathrm{Zooplankton}}$は動物プランクトンの窒素安定同位体比を示す．つまり，調査対象とした生態系の一次消費者である動物プランクトンの栄養段階2を基準として，窒素安定同位体比の変化を用いて，その食物連鎖に属するほかの消費者（捕食者）の栄養段階を評価する，という考え方である．この方法では，動物プランクトン間に食う－食われるの関係がある場合，全体の栄養段階の数を少なく見積もる危険性がある．なぜなら，通常は動物プランクトンを種別に採取・分析せずまとめて同位体比を測定するため，動物プランクトンの種構成が多様な場合に栄養段階を過小評価する可能性があるからだ．それに加えて，そのような海域はしばしば一次生産が多く，それをエサとする動物プランクトンのバイオマスも膨大になる．それに伴い，本来は高次捕食者の大型魚類などが栄養段階低次の生物をエサとするためにδ^{15}Nの変化が小さくなり，結果として全体の栄養段階を少なく見積もってしまう．しかし，海洋調査やその後の生物種の同定，化学分析の労力や費用との兼ね合いから，式(7.2)のような単純化されたモデルは現実的で有用なアプローチとして多用されている[7-10]．

7.3 化学物質の生物濃縮

生物の体内で，特定の化学物質が周辺の生息環境や餌生物の濃度に比べて高濃度に蓄積・残留することを**生物濃縮**という．現在では，さまざまな元素や有機化合物について生物濃縮することが指摘されており，生物濃縮性は化学物質

のリスクを考えるうえで重要なパラメータのひとつとして用いられる．

7.3.1　生物濃縮の種類

　日本語の「生物濃縮」は，化学物質の生体への移行と濃度の増大を表す用語であるが，専門的には濃縮様式によって分類し議論されることが多い（**図7.3**）．まず，生息環境から呼吸などを介して曝露され生体に蓄積・濃縮する現象を，英語では**bioconcentration**と表現する．最もわかりやすい例として，魚類がエラなどから水中の化学物質を吸収・蓄積するケースがあげられる．室内実験においては，水槽で飼育された魚類に対し，化学物質を飼育水に混合して曝露し，平衡状態に達した際の飼育水と生体濃度を比較することで濃縮性を評価する場合などが該当する．この現象のことを日本語で生物濃縮というが，下記のケースと混同されることも多いので注意を要する．

　次に，エサの摂餌・摂食により腸管などからの吸収を介して化学物質を蓄積・濃縮するケースは，**biomagnification**と表現される．これは，エサや飲料水などに含まれる化学物質濃度と生体中濃度を比較することで評価される．このケースは，栄養段階の上昇とともに蓄積レベルが増大するかどうか，つまり食物連鎖による増幅が起きるかどうかを示す．

　また，生態調査などでエサ生物と捕食者の体内濃度を比較することで生物濃縮性を評価することもある．こうしたケースは，エサ生物と捕食者のいずれも

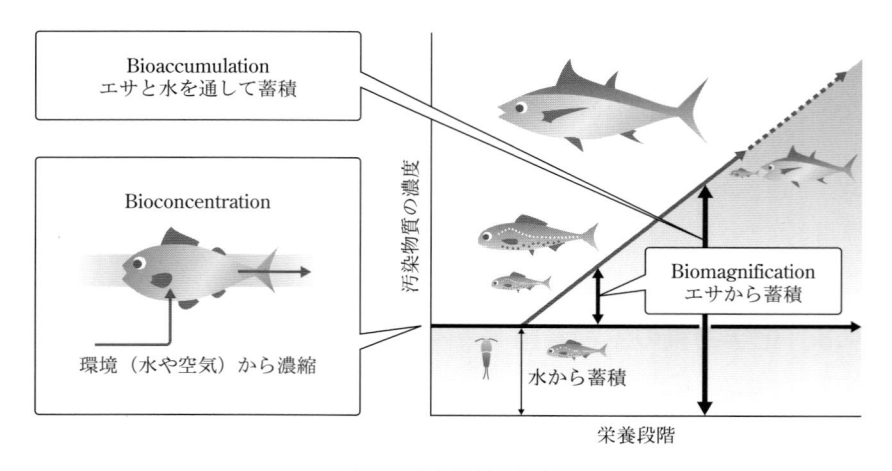

図7.3　生物濃縮の概念

生息環境とエサの両方から化学物質を曝露・蓄積しているため，**bioaccumulation** と表現し区別している．日本語ではこの現象を生物蓄積と呼んでいるが，上述のとおり混同して用いられることもあるため，誤解を避けるため英単語を使用して区別することが多い．

これら 3 種の生物濃縮パターンは，相互依存的関係にあるが，化学物質の物理化学性や生物の代謝排泄能力によって異なる傾向を示すことがある．したがって，生物濃縮を議論する際には，どの生物濃縮パターンを扱ったのか表記する必要がある．さらに，生物蓄積を示す化学物質でも，生物利用能（吸収効率など）や代謝の難易によって，栄養段階を通じて高次生物に濃縮しない化学物質も存在する．そのため，近年では食物連鎖を介した生物濃縮の指標として，**栄養段階の上昇に伴う濃縮**（tropho-dynamic magnification）という概念で，生態系における化学物質の生物濃縮性を評価する研究も報告されている．このように，英語ではどの生物濃縮パターンを示しているかそれぞれ区別されるが，残念ながら日本語にはそれぞれに対応する（広く認知された）専門用語は存在せず，しばしば混同して用いられる．

7.3.2 化学物質の濃縮性を評価する指標

化学物質の生物濃縮性を評価するための指標として，周辺環境や餌生物と生体中の化学物質の濃度比，すなわち**生物濃縮係数**を用いることがある．この係数についても，上述の生物濃縮パターンによって，bioconcentration factor（BCF），biomagnification factor（BMF），bioaccumulation factor（BAF）に分類される．これらの係数は，単純に生息環境やエサ生物と対象生物の体内濃度の比で表示され，化学物質が生物体内にどの程度残留・蓄積するかを理解する直接的指標として多用される．ただし，食物連鎖を介した濃縮性を議論する場合には tropho-dynamic magnification factor（TMF）を用いる場合もあり，これは化学物質濃度と栄養段階の回帰式の傾きの大きさで評価する．

しかしながら，この係数を得るには，室内実験や生態調査を通じて化学物質濃度を測定して評価しなければならず，世の中に無数に存在するすべての化学物質を評価するのは，時間・労力・コストの面で現実的ではない．一方で，化学物質の生物濃縮性は，その化学物質の物理化学性に大きく依存するため，化学物質の物理化学性の指標を生物濃縮性の指標として用いることが多い．次項

では，この物理化学性の指標について解説する．

7.3.3　化学物質の生物濃縮とオクタノール–水分配係数（K_{OW}）

　生態系，特に水圏生態系における化学物質の生物濃縮（bioconcentration）を考える場合，水と生物体内の化学物質の分布は，擬似的に水相と生体組織などの有機相との間の分配ととらえることができる．環境化学の学問分野では，水相に対するn-オクタノール（以下オクタノール）相における濃度の比（分配）を求めることで，化学物質の生物濃縮性を評価してきた．この比のことを，化学物質のオクタノール–水分配係数（K_{OW}）と呼び，次式で表現される．

$$K_{OW} = \frac{C_{Octanol}}{C_{Water}} \tag{7.3}$$

ここで，C_{Water}，$C_{Octanol}$はそれぞれ水相，オクタノール相中の化学物質濃度を示す．K_{OW}は，分液ロートなどを用いて水相とオクタノール相の化学物質濃度を測定する方法のほか，いくつかの実験的手法で求められる．また，現在では化学構造からモデル計算によって求める方法もあり，環境化学物質の物理化学性や濃縮性・リスクなどを評価するための重要なパラメータのひとつとして用いられる．この係数は，水相と有機相の濃度比であることから，化学物質の水または油への移動性（親和性）を表している．つまり，K_{OW}値の高い化学物質は疎水性・親油性が高く，逆にK_{OW}値の低い化学物質は親水性が高い化学物質ということができる．

　一般に，疎水性の高い化学物質は生物蓄積性も高いことが多いため，K_{OW}値と生物濃縮係数の間には有意な正の相関が認められる．また，これまで環境汚染や生物濃縮が社会的・学術的問題となった有機化合物の多くは，疎水性・脂溶性の高い，つまりK_{OW}値の高い物質であり，それらのK_{OW}は10^3以上を示すことが知られている．したがって，K_{OW}の対数値（log K_{OW}）を用いて表記するのが一般的である．例えば，次節で紹介する残留性有機汚染物質（POPs）などは，log K_{OW}が5〜7の物質が多く，その生物濃縮性はきわめて高い．いくつかの環境汚染物質について，**表7.1**にK_{OW}を示す．

7.3.4　微量元素の濃縮

　特定の生物が，ある種の元素を周辺環境より高い濃度で体内に蓄積すること

表7.1 おもな環境汚染物質のオクタノール-水分配係数（log K_{OW}）（Schwarzenbach et al., 2005[11]）より抜粋）

化合物名	構造式	分子量	log K_{OW}
アルカン			
メタン	CH_4	16.0	1.09
エタン	C_2H_6	30.1	1.81
プロパン	C_3H_8	44.1	2.36
n-ブタン	C_4H_{10}	58.1	2.89
n-ペンタン	C_5H_{12}	72.2	3.39
n-ヘキサン	C_6H_{14}	86.2	4.00
n-ヘプタン	C_7H_{16}	100.2	4.66
n-オクタン	C_8H_{18}	114.2	5.15
n-ノナン	C_9H_{20}	128.3	5.65
n-デカン	$C_{10}H_{22}$	142.3	6.25
PCBs (IUPAC#)			
CB-3	$C_{12}H_9Cl$	188.6	4.53
CB-15	$C_{12}H_8Cl_2$	223.1	5.33
CB-28	$C_{12}H_7Cl_3$	257.5	5.62
CB-47	$C_{12}H_6Cl_4$	292.0	6.29
CB-77	$C_{12}H_6Cl_4$	292.0	6.50
CB-101	$C_{12}H_5Cl_5$	326.4	6.36
CB-153	$C_{12}H_4Cl_6$	360.9	7.15
CB-180	$C_{12}H_3Cl_7$	395.4	7.36
有機塩素系・有機リン系農薬			
γ-HCH	$C_6H_6Cl_6$	290.8	3.78
p,p'-DDT	$C_{14}H_9Cl_5$	354.5	6.36
シマジン	$C_7H_{12}ClN_5$	201.7	2.18
アトラジン	$C_8H_{10}ClN_5$	215.7	2.65
アラクロール	$C_{14}H_{20}ClNO$	269.8	2.95
リン酸トリ-o-クレジル	$C_{21}H_{21}O_4P$	368.4	5.11
パラチオン	$C_{10}H_{14}NO_5PS$	291.3	3.81

は広く知られており、それらの元素は生物濃縮性を示すといえる。ただし、必須元素のように積極的に体内に取り込んで利用するものもあるため、生物濃縮の解釈は単純ではない。特に、ある生物の体内に濃縮した元素が別の生物種にとって有害な場合や、必須元素として濃縮される元素と似た性質をもつほかの元素が有害性を示す場合などは、注意が必要である。これは、生物種により生理機能や代謝機能が異なるためであり、このようなケースではその生物種の特異な生体機能を含めて解析しなければならない。例えば、海草類はヨウ素やヒ

素を，ホヤはバナジウムを濃縮するが，これらの元素を過剰摂取した場合，哺乳類に対して有害であることが知られている．また，我々の体内では血液中のヘモグロビンに含まれる鉄に酸素を結合させて輸送するが，エビ・カニ・イカ・タコなどは血中の酸素輸送にヘモシアニンを用いる．このヘモシアニンには銅が含まれているため，これらの生物は血中の銅濃度が高く，血液が青色を呈することが知られている．

　微量元素の生物濃縮とその影響について考える際に，カドミウムと水銀は忘れることのできない元素である．1968年に当時の厚生省により，カドミウムの慢性中毒による骨軟化症がイタイイタイ病の原因と断定され，これが政府によって認定された初の公害病となったことは周知のとおりである．カドミウムは，神通川上流の神岡鉱山からの排水に含まれ，流域ではこの水を農業用水や飲料水として利用していた．カドミウムは農作物に蓄積される性質があるため，米や野菜に高蓄積され，これを長期間摂取した流域住民，特に出産経験のある女性に慢性影響をおよぼしたと考えられている．人体に摂取されたカドミウムは，骨に沈着しやすい性質をもつことから，過剰摂取によって多発性近位尿細管機能異常症や骨軟化症を引き起こし，骨量が低下して簡単に骨折するようになるなどの症状が出た．

　一方で，水銀は水俣病を引き起こした物質として知られている．チッソ水俣工場のアセトアルデヒド製造工程で生じたメチル水銀が工場廃水に含まれており，水俣湾の食物連鎖を通じて魚類に高蓄積した．この魚介類を日常的に摂取していた地域住民に，四肢末端の感覚障害や運動失調，視野狭窄，聴力障害，平衡機能障害，言語障害，手足の震えなどの中枢神経疾患が生じた．人体に摂取されたメチル水銀は，速やかに腸管吸収され，血液を介して多様な体内組織に輸送される．メチル水銀は血液脳関門や胎盤を通過することも明らかになり，胎児期に胎盤を経由して曝露し，出生後に発達障害を発症する胎児性水俣病の問題も生じた．昭和電工の排水によって阿賀野川流域住民に同様の被害が引き起こされた新潟水俣病も，メチル水銀が原因となった．

　このように，日本における四大公害病のうちじつに3つまでが微量元素の生物濃縮を原因としている．これらの原因やメカニズム究明を目的とした研究が，図らずも今日の環境化学という学問分野の発展へとつながったということもできる．

7.3.5　有機化合物の濃縮

有機化合物の生物濃縮性は，前述したK_{OW}で議論されることが多く，特に生分解性の低い中性の化合物に関しては，K_{OW}は有効な指標である．代表的なPOPsであるPCBsは，log K_{OW}が4〜8程度を示す同族異性体（コンジェナー）の混合物であり，生物濃縮性を示すことが知られている．例えば，海水中のPCBs濃度は数ng L^{-1}以下であるのに対し，外洋に生息する魚食性のイルカの体内には数百〜数千ng g^{-1}の濃度で蓄積しており，重量ベースで比較した場合，その生物濃縮係数は10^5〜10^7に達する．POPsを中心とした有機汚染物質の生物濃縮に関する研究事例については，次節で詳しく紹介する．

7.4　化学物質の生物濃縮に関する研究事例

化学物質は，人類が日常生活を便利で快適に過ごすために必要不可欠なものである．米国化学会（American Chemical Society）の情報部門であるChemical Abstracts Service（CAS, http://www.cas.org）によると，産業革命以降，人類が合成した化学物質の数は，近い将来1億種類に達するといわれており，工業製品や日用品に使われている化学物質に限っても数万〜10万種類が流通している．それらの物質の中には，環境中に長く残留し，大気や水によって長距離輸送され，生物体に蓄積し，ヒトや野生生物に有害な影響をおよぼすものがある．このような性質をもつ化学物質を残留性有機汚染物質（Persistent Organic Pollutants : POPs）と呼び，20世紀後半以降大きな学術的・社会的関心を集めている．

第1章で解説したとおり，環境残留性の高い化学物質については「残留性有機汚染物質に関するストックホルム条約（POPs条約）」（http://www.unep.org/）によって，その製造・使用・輸出入の制限，非意図的生成の削減，廃棄物の適正管理などを国際的に推進している．条約締結時に登録された化学物質はPCBs（ポリ塩化ビフェニル）や1,1,1-トリクロロ-2,2-ビス（4-クロロフェニル）エタン（DDT）など12物質（群）であり，これらはいずれも構造中に塩素を有する有機塩素化合物である．POPs条約については定期的な見直しが定められており，2009年にリンデン，クロルデコン，ヘキサブロモビフェニル，ペンタおよびオクタPBDE（ポリ臭素化ジフェニルエーテル）製剤，パーフル

オロオクタンスルホン酸塩（PFOS），ペンタクロロベンゼン，短鎖塩素化パラフィン，エンドサルファンが，2013年にはヘキサブロモシクロドデカンがPOPsとしてリストに追加され，その生産・使用・廃棄が規制されている．

　人や生態系への蓄積や影響を懸念し，先進諸国を中心に多くの国々はPOPsを含む有機塩素化合物の生産・使用を中止したが，その環境汚染は今なお継続しており，解決すべき課題は依然として多い．また，近年では，プラスチック製品や繊維製品に添加された臭素系難燃剤による地球規模の環境汚染と生態系への影響が危惧されている．これらの物質の環境モニタリング調査が本格化したのは2000年以降であるため，汚染実態や毒性影響に関する情報は依然として不足している．今なお使用量が増大している臭素系難燃剤もあることから，汚染の実態解明やリスクを評価する研究が求められている．

7.4.1　海棲哺乳類における残留性有機塩素化合物の濃縮

　おもに陸域で使用された化学物質の一部は，河川や排水を経て，あるいは大気経由で海洋に到達する．海洋生態系の高次に位置する海棲哺乳類の体内には，多様な化学物質が蓄積しており，毒性影響が懸念されている．海棲哺乳類の体内汚染が顕在化しているのは，海洋が有害物質のたまり場となることに加えて，特有の生体機能を有することも関与している．以下，海棲哺乳類に特有の濃縮過程を紹介する．

A.　有害物質の貯蔵庫として働く脂肪組織

　第一の要因として，海棲哺乳類特有の体内組織構造があげられる．海洋で暮らす哺乳類は，体温を維持するために体内に厚い脂肪組織をもち，ここが有害物質の貯蔵庫としての役割を担っている．この脂肪組織は脂皮（blubber）と呼ばれ，アザラシの乳仔では体重の半分以上，イルカの場合は体重の2～3割が脂皮で占められる．PCBsなどの有機塩素化合物は脂溶性が高いため，体内に蓄積するPCBsなどのほとんどがここに残留している．これらの脂溶性化合物は，いったん脂肪組織に蓄積すると簡単には排泄されず，また，海棲哺乳類の多くは長寿命のため，エサなどから取り込んだ有機塩素化合物が長期間残留する．

B.　母から子への有害物質の移行

　第二の要因として，世代を越えた有害物質の移行があげられる．哺乳動物の

場合，有害物質が親から子に移行するルートは，胎盤と授乳経由が考えられる．一般に，胎児期の物質移行は胎盤によって制限されるため，有機塩素化合物の移行量は少なく，せいぜい母親体内の5%程度である．一方で，鯨類や鰭脚類（きゃくるい）の乳は脂肪含量が高いため，授乳によって母体に蓄積した多くの脂溶性化合物が乳仔に移行する．例えば，スジイルカでは，成熟メス体内に残留するPCBs総量のおよそ6割が授乳によって乳仔に移行する．また，バイカルアザラシの成熟メスは，体内のPCBsおよびDDTsの約2割を授乳により排泄する．その結果，海棲哺乳類の成熟個体では，POPsの蓄積濃度に顕著な雌雄差が生じる．つまり，オスは摂餌により体内に取り込んだPOPsを長期間蓄積するため，加齢とともに濃度上昇を示すのに対し，成熟メスは授乳により体内負荷量が減少するため，その体内濃度は成熟オスに比べ明らかに低い．

このような化学物質の母子間移行は，継世代的な汚染の一因となる．そのため，化学物質の生産・使用の規制によって環境中の汚染レベルが低下しても，海棲哺乳類体内の蓄積レベルは簡単に低減しない．また，乳仔の体重は母親の10分の1程度であり，授乳期間中に高濃度の汚染物質の曝露を受けることよる，毒性リスクの増大も懸念される．

C. 異物代謝の能力

第三の要因は，イルカやクジラの異物代謝能が弱いことがあげられる．すなわち，鯨類は肝臓で生成されるチトクロームP-450系の薬物代謝酵素機能が弱いため，POPsをほとんど分解できない．一般に，POPsを分解する薬物代謝酵素系は，フェノバルビタール（PB）型とメチルコラントレン（MC）型に大別されるが，イルカやクジラはPB型の酵素系がほとんど機能していないため，陸上の哺乳動物や鳥類に比べると格段に有害物質の分解能力が劣る[12]．アザラシなど沿岸性の鰭脚類ではPB型・MC型両方の酵素系が機能しているものの，陸上の高等動物に比べるとその分解能力は弱い．

陸上，沿岸，外洋の順で高等動物の有害物質分解能力が低下しているのは，進化の過程で陸上に比べ海洋の動物ほど，また沿岸に比べ外洋の動物ほど，生体異物にさらされる機会が少なかったためと推察される．したがって，海棲哺乳類，特にイルカやクジラの仲間は進化の過程で薬物代謝酵素の機能を発達させる必要がなかったとも考えられ，このことが多様な有害物質の蓄積をもたらしたと推察される．

第7章 化学物質と生態系

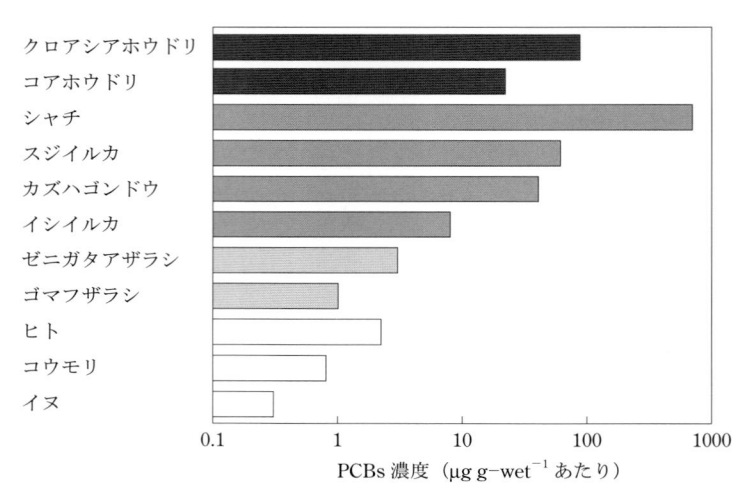

図7.4 日本および周辺海域に棲息する高等動物のPCBs濃度
(Tanabe *et al*., 1994[13])をもとに作成)

グラフ（横軸：PCBs濃度（μg g-wet^{-1} あたり），0.1～1000の対数目盛）
- クロアシアホウドリ
- コアホウドリ
- シャチ
- スジイルカ
- カズハゴンドウ
- イシイルカ
- ゼニガタアザラシ
- ゴマフアザラシ
- ヒト
- コウモリ
- イヌ

実際に，イルカやクジラはPOPsを驚くほどの高濃度で蓄積している．例えば，西部北太平洋のスジイルカは，海水中の1,000万倍もの高濃度でPCBsを蓄積している．一般に，化学物質の環境濃度は，陸上の汚染源から遠ざかるにつれて低減する．しかし，本来清浄なはずの外洋に生息するイルカやクジラは，陸上や沿岸の高等動物よりはるかに高い濃度でPCBsを蓄積している（**図7.4**）．

外洋性の動物が高濃度のPOPsを蓄積しているほかの事例として，アホウドリがある．北太平洋のクロアシアホウドリのPCBs濃度は，約100 μg g^{-1}（脂肪重量あたり）に達する検体もあり（図7.4），大型の魚類や海棲哺乳類に匹敵する．この種はDDTsの蓄積レベルも非常に高く，卵殻の薄化などの毒性影響が懸念される．本種がPCBsやDDTsを高蓄積する理由については明らかにされていない点も多い．ただし，ほかの魚食性の鳥類でも同様に高蓄積が報告されていることから，エサのほとんどが魚類で占められることや，外洋に生息しているために進化の過程で薬物代謝能を発達させる必要がなかったことなどが原因として考えられている．しかしながら，有害物質の蓄積や影響と生物種の進化の関係を明らかにした研究はないため，今後この分野の研究の進展が求められる．

7.4.2 臭素系難燃剤の生物濃縮

前項で紹介したPCBsなどの有機塩素化合物は，多くの先進国で1970年代以降生産や使用が規制され，近年ではPOPs条約などの国際条約で世界的にも規制が進んでいる．しかしながら，これらの物質と同様の物理化学性をもつにもかかわらず，近年まで使用規制が措置されなかった物質（群）がある．そのひとつが，ポリ臭素化ジフェニルエーテル（PBDEs），ヘキサブロモシクロドデカン（HBCDs），ポリ臭素化ビフェニル（PBBs）などを含む臭素系難燃剤（BFRs）と呼ばれる物質群である．

A. 臭素系難燃剤（BFRs）とは

BFRsは，家電製品やOA機器，建築材料，室内装飾品，自動車の内装などさまざまな生活用品に添加され，製品の引火性低減や延焼防止の効果を有する．火災から生命や財産を守るため，難燃剤の需要は拡大しており，BFRsの世界需要量は1990年から2001年の11年間で145,000 tから310,000 tへと，じつに2倍以上に増加している．近年BFRsが環境試料や野生生物の体内から検出され，その地球規模での汚染が明らかになりつつある．

一部のBFRsは，既存のPOPsに類似の生物蓄積性や内分泌撹乱作用を示すことから，学術的・社会的関心を集めており[14]，生産・使用が継続しているものもあるため，その汚染の拡大と長期化が懸念される．中でも，PBDEsやHBCDsは，化学的に結合していない形態で製品に添加・配合されるため容易に解離し，製造・使用・廃棄の過程で環境中に漏出しやすい．

B. PBDEsとHBCDsの研究例

PBDEsは化学構造がPCBsと類似しているため同様の物理化学性を有し，類似の環境残留性や毒性影響を示すため，最近ではヒトや野生生物に対するリスクも危惧されている．実際に，PBDEsは多様な環境媒体や生物から検出され，その広域汚染と生物濃縮に関する研究が多数報告されている[15-19]．我が国におけるヒトの母乳を用いた経年調査では，近年までPBDEs濃度の上昇が認められており[20,21]，血液の調査では地域差が報告されている[22]．これらの報告を受けて，2009年にはPBDEsのペンタ製剤・オクタ製剤がPOPs条約に登録され，世界的な規制が開始されている．現在，デカ製剤のみが生産・使用されている（Bromine Science and Environmental Forum：BSEF, http://www.bsef.com/）が，デカ製剤の主要成分であるBDE-209が環境中あるいは生物体内で脱臭素化さ

れて低臭素化異性体を生じるという報告もあることから，多くの国でデカ製剤の使用も縮小傾向にある．

一方で，HBCDsは主として建築用断熱材やカーペットなど室内装飾品の繊維に添加されるBFRsであり，近年まで使用量の増加が報告されている．最近の研究によると，工業製剤に含まれる3種のHBCDs異性体のうち，α-HBCDは高次生物に濃縮されることが明らかにされている．バルト海のウミガラス（*Uria algae*）の卵を用いた研究では，PBDEs濃度は1980年代半ば以降減少傾向を示しているのに対し，HBCDsのレベルは今なお上昇傾向にあることが報告されている[23]．生物蓄積性や毒性に関する報告の増加を受けて，2013年にPOPs条約登録物質となったので，今後本格的な規制が進むものと考えられる．ただし，現在流通しているHBCDs含有製品の廃棄に伴う環境汚染も懸念されるため，環境や生物の蓄積レベルを注視し続ける必要がある．

C．アジア－太平洋地域におけるBFRs汚染

ところで，アジア－太平洋地域には，中国，香港，韓国，インド，マレーシアなど，急速な経済成長と人口増加をみせる国や地域が多数存在する．このような社会的・経済的背景から，アジア地域のPOPs汚染は著しく進行しており，発生源対策などが求められている．しかし，これら地域におけるBFRs汚染対策については，いまだ国際的な対応がとられていない．1999年のBFRsの消費内訳によると，PBDEsのオクタ製剤およびデカ製剤の大半は日本以外のアジア諸国で使用されており，途上国におけるPBDEs汚染の拡大が懸念される．また，HBCDsについても日本以外のアジア諸国で約50%が消費されていることから，汚染実態の解明が求められている．つまり，BFRsによる環境・生態系汚染は，先進諸国よりも工業化・都市化が著しい新興国・地域で深刻化している可能性がある．

7.4.3 保存試料を活用した生態系汚染の歴史トレンド解明

化学物質汚染の長期的な影響を予測するには，汚染の経時的推移を理解することが必要となる．特に，BFRsなどの新たな有害物質が登場し社会問題化した際に，汚染レベルの経時的推移や地理的分布，生物濃縮に関する情報が不可欠である．そのためには，汚染の歴史を復元すること，すなわち過去の環境・生物試料を分析する必要がある．しかし，多くの場合，過去にさかのぼって環

7.4 化学物質の生物濃縮に関する研究事例

境・生物試料を採取することはできない．

A. 生物・環境試料の体系的な保存の試み

そこで，愛媛大学の研究グループは，これまでに世界各地で採取した生物・環境試料を体系的に冷凍保存し環境科学の研究に活用するため，生物環境試料バンク（es-BANK）を設置した．es-BANKに保存されている環境・生物試料は10万点を超え，環境化学の研究分野では世界でもトップクラスの収蔵点数となっている．同グループはこの試料を活用して，POPsをはじめとする化学物質による地球規模での汚染の広がりや，過去から現在にいたる汚染の推移を明らかにしてきた．

B. アジア−太平洋域における汚染の歴史トレンドの研究例

また，最近になって海棲哺乳類の保存試料や柱状堆積物試料を用いて，アジア−太平洋地域のBFRs（PBDEsおよびHBCDs）汚染の歴史トレンドについて研究を展開した[17,24-27]．例えば，日本沿岸に座礁したカズハゴンドウの保存試料を用いた研究では，2001年の個体から検出されたBFRs濃度は1982年に比べ，PBDEsでは約10倍，HBCDsでは約50倍の高値を示した（図7.5）．本種が低緯度地方から中緯度地方を回遊することを考えると，この結果は，アジア途上国と日本沿岸の両海域の汚染に曝露したことを示唆している．すなわち，カズ

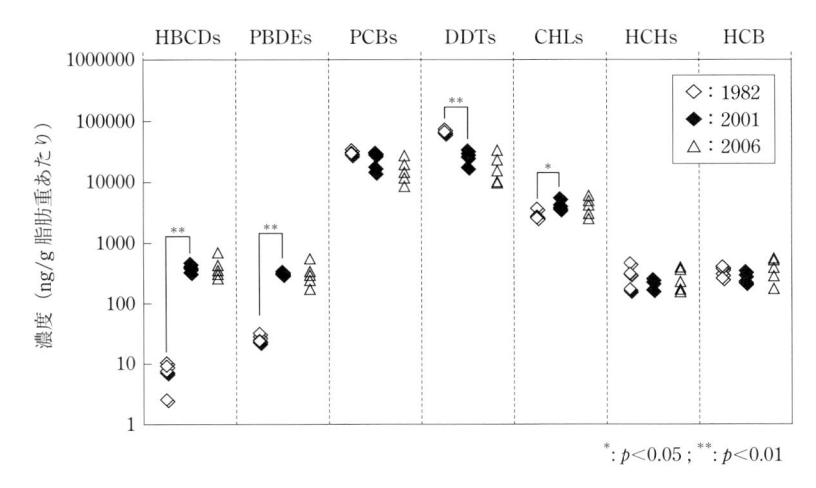

図7.5 日本沿岸に座礁したカズハゴンドウから検出された有機ハロゲン濃度の経年変化
（Kajiwara et al., 2007[28]およびTanabe et al., 2008[29]をもとに作成）

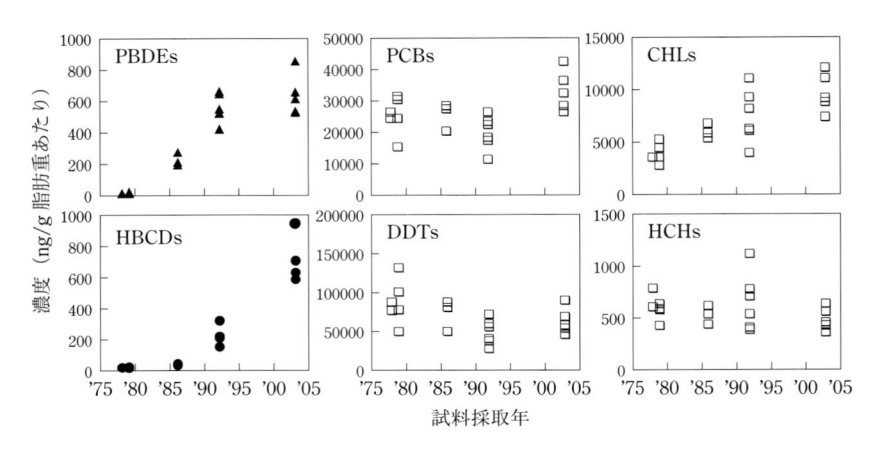

図7.6 日本沿岸で採取したスジイルカ体内の有機ハロゲン濃度の経年変化
（Isobe *et al.*, 2009[24]）をもとに作成）

ハゴンドウは，過去20年間にアジア途上国周辺と日本近海の両海域でPBDEsの曝露を，近年使用量が増加している日本の沿岸でHBCDsの曝露をそれぞれ受け，経年的に残留レベルが上昇したと推察される．

スジイルカも，熱帯から温帯海域を回遊する外洋性であるため，汚染物質残留レベルの推移はカズハゴンドウと類似の傾向を示した（図7.6）．PCBsなどの既存のPOPs濃度は横ばいまたは減少傾向がみられるのに対し，BFRsの濃度は近年顕著に上昇したことがわかる．スジイルカの化学物質蓄積レベルの歴史トレンドを詳細に解析すると，PBDEs濃度は1993年まで急激に増大した後，2003年の試料では上昇が緩やかになったのに対し，HBCDs濃度は1990年代以降の試料で急激な上昇が認められた．これは，近年日本などでPBDEsの使用が規制された効果により，汚染レベルの上昇が緩慢になったと推察される．一方で，HBCDsは最近まで日本国内における需要が増大していたことから，この影響を受け，汚染が進行したものと推測される．

本研究により，BFRsによる東アジア地域の海洋環境汚染の広域化と生物濃縮，歴史トレンドが明らかにされた．すでに規制の進んでいる既存のPOPsと異なり，BFRsによる汚染レベルは有意な上昇傾向が認められた．前項で述べたように，BFRsによる環境汚染は今後も継続する可能性があるため，このような保存試料を活用した長期的なモニタリングが必要である．

●コラム　環境・生態系汚染を監視するためのスペシメンバンクの重要性

　本文中でも述べたとおり，我々は日常生活を送るうえで膨大な化学物質を利用している．しかしながら，その一部には，残留性の高いもの，長距離移動して地球上を広域汚染するもの，毒性を示すものなどが存在し，それらの化学物質によるヒトや生態系への影響が懸念されている．通常は，現行の法制度の枠組みの中で毒性試験などを実施したうえで製品化するため，日常的に使用する製品中に毒性の高い物質が含まれることはきわめてまれである．ただし，自然災害や事故が生じた際（例えば，震災の津波による化学物質の流出やタンカーの座礁による重油流出事故など）や，新しい化学物質による汚染，これまで知られていなかった影響などが社会問題となった場合，汚染の開始時期や通常の濃度レベル，影響のおよぶ範囲，将来的な推移の予測など，さまざまな情報が求められる．これらの情報を得るには，発生源における現状の汚染レベルを計測するだけ（つまり，事が起きてから現場観測をはじめるなど）では不十分であり，時間的な変動や空間的な分布を調査することで初めて明らかとなる．しかしながら，環境や生体の試料を過去にさかのぼって採集することは一部の例外を除いて不可能なため，長期間の継続した試料採取と適切な保存・管理が重要である．このような観点で試料を体系的に採取・保管・管理して将来的なニーズに備えることをスペシメンバンキングと呼び，その重要性は世界的にも広く認識されている．

　欧米を中心としていくつかの国々にスペシメンバンクがあるものの，日本国内では，環境試料や野生生物試料を対象としたスペシメンバンクを有するのは愛媛大学と国立環境研究所のみである．愛媛大学の生物環境試料バンク（es-BANK）は，大学構内に設置された大型の冷凍保存施設であり，約半世紀前から世界の広域で採取された環境試料・野生生物試料が保存されている．例えば，スナメリやネズミイルカなどの鯨類試料，タヌキやネコなどの陸棲哺乳類試料，カワウや猛禽類などの鳥類試料，ティラピアやカツオ，イガイなどの魚介類試料，堆積物や大気などの環境試料など，多種多様な試料が長期間にわたり冷凍保存され，その総試料数は10万点以上におよぶ．これらの試料を活用して，既存POPsや新規POPs，POPs候補物質，重金属・水銀など，多様な化学物質による汚染の時空間分布について研究を展開している．野生生物や環境試料の採集・分析には多大な労力と時間を要するため，多くの研究において対象生物種や調査地域・分析対象物質が限定されてきたが，es-BANKの試料を有効活用することで，汚染物質の地理的分布や体内挙動，生物濃縮，代謝特性などについて包括的研究が可能となる．

第8章　化学物質による環境汚染

　地球温暖化，オゾン層の破壊，酸性雨などの地球環境問題については，すでに2章と3章で取り上げ，人間活動によって排出された各種化学物質の地球規模での循環を中心に，環境とのかかわりについてみてきた．本章では，都市大気，湖沼・内湾，土壌などにおけるローカルな規模での環境問題に着目し，環境（大気，水，土壌）に排出される化学物質の人為発生源，および都市域と農業地域での環境汚染の実態について眺めてみよう．

8.1　化学物質の人為発生源

8.1.1　大気への人為発生源

　大気に供給される化学物質の人為発生源には，工場や発電所，廃棄物焼却施設などの**固定発生源**と自動車，航空機，船舶などの**移動発生源**がある．焼畑などによる大規模なバイオマス燃焼，風で飛散した市街地や道路の粉じんなども人為発生源といえる．化学物質は，それらの発生源からガスまたはエアロゾル（固体，液体）の形態で排出される．さらに，ガスは大気中で冷却される過程で凝縮することにより，エアロゾル（二次粒子）を生成する（図3.15参照）．例えば，二酸化硫黄は大気中で酸化され，硫酸塩エアロゾル（硫酸粒子や硫酸アンモニウム粒子など）を生成する．二次粒子は，大気エアロゾル中で微小粒子の主要な供給源となっている．

　わが国の大気汚染防止法では，石油や石炭の燃焼などに伴い発生する硫黄酸化物（二酸化硫黄），ばいじん，および有害物質（カドミウム，塩素および塩化水素，フッ素，フッ化水素およびフッ化ケイ素，鉛およびその化合物，窒素酸化物，その他政令で定める物質）のことを**ばい煙**，それらの発生施設を**ばい煙発生施設**とそれぞれ定義し，規制をおこなっている．日本におけるばい煙発生施設の約80%は，ボイラーとディーゼル機関が占める．業種別でみると，電気業，鉄鋼業，化学工業などからの排出量が多い．さらに最近では，日本国

内の発生源だけでなく，経済成長が著しい中国をはじめとする東アジアに位置する発生源の影響，いわゆる**越境汚染**が問題となってきた．これまでに，アジア大陸からの風向が卓越する冬季から春季にかけて，硫酸塩，硝酸塩，オゾン，重金属，多環芳香族炭化水素，ブラックカーボン（元素状炭素）などの大気汚染物質が日本に輸送されてくることが明らかになっている．

8.1.2 水域への人為発生源

水域に供給される化学物質の人為発生源は，以下に示す「工場排水」，「農業排水」，「生活排水」，「その他」の4つに分類される．

A. 工場排水

工場排水は，パルプ・紙・紙加工品製造業，化学工業，鉄鋼業などの工業活動からの排水をいう．それらの工業活動には大量の水が使用されており，日本ではパルプ・紙・紙加工品製造業，化学工業，鉄鋼業での使用量が全体の7割を占める[1]．一度使用した工業用水の再利用が進んでいるが，一部は排水として水域環境に戻される（2010年度における工業用水の再利用率は79.4％）[1]．

工場排水は，一般的に重金属やその他の有害化学物質で汚染されている場合が多い．工場排水を公共用水域に放流するときは，水質汚濁防止法の排水基準の規制を受ける．また，工場排水を下水道に放流することも認められており，この場合は下水道法の規制を受けることになる．

B. 農業排水

農業排水は，農地の開墾や灌漑などからの排水をいう．農業用水（水田・畑地灌漑用水，畜産用水など）のうち，かなりの部分が蒸発や地下浸透で失われ，また雨水も農地を通過して排水となるため，農業排水の量を正確に見積もることは難しい．

農地における過剰な施肥により，高濃度の窒素やリンを含む農業排水が地下水や河川水に流出し，湖沼や内湾などの閉鎖性水域における富栄養化の原因のひとつになっている．また，近年の農業は生産性を高めるため，大量の農薬（殺菌剤，殺虫剤，除草剤など）を使用しており，それによる水域汚染も問題となっている．すでに述べたように，DDTなどの有機塩素系農薬は安価に製造でき，かつ高い有効性を示すことから，かつては全世界で使用されていた．しかし，その毒性が問題となったため，製造・使用が順次禁止され，より一般毒性，蓄

表8.1 生活排水の分類と1日1人あたりの負荷割合
（環境省ホームページより，http://www.env.go.jp/）

生活排水 BOD 43 g/人/日	生活雑排水 約70%（30 g）	台所からの排水	約40%（17 g）
		風呂からの排水	約20%（ 9 g）
		洗濯からの排水ほか	約10%（ 4 g）
	し尿		約30%（13 g）

積性，残留性の少ない，あるいは病害虫などへの選択性の高い物質への移行が進められた．

C．生活排水

生活排水は，人間の生活に伴って排出される台所，風呂，洗濯などからの排水（生活雑排水）およびし尿をいう．日本人1人が1日に使用する水の量は約300 Lにものぼる[1]ため，国全体では大量の生活排水が排出される．

生活排水のうち，生活雑排水とし尿による環境負荷の割合は，BOD（8.2.2項参照）で比較するとそれぞれ約70%と30%となっている（**表8.1**）．都市域を中心に下水道が完備された地域では，生活排水が下水処理場で処理される．その他の地域では，し尿が未処理のまま放流されることはないが，生活雑排水は未処理のまま放流されている地域が存在する．また，洗剤などに含まれる界面活性剤（直鎖アルキルベンゼンスルホン酸塩など），人の医療や健康管理などの目的で使用される各種医薬品，歯磨きなどに含まれる抗菌剤など，多種多様な化学物質が生活排水を通して水域に供給される．

D．その他

その他の人為発生源には，大気からの沈着や廃棄物の最終処分場からの排水（浸出水）などがある．大気からの沈着には，発生源から大気に排出された化学物質が降水に取り込まれて地表に到達する場合（湿性沈着）と，ガスや粒子がそのまま地表に到達する場合（乾性沈着）の2つがある．廃棄物の最終処分場は，その有害性や安定化に必要な期間によって，遮断型，管理型，安定型に区分される．これらの中で管理型処分場は，ゴムシートを張るなど遮水工事を施し，浸み出した水を集め，水質汚濁防止法の排水基準を満たすように処理した後に放流している．しかし，ずさんな管理・運営により，浸出水処理が不十分だったために，有害物質が公共用水域に漏出して問題となった事例がある．

8.1.3 土壌への人為発生源

現在，農地や市街地における土壌汚染が問題となっている．例えば，2011年3月11日に発生した東日本大震災に起因する福島第一原子力発電所の事故は，広域的な土壌の放射能汚染をもたらした．農地土壌への汚染物質の人為発生源には，前項で述べた合成肥料や農薬（殺菌剤，殺虫剤，除草剤など）のほか，生活排水や鉱山排水の流入，大気からの沈着などがある．一方，市街地の土壌汚染は，工場跡地などを住宅地へと再開発する際に明らかになることが多く，鉛，六価クロム，水銀，ヒ素，フッ素などの無機物質のほか，ベンゼン，テトラクロロエチレン，トリクロロエチレンなどの揮発性有機化合物（VOC）による汚染が顕在化している．これらの発生源は，製造施設からの漏出，廃棄物の不適正な取り扱いや埋立て，不法投棄などである．

土壌汚染は，地下水や表流水などの土壌の周辺環境にも影響をおよぼす．特に，農地への過剰施肥や家畜排せつ物の投棄などに起因する硝酸塩や，テトラクロロエチレンとトリクロロエチレンによる汚染事例が多い．テトラクロロエチレンとトリクロロエチレンは，半導体や金属部品の洗浄，ドライクリーニングなどで脱脂剤や洗浄剤として使用されている．使用後，土壌中に廃棄されると，水よりも密度が大きく，微生物分解や土壌吸着を受けにくいため，地下を浸透してやがて地下水に混入する．

8.2 都市の環境

人口が集中し，経済活動が活発な都市では，環境中への汚染物質の排出量が増加し，人の健康や生態系に悪影響をもたらしてきた．世界中で都市化は急速に進行しており，2030年には都市人口が世界人口の60％（49億人）に達するとの予測がある[2]．それに相まって，人口1,000万人以上のメガシティ（巨大都市）が出現しており，現在その数は20を超えている．

都市化と環境問題は切っても切り離せない．日本を含む先進国の多くの都市では，1950〜1960年代の高度成長期に深刻な公害問題を経験した．それらの国では，法規制や対策技術の進展により環境汚染は徐々に改善されてきているが，急速な経済成長の途上にある国では，大規模な環境汚染が発生し，大きな社会問題となっている．

本節では，日本の環境モニタリングの結果をもとに，都市域における大気環境，水環境，土壌環境の現状をみてみよう．

8.2.1　大気環境

大気汚染物質は，発生源から直接発生する一次汚染物質（一酸化炭素，二酸化硫黄，炭化水素，ばいじんなど）と，環境大気中において化学変化により生成する二次汚染物質（二酸化窒素，光化学オキシダント，二次粒子など）に分けられる．一般的に都市大気は，工場・事業場からのばい煙や自動車排気ガスなどの影響を強く受けるため，大気汚染物質の濃度が高くなる．

日本では，大気汚染防止法にもとづいて全国規模での大気汚染モニタリングがおこなわれている．2011年度末現在の測定局数は，全国で1,911局にのぼる．その内訳は，環境大気の汚染状況を把握するための一般環境大気測定局（以下，「一般局」）が1,489局，自動車排気ガスによる環境大気の汚染状況を把握するための自動車排ガス測定局（以下，「自排局」）が422局となっている．おもな大気汚染物質濃度の年平均値の推移および環境基準の達成状況は，以下のとおりである．

A.　二酸化窒素（NO_2）

NO_2の多くは，化石燃料の燃焼過程で発生した一酸化窒素（NO）が環境大気中でオゾン（O_3）と反応したり，または光化学反応による酸化を受けたりすることで生成する．NOは化石燃料中の窒素だけでなく，空気中の窒素ガス（N_2）が酸化されることによっても生成する．特に，自動車の排ガスに含まれるNOの由来は後者によるものである．NO_2は呼吸器に悪影響をおよぼすほか，酸性雨や光化学スモッグの原因物質でもある．

NO_2濃度の年平均値は，近年では自動車からの排出量の削減により，一般局，自排局ともに低下が認められる（**図8.1**）．また，2011年度における環境基準（1時間値（1時間の平均濃度）の1日平均値が0.04 ppmから0.06 ppmまでのゾーン内またはそれ以下であること）を達成した測定局数の割合（達成率）は，一般局100％，自排局99.5％となっている．

B.　浮遊粒子状物質（suspended particulate matter : SPM）

大気中に浮遊している粒子のうち，直径が10 μm以下のものをSPMと定義している．SPMは大気中に長時間滞留し，肺や気管などに沈着して人の健康

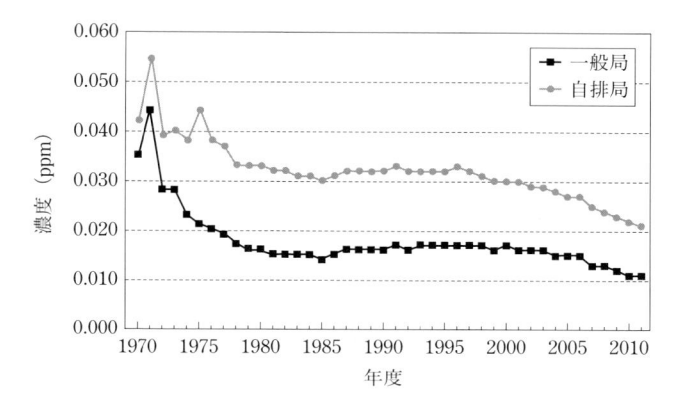

図8.1 二酸化窒素濃度の年平均値の経年変化
（環境省，2014[3]）より）

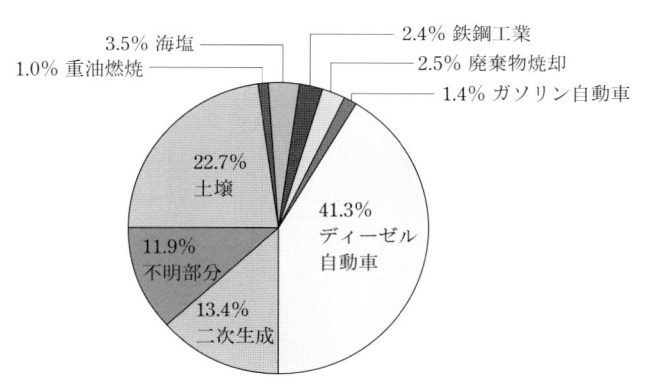

図8.2 東京都内のSPMに対する発生源寄与率
（横山・内山，2000[4]）より）

に悪影響を与える．SPMの主要な発生源には，移動発生源（自動車），固定発生源，土壌，海塩，二次粒子生成などがある．この中で，ディーゼル自動車が大都市におけるSPMの最大の発生源となっている．1987～1988年における東京都のSPMに対する発生源寄与率は，**図8.2**に示すとおりであった．

近年では自動車からの排出量の削減により，SPMの年平均値は一般局，自排局ともに低下が認められる（**図8.3**）．しかし，2011年度における環境基準（1時間値の1日平均値が$0.10\ \mathrm{mg\ m^{-3}}$以下であり，1時間値が$0.20\ \mathrm{mg\ m^{-3}}$以下

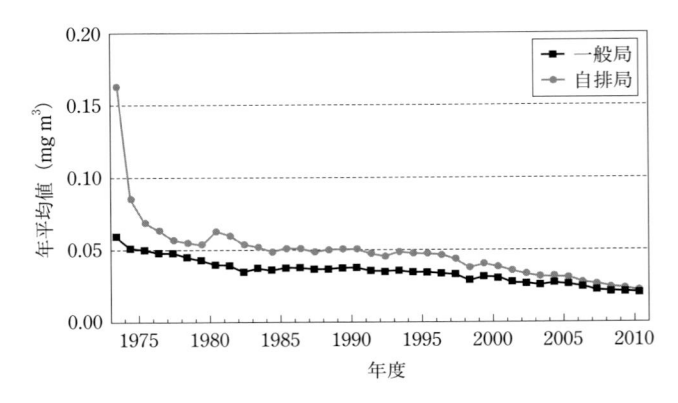

図8.3　浮遊粒子状物質濃度の年平均値の経年変化
（環境省，2014[3]）より）

であること）の達成率は，一般局69.2%，自排局72.9%となっており，環境基準を達成していない測定局が30%程度存在する．

C．光化学オキシダント（O_x）

O_xは強い酸化力を有する物質の総称で，大部分はO_3である．NOの酸化で生成したNO_2は太陽光によって分解され（$NO_2 + h\nu \longrightarrow O + NO$），酸素原子Oを生成するが，このOは酸素分子$O_2$と反応して$O_3$になる（$O + O_2 \longrightarrow O_3$）．このままでは，$O_3$は直ちにNOと反応して$O_2$に戻る（$NO + O_3 \longrightarrow NO_2 + O_2$）が，炭化水素が存在すると過酸化ラジカルを生成して速やかにNOをNO_2に酸化するため，結果的にO_3濃度が上昇することになる．O_xは光化学スモッグの原因物質であり，目や咽喉などの粘膜の刺激と呼吸器への影響のほか，植物への影響も知られている．O_xの生成量や地域分布には，気温や日射量などの気象条件に加えて，前駆物質であるNO_xや炭化水素の濃度などが複雑に関与する．近年では各種前駆物質の濃度が減少傾向を示しているにもかかわらず，O_xの年平均値は増加傾向にある（**図8.4**）．この要因として，北半球のバックグラウンドオゾン濃度の上昇およびアジア地域からの越境輸送量の増加が指摘されている．

2011年度におけるO_xの環境基準（1時間値が0.06 ppm以下であること）の達成率は，一般局0.5%，自排局0%であり，依然としてきわめて低いレベルにある[3]．また，1時間値が0.12 ppm以上になり，気象条件からその状態が継続

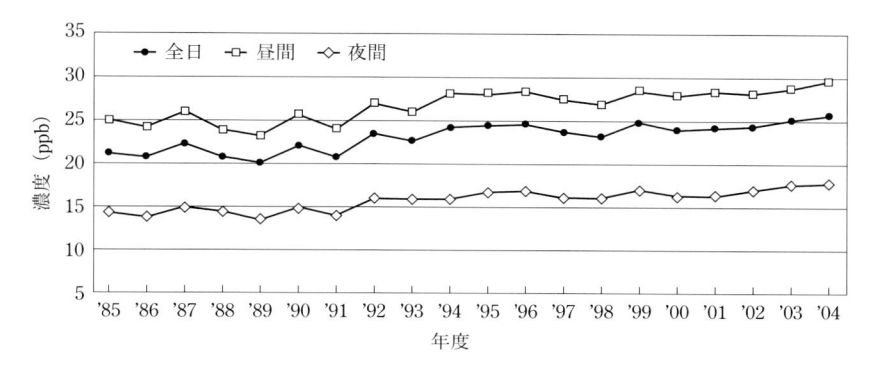

図8.4 光化学オキシダント濃度の年平均値の経年変化
（大原，2007[5)]より）

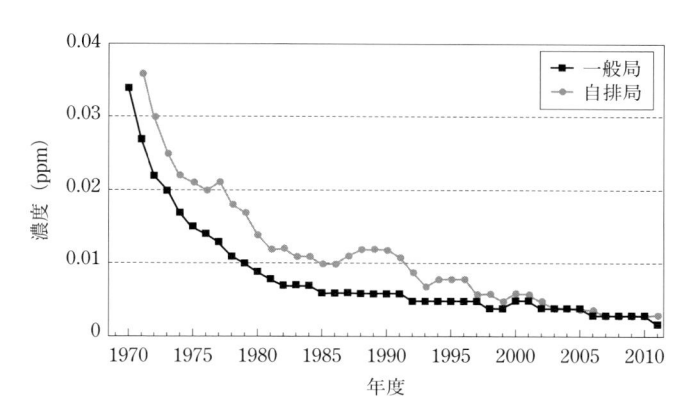

図8.5 二酸化硫黄濃度の年平均値の経年変化
（環境省，2014[3)]より）

すると認められる場合には，光化学オキシダント注意報が発令される．注意報の発令地域は首都圏をはじめとする大都市圏に集中しているが，近年では広域化する傾向にある．

D. 二酸化硫黄（SO_2）

SO_2は化石燃料に含まれる硫黄分の燃焼のほか，金属製錬や硫酸製造などから排出される．SO_2は呼吸器を刺激し，高濃度地域で生活していると慢性気管支炎やぜんそく性気管支炎（例：四日市ぜんそく）を引き起こすとともに，酸性雨の原因物質ともなる．

第8章 化学物質による環境汚染

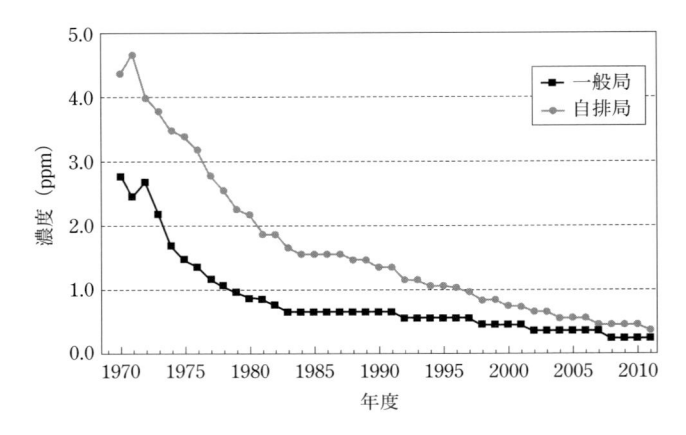

図8.6 一酸化炭素濃度の年平均値の経年変化
（環境省，2014[3]より）

　SO_2 の年平均値は1970年代に急速に減少し，近年ではゆるやかな低下傾向を示している（**図8.5**）．また，2011年度における環境基準（1時間値の1日平均値が0.04 ppm以下であり，かつ1時間値が0.1 ppm以下であること）の達成率は，一般局99.6％，自排局100％となっている．このように，化石燃料からの脱硫技術や排煙脱硫装置の設置などによって，SO_2 の大気への排出量は大幅に削減されている．

E. 一酸化炭素（CO）

　COは燃料の不完全燃焼によって大気中に排出される毒性の強いガスであり，都市部では自動車（特にガソリン車）が主要な発生源となっている．COは血液中のヘモグロビンと結合して酸素の運搬機能を阻害するため，濃度が高くなると頭痛やめまいなどを起こし，重症の場合には死亡する．

　COの年平均値は1970年代に急速に減少し，近年ではゆるやかな低下傾向を示している（**図8.6**）．また，2011年度における環境基準（1時間値の1日平均値が10 ppm以下であり，かつ1時間値の8時間平均値が20 ppm以下であること）の達成率は，一般局，自排局とも100％であった．これには，段階的に強化されてきたガソリン車の排出ガス規制が寄与している．

F. 微小粒子状物質（PM2.5）

　疫学調査などにより，SPMの中でも微小粒子による健康への悪影響が大き

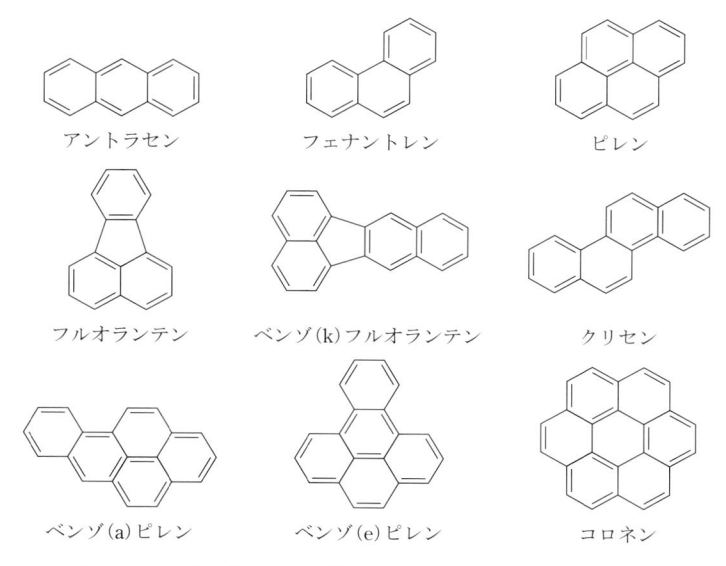

アントラセン　　　フェナントレン　　　ピレン

フルオランテン　　ベンゾ(k)フルオランテン　　クリセン

ベンゾ(a)ピレン　　ベンゾ(e)ピレン　　コロネン

図8.7　大気中に検出される代表的な多環芳香族化合物（PAHs）

いことが指摘されたことから，日本では2009年に直径が2.5 μm以下の粒子（PM2.5）についても環境基準が設定された．特にディーゼル排気微粒子（DEP）は微小粒子として存在し，発がん性や呼吸器疾患などによる健康影響が強く懸念されている．PM2.5には，有害性の高いヒ素，カドミウム，鉛などの微量金属や，有機物質の不完全燃焼で生成する多環芳香族炭化水素（図8.7）などが高濃度で含まれている．WHO（世界保健機関）の専門機関である国際がん研究機関は，2013年10月に，5段階ある大気汚染物質の発がんリスクのうち，PM2.5を最高レベルに分類したことを発表した．

PM2.5のモニタリングが開始されて間もないため，有効測定局数が十分ではない．しかし，2011年度の年平均値は一般局15.4 μg m^{-3}，自排局16.1 μg m^{-3}と環境基準（1年平均値が15 μg m^{-3}以下，かつ1日平均値が35 μg m^{-3}以下であること）を超過しており，達成率も一般局27.6%，自排局29.4%と低かった[3]．

2013年1～2月にかけて，北京市内のいくつかの地点でPM2.5の濃度が重度汚染（250～500 μg m^{-3}）のレベルを超えていることが大々的に報道され，日本への越境汚染が懸念される事態となった．環境省は，同年2月に「注意喚起

のための暫定的な指針」を決定し，70 µg m^{-3}を超過した場合には，不要不急の外出や屋外での長時間の激しい運動をできるだけ減らすとともに，高感受性者は体調に応じて，それ以外の人より慎重に行動することが望まれるとした．

G. 有害大気汚染物質

1996年5月に大気汚染防止法が改正され，微量であっても継続的に摂取される場合には人の健康を損なう恐れがある物質（有害大気汚染物質）が追加された．これに該当する可能性がある234物質のうち，特に優先的に対策に取り組むべき物質として，ベンゼンなど22物質が選定されている（表1.2）．これらの中で，ベンゼン，トリクロロエチレン，テトラクロロエチレン，ジクロロメタンの4物質には環境基準，アクリロニトリル，塩化ビニルモノマー，クロロホルム，1,2-ジクロロエタン，水銀およびその化合物，ニッケル化合物，ヒ素およびその化合物，1,3-ブタジエンの8物質には指針値（健康リスクの低減を図るための指針となる数値）がそれぞれ設定されている．なお，ダイオキシン類には，ダイオキシン類対策特別措置法（1999年制定）により大気環境基準が設定されている．

有害大気汚染物質については，それらの健康リスク評価において生涯暴露のような長い期間を対象としているため，年平均値で環境基準を定めている．2011年度のモニタリング結果によると，ベンゼンは411地点中2地点で環境基準を超過していたが，それ以外の物質はすべての地点で環境基準または指針値

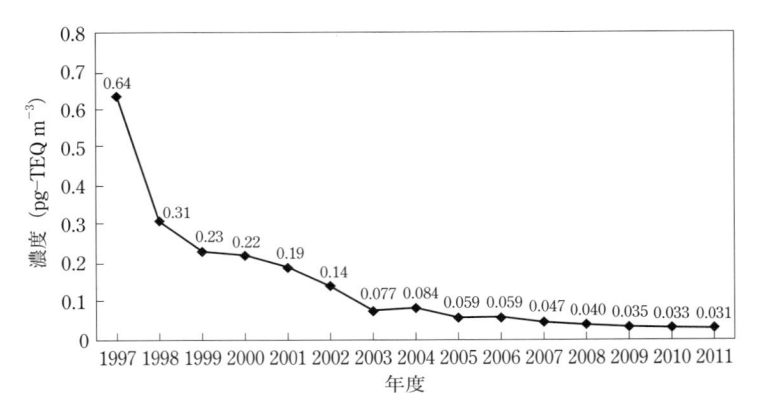

図8.8 継続調査地点におけるダイオキシン類の大気環境中の濃度の経年変化
（環境省，2013[6]）より）

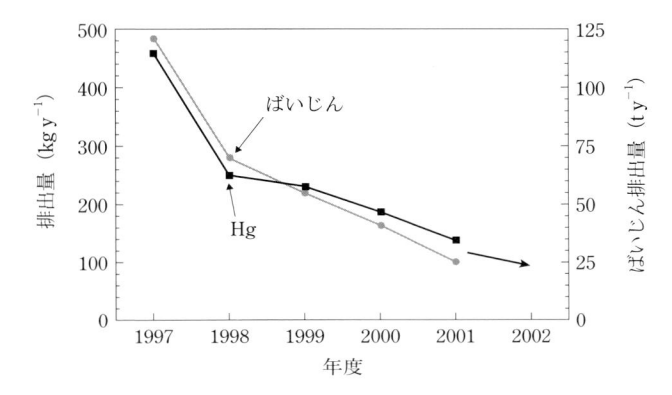

図8.9 東京23区内の一般ごみ焼却施設からの水銀およびばいじん排出量の経年変化. 2002年度はほぼすべてのデータが検出限界以下のため, 排出量を算出できなかった. (坂田・丸本, 2004[7]より)

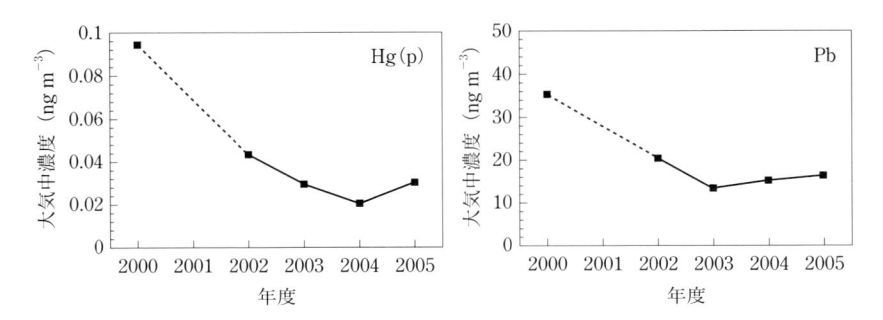

図8.10 東京都狛江市における粒子状水銀（Hg(p)）と鉛（Pb）の大気中濃度の経年変化 (坂田・丸本, 2004[7]より)

を達成していた[3]．大気中のダイオキシン類濃度については，1997年度以降に大幅に減少し，最近ではゆるやかな低下傾向を示している（**図8.8**）．これには，小型焼却炉の廃止や燃焼方法の改善，排ガス処理（ろ過式集じん器やアルカリ洗煙装置の設置）など，廃棄物焼却施設からのダイオキシン類の発生防止対策が大きく寄与している．また，一般ごみ焼却施設におけるダイオキシン類の発生防止対策は，東京23区内の水銀やばいじんの排出量の削減にも寄与したことが，著者らの調査から明らかになっている（**図8.9**）．実際に，著者らは東京都狛江市における水銀や鉛などの大気中濃度の経年変化（2000～2005年）が，

大気中のダイオキシン類濃度の変化（図8.8）と類似していることを観測した（**図8.10**）．

8.2.2　水環境

　日本では，水質汚濁防止法にもとづいて，公共用水域（河川，湖沼，海域）および地下水の全国規模での水質モニタリングがおこなわれている．公共用水域の調査では，環境基準項目（1章参照）は年間を通して，毎月1日以上（1日に4回程度）採水することを原則としている．調査地点数は基準項目で大きく異なるが，大部分の項目は3,000地点（2011年度）以上となっている．一方，地下水の調査は，概況調査，汚染井戸周辺地区調査，定期モニタリング調査からなっている．概況調査は，地域の全体的な地下水質の概況を把握するために実施し，ほかの2つはそれぞれ汚染範囲の確認と汚染の経年的なモニタリングを目的に実施する．概況調査は年1回以上とし，2011年度の調査対象井戸数は3,692本となっている．

A.　水域の有害化学物質汚染

　沿岸地域や流入河川の流域における都市化や工業化の進展に伴い，有害化学物質による水域の環境汚染が問題となっている．日本では1950～1960年代の高度成長期に汚染が急速に拡大し，多くの都市域や工業地域で水俣病をはじめとする深刻な健康被害が発生した．とりわけ東京湾や大阪湾などの大都市圏に位置する水域では，汚染が顕著であった．そのような水汚染の歴史については，海底から採取した堆積物コアに記録された汚染物質の濃度変化から読み取ることができる．

　東京湾堆積物中の重金属濃度の測定結果（**図8.11**）によると，多くの重金属は1950～1960年代に濃度が急増したが，1970年代はじめにピークを示し，それ以降は急激に減少している．この濃度が下がりはじめる時期は，ちょうど環境規制が開始された時期と一致している．これらの重金属と類似した濃度変化は，1972年に使用が禁止されたPCBについても観測される[9]．このように，近年の有害化学物質による水域汚染は，法規制や対策技術の進展により大幅に改善されてきた．実際に，公共用水域における人の健康の保護に関する環境基準（健康項目）の達成率は，ほぼ100％となっている（2011年度の環境基準達成率：98.9％）[3]．また，ダイオキシン類についても，2011年度における公共用

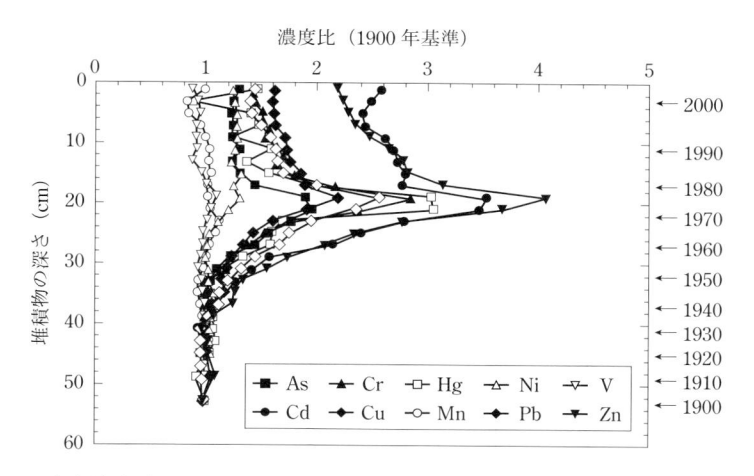

図8.11 東京湾堆積物コア中の重金属濃度の鉛直分布．右縦軸の年代は，堆積物中の鉛-210放射能の鉛直分布から求めた．
(Sakata et al., 2008[8])より)

水域の水質および底質の環境基準達成率は，それぞれ98.2%および99.8%であった．

一方，人の健康保護ではなく水生生物の保全を目的に，2003年に全亜鉛の環境基準が設定された．続いて，2012年にはノニルフェノール，2013年には直鎖アルキルベンゼンスルホン酸およびその塩について，環境基準が追加された．2011年度における河川，湖沼，一般海域，特別海域[注1]における全亜鉛の環境基準達成率は，それぞれ96.3%，100%，98.7%，93.3%となっている[3]．図8.11から明らかなように，東京湾堆積物中の亜鉛とカドミウムの濃度は，1970年代以降に減少しているが，ほかの重金属に比べて堆積物表層の濃度は高く維持されており，東京湾は現在でも亜鉛とカドミウムによる汚染を受けていると判断される．著者らによる多摩川における重金属負荷量の調査結果によれば，河川流域に存在する下水処理施設から排出される処理水が，東京湾への亜鉛とカドミウムの負荷に大きく寄与している可能性が高い[10]．

現在，未規制の医薬品・抗生物質や日用品類などに含まれるさまざまな化学物質が水環境から検出され，社会的な関心が高まっている．上述した一部の重

注1 水生生物の産卵場または幼稚仔の生育場として，特に保全が必要な水域

B. 水域の有機汚濁（富栄養化）

　生活環境の保全には，水域の有機汚濁が大きくかかわっている．水域の有機汚濁には，流域からの有機物の流入（外部負荷）に加えて，富栄養化による水域内での植物プランクトンの生産に由来する有機物（内部負荷）が寄与する．ここで，**富栄養化**とは，水の交換が悪い閉鎖性の湖沼や内湾において，大量の窒素とリンが流入することにより栄養過剰になっている状態をいう．水中の有機物量が増えると，その腐敗により深層が酸素不足となる．また，赤潮やアオコの発生など，植物プランクトンの異常増殖により，景観の悪化，浄水処理におけるろ過装置の目詰まり，水道水の異臭味（カビ臭）の原因となり，水産業や農業にも被害をおよぼす．特に海底付近の海水が無酸素状態になり，硫酸イオンが還元されて有毒な硫化水素（H_2S）を含むようになると，強い風によって底層の海水が上層に移動するため，H_2Sが大量の魚介類を死滅させることがある．この現象は，酸素によるH_2Sの酸化で生成した硫黄（元素状硫黄）が青白く見えることから，青潮と呼ばれ，漁業関係者に恐れられている．

　生活環境の保全に関する環境基準（生活環境項目）のうち，生物化学的酸素要求量（biochemical oxygen demand：BOD）と化学的酸素要求量（chemical oxygen demand：COD）は，有機汚濁の代表的な水質指標として環境基準の達成評価に利用される．日本の環境基準では，以下の方法で測定されるBODとCODが用いられる．

- BOD：試料水を20°Cで5日間密閉容器内に保存したときに，好気性微生物による有機物の分解で消費される酸素量.
- COD：硫酸酸性の過マンガン酸カリウムを用いて試料水を100°Cで処理したときに，主として有機物の分解で消費される過マンガン酸カリウム量を酸素量に換算したもの.

日本では河川についてはBOD，湖沼と海域についてはCODがそれぞれの環境基準として適用される．

　BODまたはCODの環境基準達成率は，公共用水域全体で2011年度は88.2％であった[3]．水域別では河川93.0％，湖沼53.7％，海域78.4％であり，湖沼や

8.2 都市の環境

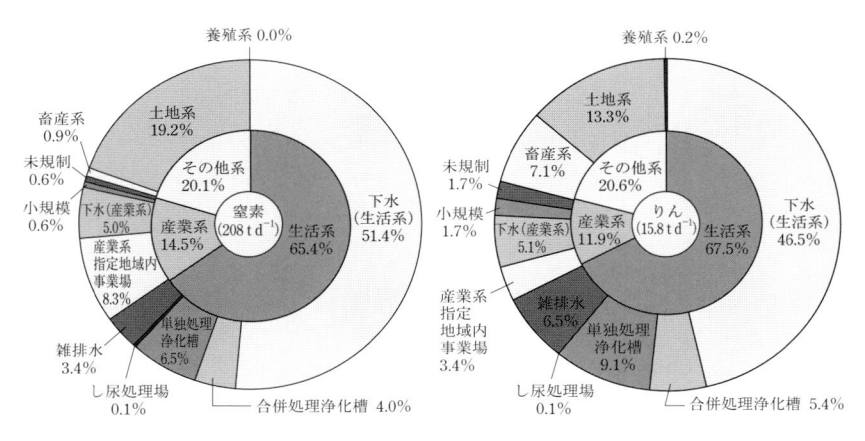

図8.12 東京湾における汚濁負荷量の内訳
（環境省，2004[11]より）

海域では依然として達成率が低いままである．海域の中では，特に閉鎖性が強く，大都市圏に位置する東京湾，伊勢湾（三河湾を含む），大阪湾において環境基準達成率がそれぞれ68.4％，56.3％，66.7％と低かった．東京湾において窒素とリンの発生源別負荷量を推定した結果を**図8.12**[11]に示す．それらの負荷量に占める生活系（特に下水）の比率が最も高く，次いで水田や畑，市街地などの土地系の比率が高くなっている．このように，窒素とリンの発生源は多種類かつ小規模で流域全体に広がっており，ひとつの発生源に集中しないため，発生防止対策は容易ではない．このことが，多くの湖沼や大都市圏に位置する海域で環境基準がなかなか達成できない理由となっている．

C. 地下水汚染

現在，日本の都市用水（生活用水および工業用水）のうち，24％は地下水に依存している[1]．地下水は流れが遅く，拡散や希釈などによる効果があまり期待できないので，いったん汚染されると汚染状況が長期化する．1980年代より，発がん性をもつトリクロロエチレンやテトラクロロエチレンなどの有機塩素系溶剤による地下水汚染が顕在化してきた．すでに述べたように，テトラクロロエチレンやトリクロロエチレンは，土壌中に廃棄されると，水よりも密度が大きく，微生物分解や土壌吸着を受けにくいため，地下を浸透してやがて地下水に混入する（8.1.3項参照）．環境庁（現環境省）は，1989年に水質汚濁防止法

第8章　化学物質による環境汚染

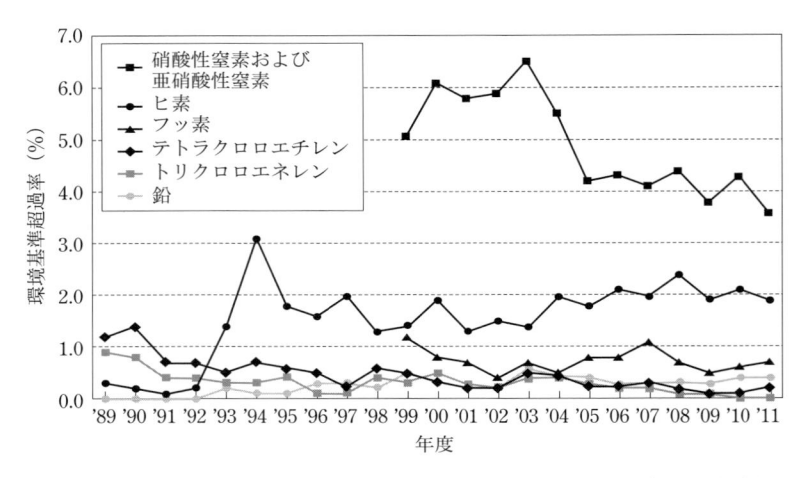

図8.13　地下水の水質汚濁にかかわる環境基準の超過率（概況調査）の経年変化（環境省，2014[3]より）

を改正し，有害物質を含む水の地下への浸透の禁止や地下水の常時監視などの措置をとった．しかし，最近においても有機塩素系溶剤による新たな汚染が発見されている．

2011年度における環境省による地下水質の概況調査の結果では，調査対象井戸3,692本中218本（5.9％）において，環境基準を超過する項目がみられた[3]．それらの中で，硝酸性窒素および亜硝酸性窒素の環境基準超過率が3.6％と最も高かった（図8.13）．硝酸性窒素および亜硝酸性窒素による地下水汚染は，おもに農地への過剰施肥や家畜排せつ物の廃棄などが原因であるので，8.3節で詳しく述べる．

8.2.3　土壌環境

市街地などの都市域の土壌は，人間活動の影響を受けやすいため，多かれ少なかれさまざまな化学物質によって汚染されている．日本では土壌汚染対策法が2002年に制定されたことを契機に，土壌汚染の調査や対策が進められてきた．それ以来，工場跡地などの再開発や売却の際に自主的に汚染調査をおこなう事業者が増加したこともあり，近年，土壌汚染の判明件数が増加している（図8.14）[3]．2011年度における汚染の判明件数は，1,960件中942件であり，鉛，

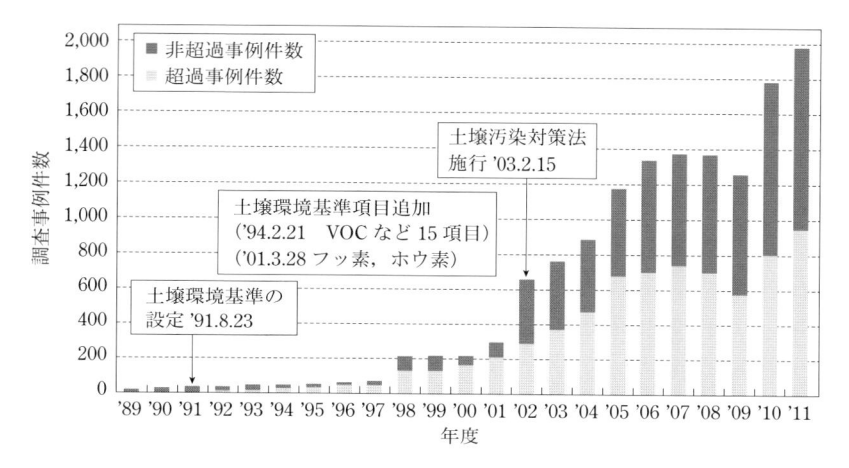

図8.14 年度別の土壌汚染判明事例件数
（環境省，2014[3]より）

フッ素，ヒ素などによる汚染が多い．土壌汚染が大きな社会問題となった代表的事例として，東京都江東区豊洲における工場跡地への魚市場（築地市場）の移転問題がある．この工場跡地土壌には，環境基準を超えるベンゼン，シアン，鉛，ヒ素，六価クロム，水銀などの有害物質が残存していることが判明した．魚市場では生鮮食品を扱うことから，それに対する安全・安心の確保が課題となっている．

都市域に位置する大規模工場跡地は，都市再開発の中核となる場合が多い．その場合には，対象となる敷地内の土壌が汚染されていたとしても，都市再開発に対する費用対効果が大きいため，その対策費用を十分にまかなうことができる．しかし，都市域にあっても中小・零細企業の跡地の場合には，土壌汚染対策に要する高額な費用がネックとなって，その土地が再開発や取引されることなく放置されたままになることが増えてきている．このような土地（遊休地）をブラウンフィールドと呼び，ブラウンフィールドの増加が社会問題化している．

市街地土壌は工場跡地ばかりでなく，周辺の工場や自動車交通などによって大気中に排出された化学物質が汚染原因となる場合もある．例えば，製鉄所が存在する都市の土壌には，マンガン，バナジウム，クロムが高濃度に含まれて

いる[12]．日本ではエンジンのノッキングを防止するために四エチル鉛などを添加したガソリン（有鉛ガソリン）が使用されてきたが，大気中の鉛による幹線道路沿いの住民に対する健康影響が大きな問題となったため，1975年にはレギュラーガソリン，1986年にはプレミアムガソリンへの使用がそれぞれ禁止された．しかし，それ以前には大量に使用されてきたため，大気中に放出された鉛が地上に沈着して土壌に蓄積されている．また，自動車タイヤにはゴムの加硫助剤[注2]として酸化亜鉛が添加されているため，タイヤの磨耗で発生した粉じんは高濃度の亜鉛を含み，道路脇の土壌を汚染している[13,14]．そのほかにも，自動車のブレーキパッドや鉄道車両の軸受け合金の磨耗で飛散した銅や鉛，さらには鉄製品のメッキや防錆剤として使用されている亜鉛などによる土壌汚染もみられる．

8.3 農業と環境

日本の経済成長の過程で起こったさまざまな公害問題は，農地の土壌汚染を通して農業に大きな被害をもたらした．その代表例としては，足尾銅山（栃木県）を発生源とした渡良瀬川流域の銅やカドミウムによる汚染，および神岡鉱山（岐阜県）の亜鉛精錬排水が神通川流域の水田に流入し，イタイイタイ病の発生原因となったカドミウムによる汚染がある．また，大気を経由した事例として，群馬県安中市にある亜鉛製錬所からのカドミウムによる汚染がある．

一方，農業生産の向上を目的とする農地への農薬（殺菌剤，殺虫剤，除草剤など）や合成肥料の使用は，土壌や水域の有害化学物質汚染や富栄養化の問題を引き起こしてきた．さらに，世界的な農業活動に起因するメタンや亜酸化窒素の排出は，地球温暖化に寄与してきた．このように，農業は環境汚染の被害者であったが，環境汚染の加害者としての性格も併せ持っている．しかし，近年では農業と環境は対立的関係ではなく，自然環境の保全や良好な景観の形成など，互恵的関係が重要となってきている．

本節では，農業がかかわる環境汚染の問題として，農薬による土壌・水域の汚染，地下水の硝酸塩汚染および地球温暖化をそれぞれ取り上げる．

注2 ゴムの弾性や強度を確保するために硫黄などを加える工程を加硫という

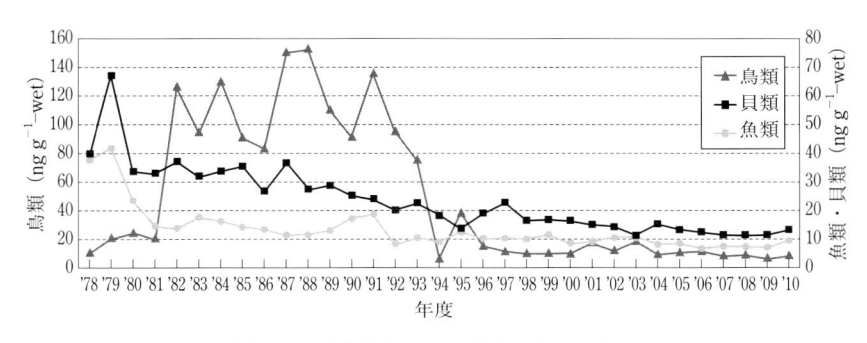

図8.15　生物体内のPCB濃度の経年変化
（環境省，2012[15]より）

8.3.1 農薬による土壌・水域の汚染

　DDTなどの主要な有機塩素系農薬を含む残留性有機汚染物質（POPs, 表1.2）については，2001年5月にストックホルム条約が締結され，廃絶に向けた国際的な取り組みがなされている．日本におけるPOPsのモニタリング結果によれば，生物（貝類，魚類，鳥類）中の濃度レベルは，いずれもPOPs対策の進展により，2000年以降では低いレベルとなっている．この一例として，生物体内のPCB濃度の経年変化を図8.15に示す．

　日本では1950年代に，稲のいもち病防除の農薬（殺菌剤）として，酢酸フェニル水銀や塩化メトキシエチレン水銀などの有機水銀化合物が広く使用された．しかし，残留性や安全性の問題から，1973年に，農薬取締法によりその使用が全面的に禁止された．それまでに農薬として使用された水銀の総量は，約2,500 tと推定されている[16]．水銀以外にも，銅，ヒ素，鉛を含む農薬（硫酸銅やヒ酸鉛など）が果樹園を中心に使用されてきた．特にヒ酸鉛は農薬取締法により作物残留性農薬に指定され，現在日本での生産はない．

　上述したように，かつて大量に使用された水銀系農薬により，日本の農地の多くがいまだに水銀で汚染されている．実際に農地土壌の水銀濃度は，平均 $290 \pm 460 \, \mathrm{ng \, g^{-1}}$（サンプル数：469）であり，土壌のバックグラウンド値（$<100 \, \mathrm{ng \, g^{-1}}$）と比べてかなり高い[12]．農薬由来の水銀で汚染された土壌が台風などによる豪雨時に河川に流出し，下流域や内湾にまで輸送されて水銀の供給源になっている可能性が，著者らによる東京湾や多摩川での調査結果から報告されている[17]．

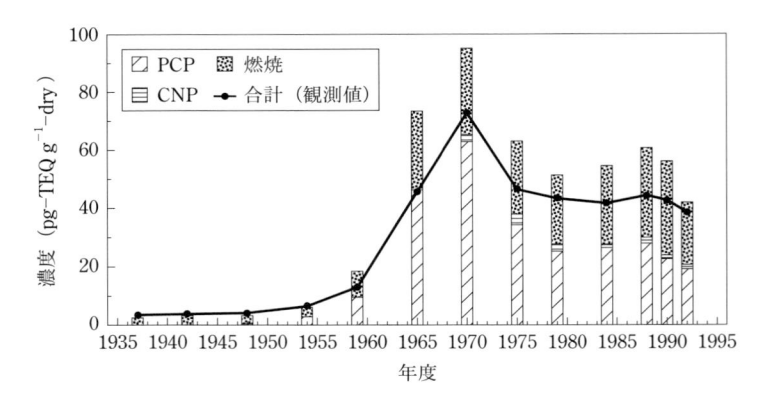

図8.16 東京湾堆積物コアの解析から得られたダイオキシン類汚染の原因別変遷の推定結果
（益永ほか，2001[18]より）

　一方益永らは，ダイオキシン類の異性体組成が発生源の違いで異なることを利用して，東京湾の堆積物表層に含まれるダイオキシン類の総量の約50％は，過去に除草剤として水田に散布されたペンタクロロフェノール（PCP）やクロロニトロフェン（CNP）の不純物に由来していることを示した（図8.16）．このことは，現在でもそれらの除草剤由来のダイオキシン類が土壌に残留し，河川水を通していまだに東京湾の汚染に寄与していることを示唆している．廃棄物焼却施設を中心とする発生源対策により，ダイオキシン類の環境への排出量は大幅に削減されたが，前述した水銀の場合と同様に，それにより水域の汚染が全面的に解消されたわけではない．

　現在，有害化学物質の環境への人為発生源とそこからの排出量については，PRTR法（1.3節参照）にもとづく公表データから，ある程度は把握することができる．しかし，有害化学物質の中には，過去に大量に環境中で使用または放出され，その後土壌などに蓄積されたために，それが発生源となっていまだに水域を汚染している物質も存在する．これらの物質について環境への排出量を削減する必要がある場合には，環境中での発生源を解明し，そこからの排出量を推定することが重要となる．先に示したように，ダイオキシン類については，異性体組成を調べることにより発生源寄与の推定が可能となった．それ以外にも，環境モニタリング結果にもとづくさまざまな化学物質の発生源推定法が利

用されてきている．その詳細については，9章を参照してほしい．

8.3.2　地下水の硝酸塩汚染

　農地における過剰の施肥や家畜排せつ物の投棄によって，地下水が硝酸塩で汚染されている実態が明らかになってきた．8.2.2項で述べたように，2011年度における地下水の環境基準超過率は，硝酸性窒素および亜硝酸性窒素（環境基準10 mg L^{-1}）が3.6%と最も高かった[3]．

　乳児に硝酸イオン（NO_3^-）を多く含む水を与えると，メトヘモグロビン血症を引き起こすことが知られている．体内に入ったNO_3^-は亜硝酸イオン（NO_2^-）に還元され，酸素を運ぶ血液中のヘモグロビンと結合して，酸素を欠乏させてしまう．その結果，乳児の体はチアノーゼ症状を起こして青くなるので，ブルーベビー症とも呼ばれている．また，NO_3^-の多量摂取は，子どもの高血圧症や大人の胃がんなどの原因となることも指摘されている．

　窒素肥料や家畜排せつ物に含まれる窒素の化学形態は多様であるが，土壌微生物の働きによって変化し，アンモニウムイオン（NH_4^+）またはNO_3^-の形態で植物に利用される．しかし，余剰のNO_3^-は水に溶けやすく土壌に保持されにくいため，地下水へ流出しやすい．一方リン酸肥料の場合は，リン酸イオン（PO_4^{3-}）が土壌に強く保持されるため地下水を汚染しにくいが，降雨時に土壌浸食が起こると河川に流出し，水域の富栄養化に寄与する．

　窒素肥料がアンモニウム塩（硫酸アンモニウムが一般的）の場合には，土壌微生物の働きで下記の反応（硝化）が起こり，NO_3^-とともに水素イオン（H^+）を生成するので，土壌や地下水が酸性化しやすい．

$$NH_4^+ + 2O_2 \longrightarrow NO_3^- + 2H^+ + H_2O \qquad (8.1)$$

特に茶園地帯では，以前より窒素の過剰施肥が問題となっており，その背景には，窒素成分含有量の高い茶はテアニンなどの遊離アミノ酸が多く，良質とされることにある．静岡県中部地方の茶畑周辺の地下水では，上述した硝化によるNO_3^-濃度の上昇とpHの低下が観測されている（図8.17）．

　一方，土壌や地下水中の酸素が制限された還元的な環境に生息するバクテリアは，酸素の代わりにNO_3^-を電子受容体として利用することにより，有機物を分解する．その結果，NO_3^-は窒素ガス（N_2）に還元される．この反応は脱窒

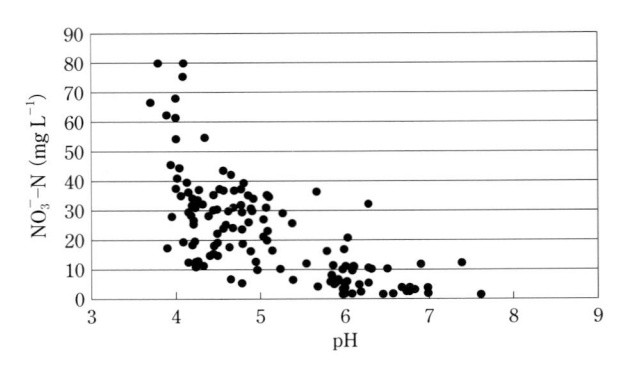

図8.17 茶畑周辺の地下水中の硝酸濃度とpHの関係
（田中ほか（2001）[19)]を一部改変）

と呼ばれ，排水中の窒素の除去法として広く利用されている．

　農業活動にかかわる地下水の硝酸塩対策としては，家畜排せつ物や施肥を適正に管理することが重要である．同じ作物で同じ収量を目標とする場合であっても，気象や土壌の条件によって必要な施肥量や施肥の時期などが異なるため，地域の条件に応じた適切な方法を選択する必要がある．

8.3.3　地球温暖化

　メタン（CH_4）と亜酸化窒素（N_2O）は温室効果ガスであるが，CO_2と同じように，産業革命以降に大気中の濃度が急増している．CO_2を1とする地球温暖化係数（1分子あたりの100年間における温室効果の強さ）は，CH_4が21，N_2Oが310と著しく大きい．このため，CH_4とN_2Oは大気中濃度が非常に低い（3章参照）にもかかわらず，産業革命以降の地球温暖化（1750～2011年における人為発生源からの温室効果ガスによるもの）に対する寄与は，それぞれ32.3％および5.7％という無視できない大きさに見積もられている[21)]．ただし，CH_4の寄与については，その排出に伴うオゾンおよび成層圏の水蒸気の増加や，CH_4に間接的に影響するその他のガスによる温室効果も含む．

　CH_4は酸素のない嫌気的な環境で微生物によって生成され，自然発生源では湿地，人為発生源では化石燃料や反芻動物（腸内発酵），埋立地・廃棄物からの発生割合が高い（**表8.2**）．一方，N_2Oは自然発生源である土壌や海洋からの発生量が多いが，人為発生源ではおもに農業活動により発生している．N_2Oは，

表8.2 地球全体からのメタンと亜酸化窒素の推定発生量 (IPCC, 2013[21]より)

	発生源	発生量 ($\times 10^6$ tC y^{-1})	発生割合 (%)
メタン	自然発生源	**261**	**51.1**
	湿地	163	32.0
	湖沼・河川	30	5.9
	野生動物	11	2.2
	山火事	2	0.4
	シロアリ	8	1.6
	地質（含海洋）	41	8.0
	ハイドレート	5	0.9
	永久凍土	1	0.1
	人為発生源	**248**	**48.9**
	水田	27	5.3
	反芻動物	67	13.1
	埋立地・廃棄物	56	11.1
	バイオマス燃焼	26	5.2
	化石燃料	72	14.2
	全発生量	**509**	**100**
	発生源	発生量 ($\times 10^6$ tN y^{-1})	発生割合 (%)
亜酸化窒素	自然発生源	**11.0**	**61.5**
	土壌	6.6	36.9
	海洋	3.8	21.2
	大気化学反応	0.6	3.4
	人為発生源	**6.9**	**38.5**
	化石燃料燃焼/工業プロセス	0.7	3.9
	農業	4.1	22.9
	バイオマス/バイオ燃料燃焼	0.7	3.9
	人の糞尿	0.2	1.1
	河川・河口・沿岸域	0.6	3.4
	陸地への大気沈着	0.4	2.2
	海洋への大気沈着	0.2	1.1
	全発生量	**17.9**	**100**

前述した土壌内における硝化（$NH_4^+ \longrightarrow NO_3^-$）および脱窒（$NO_3^- \longrightarrow N_2$）の双方の過程で生成される．

コラム　　貧困と環境

　急速な経済成長の途上にある国では，環境対策の不備による大規模な公害が発生し，高濃度暴露による健康や生態系への被害が問題となっている．本コラムでは，発展途上国の環境問題の中で，特に貧困がもたらした甚大な健康影響を取り上げる．

A. ヒ素の大規模地下水汚染

　世界各地でヒ素による地下水汚染が問題となっているが，中でもバングラデシュおよびインド西ベンガル州のケースは，規模，健康被害とも最大である．バングラデシュでは水道が整備されていないため，大部分の住民が地下水を未処理のまま飲用している．イギリス地質調査所の調査によれば，全井戸の約50%がWHOの定めた飲料水基準（10 μg L^{-1}）を超過し，28%の井戸は国内の飲料水基準（50 μg L^{-1}）をも超過していた[22]．また，このまま汚染地下水を飲み続けると，約12万5千人が皮膚がんになるとの予測結果もあり，その健康被害は非常に深刻である．

　地下水のヒ素汚染の原因は複雑であるが，ベンガル平野では堆積物中に固定された天然由来のヒ素が，なんらかの環境変化に伴い地下水中に溶出したと考えられている（5.3節参照）．大きくは，黄鉄鉱酸化説と鉄水酸化物還元説の2つがある[23]．健康被害を低減させるため，各家庭でヒ素を簡単に除去できる安価な装置の開発が望まれている．

B. 金採掘による水銀の環境汚染

　南米，アフリカ，東欧，アジアでは，小規模な手掘りによる金採掘がおこなわれており，鉱石からの金の抽出に大量の水銀が使用されている．この抽出方法は，たいへん安価で簡単である．具体的には，金とのアマルガムを形成させた後，それをバーナーで焼くことにより水銀を輝散させ，金（粗金）を得ることができる．水銀の一部は環境中に放出され，大気や河川を汚染する．さらに，水中でバクテリアの作用で無機水銀からメチル水銀に変化し，食物連鎖を通してそれが魚介類に濃縮される．このため，高濃度の水銀蒸気に暴露されている作業者だけでなく，メチル水銀で汚染された魚介類を食料としている住民への健康被害が懸念されている．発展途上国における小規模金採掘の多くは違法であるため，健康被害に関する調査は十分おこなわれておらず，その実態は不明である[24]．2013年10月に採択された水銀に関する水俣条約では，小規模金採掘は貧困層の生活を支える側面があるため，該当国が水銀使用廃絶に向けて行動計画をつくることとし，一律の禁止にはいたらなかった．

第9章　環境分析・モニタリング

9.1　化学物質と生活

　アメリカ化学会（American Chemical Society）が運営するCAS登録番号は，公開された有機，無機化学物質を登録する世界最大のシステムである．ここに登録された化学物質の数は10,145万（2015年8月現在）にのぼる．その登録数の変遷をさかのぼれば，システム発足から33年かけて1990年に1,000万件に達した後は，2008年に4,000万，2012年に7000万件を超え，その増加速度は日増しに高まっている．そして最近では1日に15,000件というスピードで増えている[1,2]．まさに我々は新しい化学物質が溢れ出る洪水の中にいるといっても過言ではない．ただし，CAS登録は工業生産を意味するわけではなく，先進各国で工業的に生産されている化学物質の数は数万種程度とされている．

　このように多数の化学物質が生み出されているわけだが，それらはたんに工場で使われたり，農薬や肥料として農業で使われたりするばかりでなく，私たちの日常製品にも使われている．農薬に類似の化学物質は家庭用殺虫剤や防虫剤に使用されるし，洗剤，シャンプー，消臭剤，香料，化粧品，医薬品，あるいは食品添加剤（防腐剤，着色剤など）などは化学物質そのものである（図9.1）．これらは生産や使用段階で，あるいは使用後にその一部または全部が周囲に放出され，直接あるいは環境を通して間接的に人や生物に取り込まれる．しかし，毒性をはじめとする安全に関する情報は，多くの化学物質について整えられているとはいえない．また，電気製品の筐体や包装材として広く使われるプラスチックも化学物質の重合体（ポリマー）である．ポリマーは分子量が大きいため，そのままでは人体を含む生物に吸収されることは少なく，毒性の観点からは影響が少ないと考えられている．しかし，自然界で分解しにくいなど，廃棄段階における問題を抱えている．

　これら工場や日常生活で使用される化学物質は，意図的に生産，使用されている化学物質である．他方，廃棄物焼却炉，ボイラー，自動車の排ガスなどに

第9章 環境分析・モニタリング

```
食品類
・安息香酸，ソルビン酸など（保存料）
・食用赤色2号など（合成着色料）
・残留微量化学物質
```

```
農薬・殺虫剤・肥料
・パラジクロロベンゼン，
　フェニトロチオンなど
```

```
家電製品
・PBDEなど（難燃剤）
・アルミニウム，鉄など（金属類）
```

```
衣料品
・ナイロン，ポリエステルなど
　（化学繊維）
・テトラクロロエチレンなど
　（ドライクリーニング）
```

```
洗剤や化粧品
・ヘキサクロロフェン，トリクロサン，
　パラベンなど（殺菌剤・防腐剤）
・LASなど（界面活性剤）
```

```
医薬品
・アセトアミノフェン，イブプロフェン，
　テトラサイクリンなど
```

```
自動車
・ベンゼン，トルエンなど
```

```
塗料や接着剤
・トルエン，キシレン，ホルムアルデヒドなど
・酢酸ビニルなど（接着剤）
```

図9.1 身のまわりの化学物質

は多様な化学物質が含まれるが，これらは意図してつくられたものではないので，**非意図的に生成した化学物質**と呼ばれる．例えば，ダイオキシン類は焼却工程で炭素と塩素が存在すれば生成するし（デノボ合成と呼ばれる），農薬の合成工程や食塩電解工程でも副反応により生成する．いずれも非意図的な生成である．

意図的な合成であれ，非意図的な生成であれ，化学物質は，合成工程からの揮発，反応容器の洗浄，あるいは日常生活での製品としての使用により環境へ出ていく．もちろん，工場の場合は排水処理装置や排ガス処理装置，家庭の場合は下水処理場において一定の分解や除去がなされるが，完全とはいかない．以下では，環境に排出された化学物質のふるまいや，それを把握する方法についてみていくことにする．

9.2　化学物質の環境における挙動

環境に放出された化学物質は，その物性によって大気，海水，堆積物，土壌などの各環境媒体に拡散していく．一般には，拡散と分解反応により時間とともに化学物質の濃度が下がっていくことが多い．しかし，例えば大気中へと移行した化学物質が雨や浮遊粒子に溶解や吸着されて降下し，土壌の表面近くで高濃度になる場合がある．また，排水に含まれた化学物質は河川を経由して海に流れ込むが，海水中の懸濁物質に吸着され（分配し），沈降して堆積物（底質）中で高濃度になる場合もある．さらに，生物濃縮作用によって水中より水生生物体内で濃度が高くなる場合（生物濃縮：bioconcentration）や，食物連鎖を通して餌生物より，それを捕食する生物で濃度が高まる場合（食物連鎖による生物蓄積：biomagnification）もある（**図9.2**）．このような化学物質が環境中で濃縮される現象は，人に健康被害を引き起こす原因ともなっており，注意が必要である．例えば，水俣病はまさにメチル水銀の濃縮した魚介類を人が食べたことが原因で引き起こされた公害病である．

9.3　化学物質の環境モニタリングの必要性

人や野生生物が化学物質を摂取した場合に受ける影響は，化学物質により千差万別である（**表9.1**）．毒性の弱い物質はともかく，毒性の強い物質については，空気，飲み水や食物の中に高濃度で存在していては問題である．したがって，①有害な物質が人や生物に有害影響を与えるレベルで存在しないかを確認する必要がある．そして，有害影響を生じるレベルを超えている化学物質が見つかった場合には，②その放出源や運ばれてきた経路を明らかにする必要があ

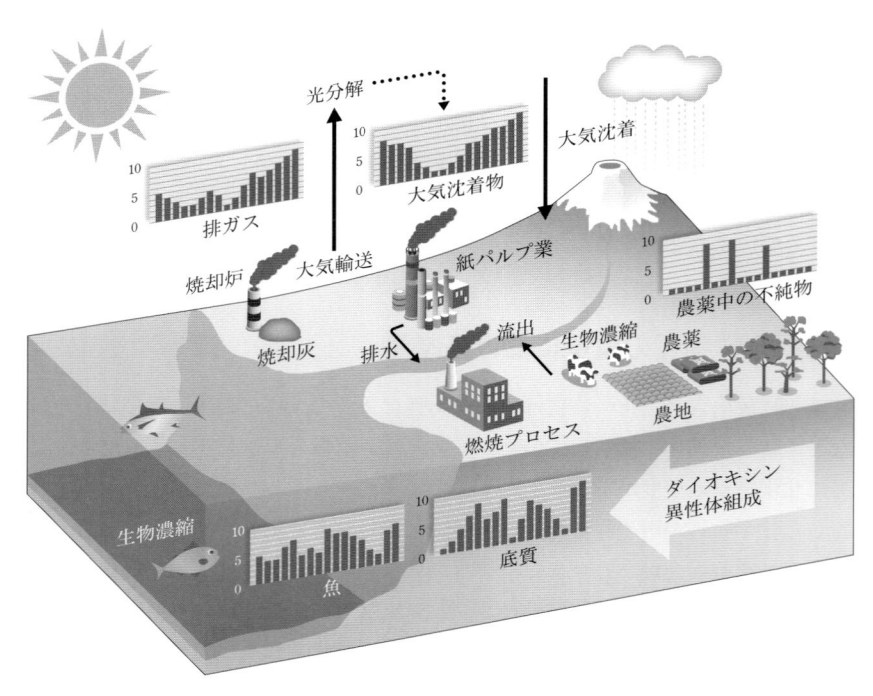

図9.2　ダイオキシン類の環境中挙動の概略図

表9.1　化学物質の急性毒性の例
（Manahan, 1989[3]）をもとに作成）

毒性ランク	半数致死量（LD50）* （mg／体重kg）	化学物質
弱毒性	10,000 mg kg^{-1} 5,000 mg kg^{-1}	エチルアルコール 食塩
中毒性	1,000 mg kg^{-1} 500 mg kg^{-1}	マラチオン（有機リン系殺虫剤） クロルデン（シロアリ駆除剤）
高毒性	100 mg kg^{-1}	ヘプタクロル（殺虫剤）
強毒性	10 mg kg^{-1} 5 mg kg^{-1} 1 mg kg^{-1}	パラチオン（殺虫剤） ダイオキシン（TCDD）ハムスター テトラエチルピロ燐酸（殺虫／殺鼠剤）
超毒性	0.1 mg kg^{-1} 0.0006 mg kg^{-1} 0.00001 mg kg^{-1}	テトロドトキシン（フグの毒） ダイオキシン（TCDD）モルモット ボツリン（ボツリヌス菌の毒素）

*実験動物における半数致死量（通常，ラットにおける経口投与）による．

る．さらに，③対策すべき化学物質が複数見つかった場合，リスクが大きいものから順次対策をとる必要がある．このような化学物質の管理の第一段階（①）の基礎情報を提供するのが**環境モニタリング**である．

9.4 化学物質の環境モニタリング

　近年，化学物質の分析方法の進歩は著しい．ひと昔前は，呈色反応を利用する比色分析がおもな分析手段であった．これは，ガラス容器内で分析対象物質と試薬を反応させて発色させ，その呈色の強さを吸光光度計で測定するという方法である．しかし，個々の化学物質に対して特異的な呈色分析法を確立するのは困難であり，また，感度の悪さや分析が手作業で煩雑であることなどの欠点がある．そのため，次第にクロマトグラフィーを利用する機器分析にとって代わられるようになった．現在では一般的に，有機化合物の分析には**ガスクロマトグラフィー**や**液体クロマトグラフィー**が，無機イオンの分析には**イオンクロマトグラフィー**が用いられるようになってきている．また，金属の分析には原子吸光分析，誘導結合プラズマ発光分析，あるいは誘導結合プラズマ質量分析などが用いられることが多い．

　本節では，環境汚染のモニタリングについて，試料の採取から定量にいたる手順を追って解説する．

9.4.1　サンプリング

　環境中の汚染物質濃度は場所や時間により変化する．もちろん，連続的にきめ細かい地点の試料を測定するにこしたことはないが，それでは分析試料数が多大になり，分析に必要な労力や費用が膨大になる．そこで，目的を満たせる範囲で試料採取（**サンプリング**）を簡略化する必要がある．急性影響のように濃度の最大値が問題になる場合は，連続測定や高頻度測定が必要だが，発がん性などのように長期間における摂取が問題となる場合は，平均的な濃度がわかればよい．こうした場合は，異なる地点や異なる時間の複数の試料を混合したコンポジット試料を作ることで，分析の労力を減らすことができる．

　サンプリングに際しては，環境媒体ごとの特徴も考慮しなければならない．大気や水は時間変動が大きい媒体なので，目的に応じたサンプリング方法を採

表9.2 求める情報とサンプリング方法の例

目的	採取方法	測定・採取の例
濃度変動や最高濃度が知りたい	連続測定，スポット採取の繰り返し	pH，電気伝導度，窒素酸化物，二酸化硫黄などの連続測定
短期間の平均濃度が知りたい	短時間に高速度で採取して1試料とする	ハイボリューム大気サンプラーによる1日採取
長期の平均濃度が知りたい	長期間に低速度で採取して1試料とする	ローボリューム大気サンプラーによる1週間採取
長期平均値がおおよそわかればいい	パッシブ型サンプリング	特殊な吸着材を大気中や水中に数週間設置

用する必要がある．この例を**表9.2**に示す．一方で，土壌や底泥（海底や河川堆積物）は過去からの長期間の汚染を反映する保存的な媒体である．これらでは時間的な変動は少ないが，地点間の変動が大きい．また，底質の場合は堆積が時間経過とともに進むため，汚染の時間経過が保存されている場合がある．さらに，採取された時期のわかっている保存生物試料も，汚染の変遷を知るうえで重要な役割を果たす（第7章参照）．

9.4.2 試料の前処理

サンプリングした試料は**前処理**を経て測定される．前処理は試料の状態や分析対象化学物質によって多様なので，以下では有機汚染物質に対する最も汎用的な分析方法であるガスクロマトグラフィーや液体クロマトグラフィーを例にして述べることにする．

固体試料の分析では，まず凍結乾燥や風乾，あるいは無水硫酸ナトリウムと混合することで乾燥・脱水した後，有機溶媒を用いて固－液**抽出**をおこなう．固－液抽出には乾留抽出器やソックスレー抽出器，あるいは自動化した高速抽出装置などが用いられる．水試料の場合には，水と溶解し合わない有機溶媒を用いて振とう抽出するか，あるいは固相吸着材に試料水を流して分析対象化学物質を固相に吸着させた後で，有機溶媒などを用いて吸着材から分析対象化学物質を抽出する．

このようにして得た抽出液を**粗抽出液**と呼ぶ．粗抽出液は分析対象化学物質だけでなく，多様な化合物（共存物質）を含む．共存物質は分析対象化学物質

の測定を妨害する場合があるので，これらを除くために**クリーンアップ**操作をおこなうことが多い．クリーンアップにも多くのやり方があるが，最も広く採用されているのは，シリカゲルや活性炭などを充填剤としたカラム・クロマトグラフィーである．この操作では，粗抽出液をまず濃縮して体積を減らしてから，カラム内の充填剤の上端に置く．次いで有機溶媒の組成を変えながらカラムの上端から流し，順次分割して採取する．このようにして粗抽出液に含まれる種々の物質を分けることを分画といい，分けられた試料を画分と呼ぶ．分析対象化学物質の入った画分について，再度濃縮をおこなった後，分析装置に注入して定量する．

9.4.3 環境汚染物質の同定と定量
A. ガスクロマトグラフによる分析

環境汚染物質の測定に用いられる機器分析装置にも多くの種類があるが，ここでは**ガスクロマトグラフ（GC）**を中心に述べる．GCの概略を**図9.3**に示す．GCの動作機構は以下のとおりである．カラムの先端に注入された試料は，ガスボンベから供給されるガスによって運ばれて，カラムを通って検出器に到達する．試料に含まれる複数の物質は，その性質によって注入されてから検出器へいたるまでの時間が違ってくるので，試料中の物質の同定と定量が可能になる．

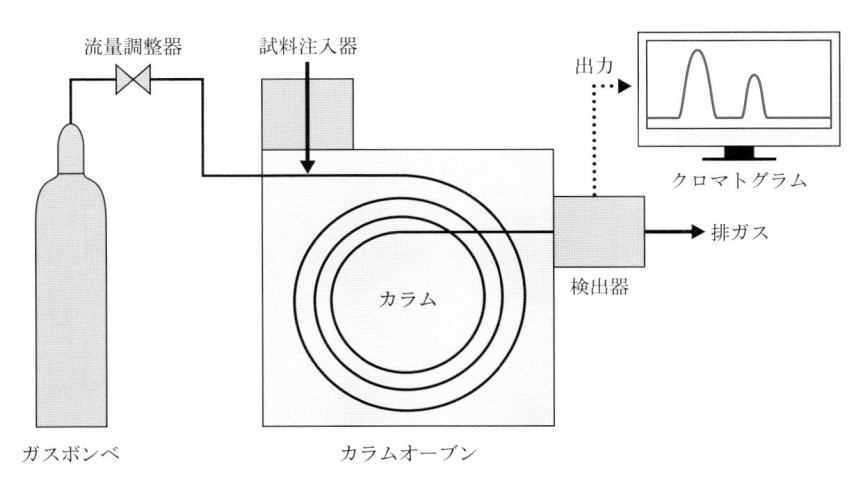

図9.3　ガスクロマトグラフの概略図

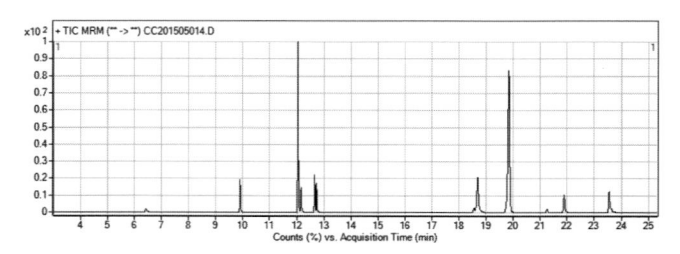

図9.4　ガスクロマトグラムの一例

　GCに用いられるカラムは，充填剤が詰まった，あるいは内面に薬剤が塗膜された細い管である．ガスボンベからはヘリウム，水素，あるいは窒素などのガス（キャリヤーガスと呼ばれる）がカラムに供給される．カラムの先端に前処理された少量の抽出液を注入すると，抽出液中の有機溶媒とその他の化学物質はカラム内をキャリヤーガスによって運ばれる．カラム内を運ばれる間に，溶媒と化学物質は，それぞれの揮発性や充填剤との親和性の違いに応じて運ばれる速さに差が生じる．そして一般には，揮発性の高い溶媒が最初にカラムを通過し，遅れて種々の化学物質が通過する．また，カラムオーブンの温度を上昇させることで，化学物質のカラム内での移動速度を高めることができ，適当な時間間隔で化学物質をカラムの出口にある検出器まで到達させることができる．

　検出器は，運ばれてきた化学物質の量に応じたシグナルを出力する．抽出液注入後のシグナルの時間変化を記録したグラフはクロマトグラムと呼ばれ，化学物質に対応したピークが描かれる（**図9.4**）．一般に環境には多様な化学物質が共存しているので，検出される物質も多数になる．したがって，GCによる分析において，試料に含まれる各種物質の分離こそが最も重要である．使用されるカラムは，長さ数十センチの充填剤カラムから，数十メートルの毛細管を用いるキャピラリーカラムに進化したことで，化合物の分離能は格段によくなった．

　それでも個々のピークが単一物質により構成されることを保証できるわけではない．そこで，個々の化学物質を分離できる検出器の開発が進められてきた．例えば，水素炎イオン化検出器（Flame Ionization Detector : FID）では，カラムから出てくる炭素量に応じたシグナルが得られるので，有機物はすべて検出

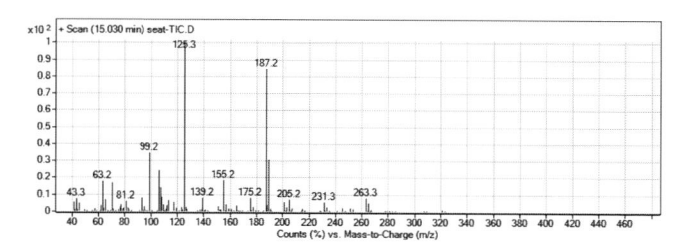

図9.5　質量スペクトルの一例

できるという網羅性があるが，共存する妨害物質の影響を受けやすい．一方，電子捕獲検出器（Electron Capture Detector：ECD）は有機ハロゲン化合物に，炎光光度検出器（Flame Photometric Detector：FPD）は硫黄やリンを含む化合物に対して感度が高い特徴があり，特定の元素を含む化学物質を検出したい場合に有効である．しかし，これらの特異性をもつ検出器であっても，保持時間（ピークが出てくるまでの時間）が重なる複数の化学物質は区別できない．このような場合でも威力を発揮するのが，質量分析である．

B. 質量分析

　質量分析では，各ピークの質量スペクトルを得ることができる．質量スペクトルとは，分子をイオン化したときに生成する分子イオンやそれが壊れた解裂イオンについて，横軸に電荷あたりの質量数（質量／電荷），縦軸にその数をプロットしたもので，分子構造に特有なパターンを示す．これを既存の質量スペクトル・ライブラリーと照合することで，ピークの化学物質の分子構造を推定することが可能になる（**図9.5**）．また，2種以上の化学物質が重なったピークでも，共通しないイオンを選ぶことで個別に検出することが可能になる．このように質量分析は，化学物質を個別に検出する能力においてすぐれているため，ガスクロマトグラフと質量分析計（MS）を結合した**ガスクロマトグラフー質量分析計（GC–MS）**は，現在の有機汚染物質分析における最も強力な手段となっている．しかし，GC–MSで分析できるのはガス化する化学物質に限られる．

　そこで，揮発性の低い化学物質に対して用いられるようになったのが**液体クロマトグラフー質量分析計（LC–MS）**である．キャリヤーガスの代わりに移動相と呼ばれる液体（有機溶媒や水溶液，あるいはそれらの混合液）をカラムに

ポンプを使って流すので，移動相に溶解する化学物質であれば分析対象となる．

9.4.4 分析の質の管理

　分析値は正確でなければならない．しかし，ひとつの分析対象物質に対して複数の分析方法が存在し，異なる結果が得られる場合もある．環境汚染物質には法律などで基準値が定められたものがあり，方法によって異なる分析結果が得られるようでは困る．そこでこれらの物質については，環境省などにより公定分析法や調査マニュアルが準備されているので，それらに従って分析することが望ましい．国立環境研究所が運営する環境測定法データベース（http://db-out.nies.go.jp/emdb/index.php）を用いて，これら分析方法を検索することができる．公定分析方法が存在しない項目や，装置などの制約のため利用できない場合は，既存文献などから適切な方法を選択し，正確性を確認しつつ利用することになる．

　適切な方法を用いて分析を正確におこない，分析操作と結果を正しく記録に残すことは分析者の基本的な務めである．しかし，いかに努力をしても，分析誤差は分析のすべての段階で起こり得る．分析の正確性の確保には，どのような注意が必要かをみていくことにしよう．

A. サンプリング

　9.4.1項で述べたとおり，サンプリングでは測定の目的に応じた試料の採取がおこなわれなければならない（表9.2）．例えば土壌汚染では，わずかしか離れていない場所でも大きな濃度の違いがみられることがある．このような不均一な媒体の場合，多地点で採取した試料を混合して1つの試料とするなどして，汚染の見落としを減らし，平均的な濃度を求めるように努める必要がある．

B. ブランク試験

　サンプリングや分析操作のすべての段階を通して，試料が外から汚染されること（コンタミネーションと呼ばれる）がないように気をつける必要がある．例えば，使用する容器や器具は適切に洗浄しなければならない．特に高濃度の試料を分析した後で低濃度の試料を扱う場合は，十分な注意が必要である．分析に用いる純水や試薬，あるいは，分析室内の空気からの汚染にも気をつける必要がある．

　このような汚染の混入の有無と程度を知るためにブランク試験をおこなう．

ブランク試験とは，実試料の代わりに分析対象物質を含まない純水などについて，実試料と同じ操作でおこなう分析のことである．ブランク試験で得られた濃度が十分に小さくない場合は，汚染が起きている証拠であり，その原因を特定し，除去する必要がある．しかし，分析対象化学物質が分析に必要な試薬自体に含まれるなど，排除できない場合もある．そのような場合は，ブランク値の変動が小さいことを確認したうえで，試料の測定値からブランク値を差し引くことで分析結果を補正する．

C. 回収試験

　有機汚染物質の分析では，試料から分析対象物質を有機溶媒で抽出することが多い．抽出における回収率は100％に近いことが望ましいが，常に高い回収率が達成できるわけではない．そこで，ある試料について，そのままの試料と既知量の分析対象物質を添加した試料を分析し，両試料の分析値の差と添加量を比較して回収率を求める**回収試験**をおこなう．複数回の試験で回収率の変動が小さければ，その値で試料の分析値を補正することにより，より正確な濃度を求めることができる．回収率が低かったり，一定でなかったりする場合は，正確な分析値は得られないので，分析方法を再検討する必要がある．回収率が低くなる原因としては，試料から分析対象物質を抽出できていない，分析操作中に揮発，分解，容器へ付着していることなどが考えられる．

　なお，試料にもともと含まれる化学物質は，回収試験で添加した同一化学質より抽出されにくいことが知られている．これは，化学物質が土壌粒子のような多孔質の媒体と長時間接していると，孔の奥に侵入するなどして，水や有機溶媒で容易に抽出されにくくなるという現象（英語でsequestrationと呼ばれる）のためである．添加回収試験でよい結果が得られても，必ずしも実試料中の化学物質の回収率を保証しない場合があることには，留意する必要がある．

D. 再現性の確保

　同じ試料を複数回分析し，ほぼ同じ分析値が得られる場合を「再現性がよい」といい，その分析値の信頼性は高いことになる．再現性は分析方法のみならず，分析者の技量にも依存する．分析者はすべての試料に対してまったく同様な操作がおこなえるように技量を磨かなければならない．

E. 化学物質の同定における過誤の防止

　本来あってはならないことであるが，検出した物質を間違った物質と判定し

てしまう過誤が起こることがある．クロマトグラフィーによる分析では，分析対象物質が出てくる位置やその近くにほかの物質のピークが存在する場合に，誤認が起こりやすい．このような場合，クロマトグラム上の位置だけでなく，ほかの方法，例えば質量スペクトルなどでの確認が必要になる．

F. 定量誤差要因の除去

今日では，化学物質の定量は分析機器によっておこなうことが多い．機器には検出した化合物の量に応じた出力が期待されているが，実際には出力シグナルには種々の原因による誤差が生じる．その要因のひとつとして，分析装置への試料の注入量が一定しないことがあげられる．また，試料には分析対象化学物質以外にも多様な共存物質が存在するため，クロマトグラム上の分析対象物質のピーク付近に別の物質のピークが存在したり，重なったりして正確な定量を妨害する．さらに，共存物質の存在は，例えば質量分析の場合，イオン化効率を変化させることがあり，同一量の化学物質が含まれる試料であっても共存物質の量や種類の違いにより，異なった値が出力されてしまう可能性がある．このように，共存物質は分析を妨害するので，前処理段階でできるだけ除去することが望ましいが，完全に除去することは難しい．分析者は常に分析結果に細心の注意を払い，過去の経験と異なる点がある場合は，再分析するなどして確認すべきである．

G. 誤差の補正

以上に述べてきた分析上の誤りを減らすために役立つ代表的な方法として，試料中には存在せず，分析操作の間では分析対象物質とほぼ同様な挙動をする**サロゲート物質**（surrogate）の利用がある．サロゲート物質としては，分析対象物質の安定同位体標識化合物（ラベル化合物）がよく使用される．例えば，自然界に多く存在する質量数12の炭素（^{12}C）を質量数13の炭素（^{13}C）で置き代えた物質のことである．現在では，^{13}Cや重水素（^{2}H）でラベルされた物質が多くの環境汚染物質について市販されている．

安定同位体ラベル化合物は自然界にはほとんど存在しない．また，もとの化合物と物理化学的性質がほとんど同じなので，分析操作中は分析対象物質と同じ挙動を示す．すなわち，分析対象物質と同一の回収率，イオン化効率などをもつ．したがって，既知量のラベル化合物を試料に添加しておき，それも合わせて分析・測定することで，分析操作を通して分析対象化学物質が受けたロス

や共存物質による妨害を補正することが可能になる．

H. 認証標準物質の分析による正確性の確認

種々の手段を講じて分析誤差を減らす努力がなされていることを述べてきたが，正しい測定値を出せたか否かの確認はどのようにすればいいのだろうか．この確認のために，認証標準物質と呼ばれる多様な物質が各国の機関から供給されている．例えば，産業技術総合研究所計量標準総合センターは，環境組成標準物質として，金属元素，塩素系農薬，多環芳香族炭化水素などの正確な濃度（認証値）を求めた河川水，海水，海底堆積物，湖底堆積物，粉じん，あるいは食品などの試料を頒布している．これらを購入して自分の試料と同時に分析することで，分析の正確性を確認することが可能である．

9.5　モニタリング・データの利用と解析

環境試料中の汚染物質の濃度が得られれば，その数値を環境基準や排出基準などと比較することで，汚染の程度を評価できる．さらに，環境媒体中の濃度とその媒体の摂取量（空気なら呼吸量，食品なら食べる量）とを掛け合わせ，各媒体について加算することで，その汚染物質の総摂取量が求まる．多数の汚染物質について国や国際機関により定められた摂取量の基準値（一日許容摂取量などと呼ばれる）やガイドライン値が存在するので，それらと比較することも可能である．さらに，モニタリング・データは種々の解析にも利用される．以下にそれらについて簡単にみていこう．

9.5.1　汚染物質の移動と収支

図9.6は，2002年頃の東京湾におけるダイオキシン類の収支を推定したものである[4]．この図をつくるには，湾への流入と湾内海水からの消失機構を網羅し，それぞれについてモニタリングする必要がある．この概略を以下に述べよう．

まず，東京湾への**ダイオキシン類**の流入経路であるが，河川からの流入と大気からの沈着の2つが考えられる．そこで，東京湾に流入する主要な河川で河川水を採取・分析し，得られた濃度と流量から各河川により湾内に持ち込まれるダイオキシン類の量を推定した．次に大気からの沈着は，東京湾に近い陸上の建物の屋上に水の入ったバケツを設置し，その水面に沈着してくるダイオキ

河川流域の推定残存量：
24,000 g-TEQ

大気からの沈着負荷：
6.3 g-TEQ y^{-1}
（負荷量の27%）

大気

河川からの流入負荷：
17 g-TEQ y^{-1}
（負荷量の73%）

東京湾海水
海水中の存在量：
1.0 g-TEQ

湾外への流出：
0.32 g-TEQ y^{-1}
（湾内海水からの除去の1%）

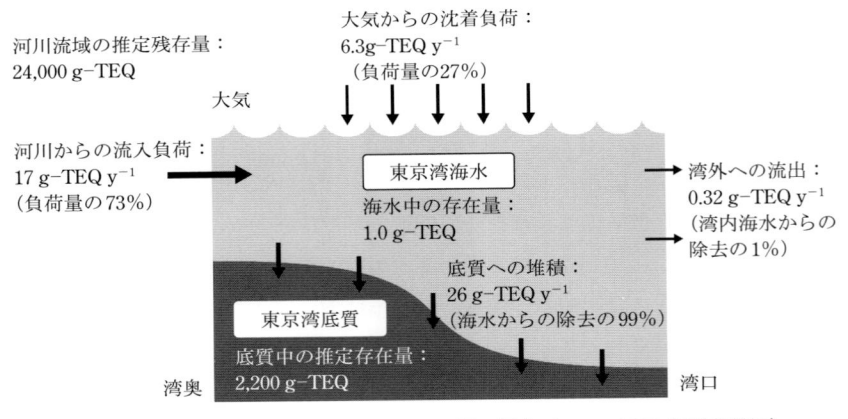

底質への堆積：
26 g-TEQ y^{-1}
（海水からの除去の99%）

東京湾底質
底質中の推定存在量：
2,200 g-TEQ

湾奥　　　　　　　　　　　　　　　　湾口

図9.6　東京湾におけるダイオキシン類の収支（2002-2003年頃の状況）
（小林，2004[4]）をもとに作成）

シン類の量を測定することで推定した．この際，沈着速度は東京湾全域で一定と仮定した．

　湾内のダイオキシン類の存在量は，湾内の複数の地点において複数の水深でサンプリングした海水試料のダイオキシン類濃度を測定し，湾内におけるおおまかな濃度分布を想定して求めた．

　東京湾からの消失量については，湾口からの湾外への流出量と海底への沈降の2つを考慮し，海面からの揮発は無視した．湾口からの流出量は，湾内の海水中ダイオキシン類平均濃度と湾内外の海水の交換量から推定した．海水から海底への堆積量については，本研究では湾への流入量と外洋への流出量の差から推定したが，別法としては，表層底質中の濃度と底質の堆積速度から推定することも可能である．

　このようにして汚染物質の移動や収支を明らかにすることで，ダイオキシン類は外洋には出ていきにくく，閉鎖性水域の底泥汚染を引き起こすことが示された．このことは，海域へ流れ出たダイオキシン類は，沿岸にとどまり，底生生物やそれを食べる魚に移行していく可能性が高いことを示唆している．

9.5.2　汚染の変遷を知る

　つぎに，過去からの環境汚染の変遷を知る方法について考えてみよう．例え

9.5 モニタリング・データの利用と解析

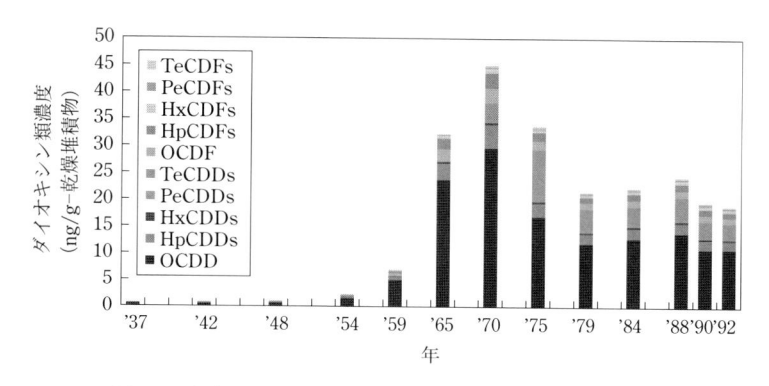

図9.7 東京湾の底質コア中のダイオキシン類濃度の変遷
（益永ほか，2001[6]をもとに作成）

ば，新しい大気汚染物質が発見されたとする．その汚染が現在拡大傾向にあるのか，あるいは低減傾向にあるのかは，対策の緊急性を判断するうえでおおいに興味があることである．もちろん継続的な測定値があればわかることだが，過去の大気の測定は不可能だし，傾向を見いだすためには今後の長期間の測定が必要となる．このような場合，保存的な媒体を測定することで過去の変遷を推定することができる．大気の場合，木の樹皮が保存されている入皮[注1]は，年輪と関係づけることで年代ごとの樹皮が採取できる．樹皮は大気汚染を反映していることが知られている[5]．

　湾や湖沼の底泥も汚染の歴史を保存している．**図9.7**は，東京湾の中央部で採取され，年代測定された底泥コア（底泥に筒を差し込み柱状に採取したもの）のダイオキシン類を分析した例である．これによって，ダイオキシン類の汚染は1960年代に最もひどく，その後は改善していることがわかる[6]．1990年頃にダイオキシン類汚染が社会的に取り上げられたとき，おおかたの認識は，日本では廃棄物の焼却量が増えているので，ダイオキシン類汚染も拡大途上にある，というものであった．しかし事実は異なり，汚染は沈静化する途上にあったのである．1960年代の高汚染の原因は，1960年代から1970年代にかけて，高濃

注1　樹皮が樹木内に保存された部分のことで，例えば二股になった幹の間には年代順に樹皮が挟まれて残っている．

度のダイオキシン類を含む農薬（除草剤）が水田に大量に散布され，東京湾に流れ込んだためであった．その後，ダイオキシン類を含有する農薬の使用は減少していったため，湾内の汚染も低減したのである．

9.5.3　汚染源と寄与率の推定

環境汚染の存在がわかっても，対策をとるにはその**汚染源**を特定しなれればならない．例えば，近年注目されているPM2.5については，大陸からの風によって運ばれてくるものと，国内で発生したもの，さらには，大気中の反応によって生成したもの（二次生成と呼ぶ）などがあるとされる．国内発生の寄与より大陸からの寄与が大きい場合，国内対策を厳しくおこなっても効果には限界がある．寄与の大きな汚染源に削減努力を集中するほうが効果的である．

このように，汚染源を特定することと，汚染源ごとの寄与割合を推定することは，効率的な対策を実行するために欠かせない．また，その２つは費用負担を求める際の根拠としても重要である．以下では，汚染源の特定と寄与率の推定のために役立つ手法を紹介する．

A.　濃度分布にもとづく推定

河川のように媒体が一定の方向に流れる環境では，その方向に沿って汚染物質の濃度分布を調べることが，汚染源の特定に有効である．例えば，河川のある箇所で濃度上昇がみられたとしたら，その近傍に流入している支川や排水管が汚染源と目することができる．また，海域や湖沼では面的に調査をおこなうべきであろう．もし濃度が高い地点があれば，その付近に汚染源があると見なすことができ，さらに詳細な調査をすることで汚染源の特定に近づくことができる．

B.　指標物質にもとづく方法

ある汚染源に特徴的に存在し，ほかの汚染源には存在しない物質を**指標物質**と呼ぶ．例えば，人の糞便に特異的な物質としてコプロスタノールやウロビリンがあるが，これらは家庭下水による汚染の指標になる．家庭用洗剤として使われる直鎖アルキルベンゼンスルホン酸も下水の指標になる．これら指標物質と類似の濃度分布をしている汚染物質が存在した場合，それは家庭下水が原因と目することができる．ほかの例では，石油燃焼排ガスの指標としてバナジウムが使われることがある．

C. 組成情報にもとづく推定

各汚染源は同時に多数の化学物質を放出していることが多く，これら化学物質の組成によっても汚染源を特徴づけることができる．指標物質の場合と異なり，**組成情報**を用いる場合は，個々の化学物質は複数の汚染源で共通であってもそれらの汚染源を区別できるので，応用範囲が広くなる．また，多変量解析という統計手法を応用することで，環境モニタリングで得られた多数の化学物質の時間変動や濃度分布を説明するために必要な汚染源の数と，それらの化学物質組成の特徴，さらには各汚染源の寄与の推定が可能である．

組成情報を用いる手法のうち，最も古典的なのは**化学マスバランス（Chemical Mass Balance）法**である．化学マスバランス法を実践するには，各汚染源における組成があらかじめ測定されている必要があり，それらを用いて，環境測定点ごとの汚染源別の寄与率を推定することができる[7]．近年の計算機の進歩に伴い，各汚染源における組成情報が得られていなくても，環境での測定数を増やすことで，各汚染源における組成や各測定点における汚染源別の寄与を計算する手法が生まれている．例えば，Positive Matrix Factorization（PMF）法は無償配付されるコンピュータ・プログラムを用いて計算可能である[8]．

D. バック・トラジェクトリー法

汚染物質の流れを逆にたどることで汚染源に到達する方法である．ある観測点に高い濃度の気団（空気の塊）が達したとき，その気団のたどった軌跡を風向にもとづいて逆にたどる．このようにして，観測点で高濃度が起こった時刻の軌跡を多数集めて，それらの軌跡が共通通ってきた地点が見つかれば，そこに汚染源が存在すると推定することができる．

以上のように多様な汚染源解析手法が存在するので，モニタリング・データの状況に応じた適切な方法を選択することで，汚染源解析を進めることができる．

9.6 環境分析の進展と今後

環境分析技術の進歩が，より低濃度の化学物質の検出と定量を可能にしてきた．これまでは検出限界以下だった環境中の化学物質の存在が，次々と明らか

になってきている．その結果，環境中に化学物質が存在するという事実を問題にするのではなく，それらが検出された濃度レベルでそこに棲む生物の生息や人の健康に悪影響を与えるか，に注目することが必要になってきた．すなわち，環境モニタリング結果にもとづいて人や野生生物の摂取量を推定し，環境リスク評価につなげることがより重視される時代になるだろう．次章では環境汚染物質のリスク評価手法について述べることにする．

コラム　　アクティブ・サンプリングとパッシブ・サンプリング

　環境モニタリングでは，目的に応じたサンプリング方法を選択しなければならないことを述べた（9.4.1項）．ここでは，2つの特徴的な大気汚染物質のサンプリング方法を紹介する．

　ひとつはアクティブ・サンプリングで，吸着剤を詰めたカラムにポンプを使って空気を流すことで，決められた体積の空気から分析対象化学物質を集める方法である．この方法では吸引した空気量がわかるので，正確な濃度を求めることができる．他方，パッシブ・サンプリングでは，空気中に吸着剤を決められた時間放置し，吸着剤に吸着した化合物の量を測定する．パッシブ法の場合，事前にアクティブ法と同時測定をおこない，吸着剤に集まった化合物の量と大気中の濃度との関係を求めておく必要がある．また，風速や気温などの影響を受けるので，パッシブ法による測定の正確性はアクティブ法に劣る．パッシブ法の利点は，ポンプのような高価な装置が不要で，電気も不要なことから，山岳地などどんな場所でも利用でき，労力をかけずに同時に多数の試料を採取できることである．正確な濃度がわからなくても，地点間の濃度レベルの比較や，広域から汚染レベルの高い地点を見つけ出したい場合などに適している．

　図 9.8 に，アクティブサンプラーとパッシブサンプラーの例を示す．図 9.9 には，パッシブサンプラーを日本全国 55 地点で 3 シーズンにそれぞれ 8 週間設置して採取された大気中のポリ塩化ビフェニール量（PCB）を測定した事例を示した．日本国内では大気中の PCB 汚染レベルに大きな違いがあることがわかる．個々の地点について原因を論じることはできないが，特に関西地方で汚染レベルが高いのは，この地域に日本の PCB 生産工場があり，かつ使用量も多かったためと考えられている．

9.6　環境分析の進展と今後

図9.8　アクティブサンプラー（左）とパッシブサンプラー（右）の例

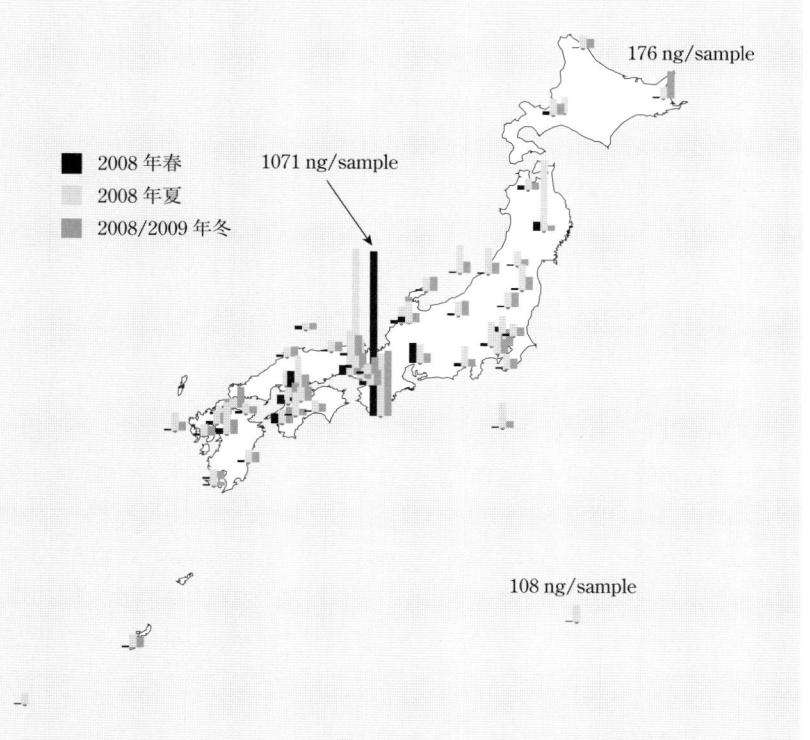

図9.9　日本の55地点，3シーズンにおけるパッシブサンプラーによる大気中のポリ塩化ビフェニールの測定結果
（Hogarh *et al.*, 2013[9)]より）

第10章　化学物質のリスク評価

10.1　化学物質のハザードとリスク

　個々の化学物質は種々の物性を有している．物理化学的な性質である融点，沸点，比重，融解熱，引火性，反応性，分解性，可燃性，爆発性などは，それぞれの化学物質に固有である．また，人や生物に対する有害影響（毒性）などは，物質に固有の性質ではあるが，相手の生物種や個体にも依存する場合がある．多様な性質のうち，都合の悪い性質をもつ化学物質は，「ハザードである」とか「ハザードを有する」と表現される．すなわち，**ハザード**とは潜在的な危険有害性を持つ物質や活動のことである．

　ハザードと似た言葉にリスクがある．いささか古典的な定義になるが，**リスク**とは，①望ましくない事象が起こる可能性，②望ましくない事象の重大さ，の2つの組み合わせである[1,2]．毒性を有する化学物質はハザードであるが，ガラス瓶に封印され厳重に管理されていて，人が触れたり体内に取り込んだりする（暴露される）ことがなければ，有害性は発現されない．この場合リスクはない（リスクはゼロ）といえる．

　ハザードは化学物質の性質であるが，リスクはハザードを有する化学物質が実際に悪い影響を発現する可能性のことであるから，暴露する可能性をも考慮に入れている点が異なる．したがって，リスク評価の出発点はハザードの発見であるが，ハザードがそのままリスクではない．毒性が強い化学物質であっても暴露量が少なければリスクは小さく，毒性が弱くても大量に暴露すれば大きなリスクとなり得る．以下では，化学物質のリスク評価の手順をみていこう．

10.2　化学物質の環境リスク評価

　1983年，米国の国家研究協議会は世界で最初のリスク評価に関する教科書とも呼べる報告書を発刊した[3]．そこには，**リスク評価**の基本手順が示されて

10.2 化学物質の環境リスク評価

```
ハザードの同定
    ↓
エンドポイントの決定
    ↓
用量-反応関係    暴露評価
        ↓   ↓
        リスク評価
```

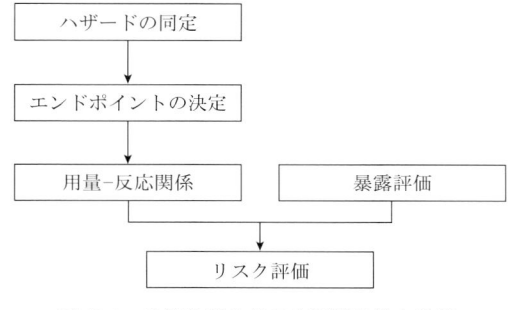

図10.1　化学物質のリスク評価の基本手順
（NRC, 1983[3)]を改変）

いる（**図10.1**）．リスク評価は化学物質のハザード情報を見つけることからはじまる．この手順を追っていこう．

10.2.1　エンドポイント（影響判定点）

リスク評価では化学物質のハザードが見つかった場合，その結果として起こる望ましくない事象のことを**エンドポイント**（影響判定点）と呼ぶ．より正確にいえば，リスクを定量的に表現しやすいように選ばれた望ましくない事象がエンドポイントである．エンドポイントとしては，多くの人が容易に理解できるものが適切だろう．例えば，(a) 多くの人が避けたいと思う事柄であること，(b) 人の健康，または生態系の保全の中で重要な意義があること，(c) 測定や予測ができること，などの性質を有するものが望ましい．

10.2.2　用量-反応関係

人や生物が体内に取り込んだ化学物質の量のことを用量と呼び，暴露量と同じ意味で用いられる．用量に応じて，エンドポイントにおいてどのような変化が起こるかという関係を記述したのが**用量-反応関係**（dose-response relationship. 用量-応答関係とも呼ばれる）である．この関係には，用量と望ましくない事象の発現確率との関係の場合と，エンドポイントの重篤度が変わる場合の両方が含まれる．ここで，発現確率とは，例えば1万人あたりの発がん人数であり，重篤度とは，例えば症状の重さである．

人の健康リスクを評価したい場合，人における用量-反応関係を利用するこ

とが望ましい．しかし，人を使った実験をすることはできないので，人に対する用量－反応関係が得られていることはまれである．それでも，例えば，大気汚染レベルの異なる複数の地域で呼吸器症状の有症率や肺機能を調査したり，化学物質暴露が比較的高い工場労働者を調査したりすれば，人の用量－反応関係を得ることができる．このような集団に対する調査は疫学調査と呼ばれる．人に関する情報のない化学物質については，動物への暴露実験や，細胞を使ったバイオアッセイ試験結果を用いて推定することになる．

A. 閾値をもつ化学物質の用量－反応関係

　毒性学の祖とされるパラケルスス（Paracelsus, 1493–1541）は「すべてのものが毒になりうる．毒かそうでないかは，量によって決まる」と書いた．人間が必須とする食塩であっても，大量に摂取すれば死にいたるわけで（表9.1参照），化学物質を有害と無害に二分することは無意味である．そこで，有害と無害の境目の用量が問題になる．この境目の用量を**閾値**（しきいち，いきち）と呼ぶ．

　パラケルススが述べたように，多くの化学物質は閾値をもつとされるが，閾値をもたないとされる化学物質もある．遺伝子を傷つける発がん物質や放射線の場合である．これらについては，どんなに低い用量でもそれに応じた影響がある，という考え方が採用されている．その理由のひとつは，これらの物質や放射線の影響が非常に低い用量（あるいは線量）でもみられることである．また，発がんが遺伝子の構造変化により起こるならば，その反応は1分子の化学物質によっても起こり得るという，発がんメカニズム上の想定から，上記の考え方が支持されている．これら閾値をもたない化学物質については次節で述べることにして，ここでは閾値をもつ化学物質に話を戻す．

　閾値をもつ化学物質の用量－反応関係の一例を**図10.2**に示す．この図は，ある化学物質を多数の実験動物に異なる用量で暴露させ，ある症状（エンドポイント）が生起した割合をプロットしたものである．この図では，用量を実験動物の単位体重あたりの量（単位は$mg\ kg^{-1}$）で示している．3つの実験結果を■，◆，△のプロットで示し，各結果から得られる近似曲線を併記した．

　まずは，■で示した6段階の用量区での試験結果を近似した曲線（実線）を見てみよう．この曲線からは，影響を受けた動物が半数（50%）となる用量は$4.2\ mg\ kg^{-1}$と読み取れる．この「影響を受けた動物が半数となる用量」を**半**

10.2 化学物質の環境リスク評価

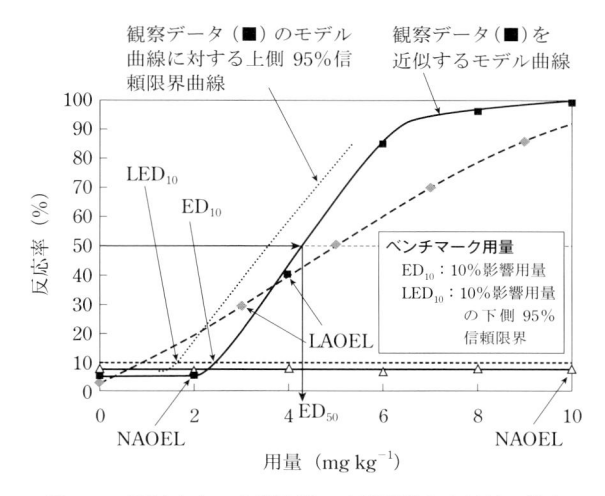

図10.2 閾値をもつ化学物質の毒性試験と毒性値の導出

数影響量（50% effective dose, ED50）と呼ぶ[注1]．なお，影響が致死である場合は，**半数致死量**（50% lethal dose, LD50）や**半数致死濃度**（50% lethal concentration, LC50）と呼ばれる．ED50やLD50は影響の大きさを比較するのに役立つが，人の健康リスク評価でより問題となるのは，悪影響がみられるかどうかの境目の用量，すなわち閾値である．この実験では，2 mg kg^{-1} の用量区では対象区（用量が 0 mg kg^{-1} の実験群）との間に反応における違いが認められていないのに対し，4 mg kg^{-1} の用量区では影響を受けた動物の数が明らかに増加している．ここで新たにふたつの指標を導入しよう．「化学物質について悪影響が観察されなかった最大用量」を指す**無悪影響量**（no-observed adverse effect level : **NOAEL**）と，「影響が観察された最小用量」を指す**最小悪影響量**（lowest-observed adverse effect level : **LOAEL**）である．この実験では，NOAELは 2 mg kg^{-1}，LOAELは 4 mg kg^{-1} であった．

これに対し，図10.2に◆で示した実験では，最小の用量区である 3 mg kg^{-1} ですでに影響がみられているためNOAELは知ることができず，LOAEL（3 mg kg^{-1}）のみが得られている．3つ目の△の実験では，最大の用量区であ

注1　用量を濃度で表す場合は**半数影響濃度**（50% effective concentration, EC50）と呼ぶ

る $10\ \mathrm{mg\ kg^{-1}}$ でも対象区と変化が無く，この場合は NOAEL（$10\ \mathrm{mg\ kg^{-1}}$）のみが得られている．

このように，NOAEL や LOAEL を精度よく導けるか否かは，実験における用量区の設定に依存する．しかもこれらの値の導出には，閾値付近の用量区のデータのみを使用し，ほかのより高い用量のデータはまったく役に立っていない．このように，NOAEL や LOAEL は，実験条件に依存してしまうという欠点を持っている．この欠点を補うために**ベンチマーク用量**という考え方が提案されている．これについては，コラム「ベンチマーク用量」（223 ページ）を参照されたい．

B. 閾値をもたない化学物質の用量－反応関係

発がん物質は閾値をもたないと述べたが，発がん物質にも種類があるので，ひとまとめにはできない．遺伝毒性をもつ**発がん物質**には閾値がないが，その他の発がん物質には閾値があると考えられている．ここでは閾値をもたない発がん物質の用量－反応関係についてみていこう．

発がんを考える場合に問題となる**生涯発がん確率**は，ふつう $10^{-4} \sim 10^{-6}$ という低い値である．ここで生涯発がん確率とは，ある一定の用量や濃度レベルで一生涯暴露し続ける場合，その一生涯の間でどのくらいの割合の人ががんになるかを表したものである．例えば，生涯発がん確率 10^{-4} とは，1 万人がある用量で一生涯暴露し続けたとき，そのうちの 1 人ががんになるということである．このような低い確率を毒性試験で確認するには，膨大な数の実験動物が必要であり，事実上実施不可能である．そこで，発がん性は実環境で起こり得るよりずっと高い用量で試験されるのがふつうである．したがって，実環境での用量における発がん確率を予測するには，実験データを低用量の方向に外挿する必要がある．この際，閾値の有無，あるいは外挿曲線が上に凸か下に凸かなどをどのように想定するかによって，実際の用量レベルでの発がん確率の推定値は大きく違ってきてしまう（**図 10.3**）．いずれの場合も，閾値があるとするモデルとくらべると，閾値がないとするモデルは低濃度における発がん確率を大きめに推定することになる．このような，リスクを過大に評価しても過小には評価しない場合を安全側の推定と呼ぶ．

アメリカ環境保護庁（USEPA）では閾値のない発がん物質に対し，**線形化多段階モデル**（linearized multi-stage model）を適用している．線形化多段階モデ

10.2 化学物質の環境リスク評価

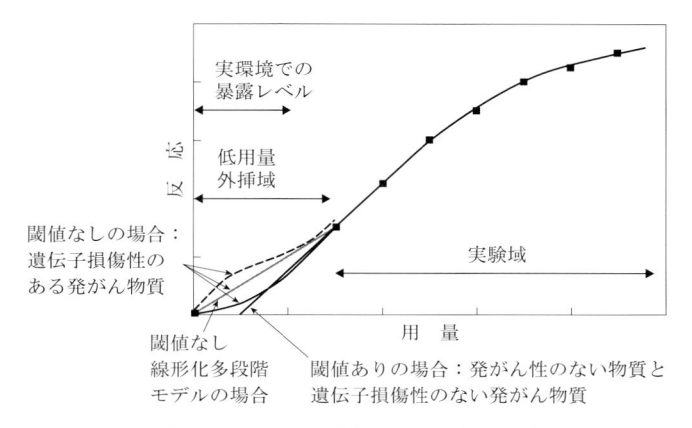

図10.3 閾値をもたない化学物質の毒性試験と低用量外挿

ルの一般式を用量－反応関係のデータにあてはめ，低用量で効く項を残して近似式を得れば，発がん確率は用量の一次式（線形）になる[4]．したがって，生涯発がん確率は次式で表せることになる．

$$\text{生涯発がん確率} = q \times [\text{用量}] \quad (10.1\text{a})$$

$$\text{生涯発がん確率} = u \times [\text{暴露濃度}] \quad (10.1\text{b})$$

ここで，qは発がん性の強さの指標で，**スロープファクター**（slope factor）と呼ばれ，用量（例えば，$\mathrm{mg\ kg^{-1}\ d^{-1}}$）あたりの確率で表される（式(10.1a)）．なお，用量の代わりに環境媒体中の化学物質の濃度を用いることもあり，その場合は，uは**ユニットリスク**（unit risk）と呼ばれ，例えば，大気中濃度（$\mathrm{mg\ m^{-3}}$）に対する確率になる（式(10.1b)）．なおUSEPAでは，低用量での発がんが非線形であることを支持する証拠がある化合物については，非線形モデルを用いるとしている．

10.2.3 暴露評価

リスク評価のためには，用量－反応関係を得るとともに，実際の暴露量を推定しなければならない．これを**暴露評価**と呼ぶ．暴露評価では，エンドポイントに応じて暴露期間，暴露経路，暴露経路上のどこで評価するかを決めなければならない．以下に，暴露評価において考慮すべきことを説明する．

A. 暴露経路

人が化学物質に暴露される経路としては，吸入，経口，および経皮がある．空気中のガス状物質や浮遊粒子に付着して存在する化学物質は，呼吸により摂取され，主として肺で吸収される（**吸入暴露**）．食物や飲み水に含まれる化学物質は，口を通して摂取され，消化器官で吸収される（**経口暴露**）．また，土壌中の汚染物質は，土壌に触れた際に皮膚を通して吸収される（**経皮暴露**）．複数の経路から同一の化学物質の暴露が起こる場合は，それらを加え合わせて評価する必要がある．なお，暴露経路によって影響が異なる場合（例えば，影響が起こる臓器が異なる場合など）は，経路別に評価することになる．

B. 暴露量の測定

暴露量は，化学物質が鼻や口を通過する時点で評価（暴露量を推定）する場合と，吸収された量で評価する場合がある．評価方法が2通りある理由は，体内に入った化学物質の一部が体を素通りして出ていくことがあるからである．肺では吸収されずに，呼気とともに大気に戻る部分があるためである．同様に，食物に含まれる化学物質も体内への取り込みは消化器官における吸収率に依存し，一部は糞としてそのまま排泄される．

鼻，口，皮膚といった入口を通って体内に入っていく化学物質の量で評価する用量は**潜在用量**と呼ばれ，体内へ吸収される量は**適用用量**，あるいは**体内用量**と呼ばれる．なお，体内への取り込まれやすさのことを**生物利用性**（bioavailability）と呼ぶことがある．体内へ吸収された化学物質は血流などによって体内の各部に運搬され，種々の臓器に到達する．ある化学物質に対して最も影響を受けやすい臓器のことを，その化学物質の**標的臓器**（target organ）と呼ぶ．標的臓器が受ける暴露を**有効用量**という（図10.4）．

得られている用量ー反応関係に合わせて，潜在用量，適用用量（体内用量），有効用量のいずれかを選んで暴露評価をする必要がある．一般に，有効，適用，潜在用量の順にエンドポイントにより直接的な影響を与える用量となるので，この順で用量としての信頼性が高くなる．

最後に用量の表現について述べよう．潜在用量や適用用量の場合，摂取量（例えば，1日あたり，体重1kgあたりの摂取量）で表現するのが一般的である．しかし，人や動物における大気環境や，水生生物にとっての水環境のように，常に接している環境媒体中の化学物質の場合は，大気中濃度や水中濃度で表す

10.2 化学物質の環境リスク評価

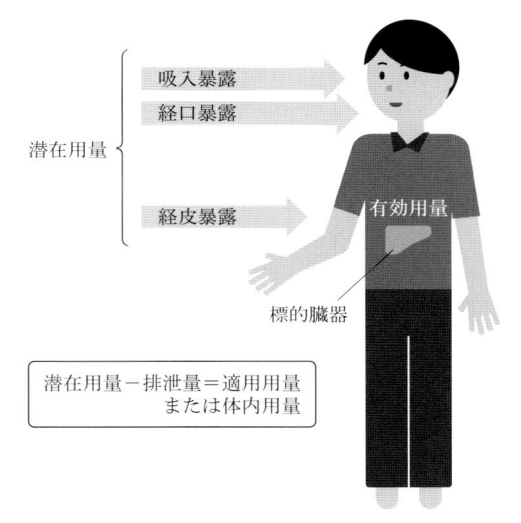

吸入暴露＝呼吸による摂取，経口暴露＝飲食物に含まれる物質を口から摂取，経皮暴露＝皮膚を通して吸収，潜在用量＝体内に入った量，適用用量または体内用量＝潜在用量（体内に入った分）から排泄量（体内から出た分）を除いた量，有効用量＝化学物質の影響を受けやすい臓器に到達した量

図10.4　暴露経路と3種の用量

ことがある．他方，有効用量の場合は，標的臓器における濃度を用いることが多い．

C. 暴露期間

暴露を測定する期間も，エンドポイントに応じて適切に選ぶ必要がある．発がん物質のように長期間にわたる暴露の累積量が問題となる場合（慢性影響）は，一生涯（例えば，平均寿命の70〜80年）での平均暴露量が適切な指標となる．他方，光化学スモッグなどのように短時間の暴露で影響が生じる場合（急性影響）には，最大値や短時間の平均値を指標にするのが適切である．

D. 暴露量の計算

暴露評価の最終段階として，暴露量の計算について述べる．

1回だけの摂取による急性影響の場合は，暴露量として次式で定義される体重1 kgあたりの用量を用いる．

$$\text{体重1 kgあたりの用量} = [\text{単回の暴露量}]/[\text{体重}] \qquad (10.2)$$

第10章　化学物質のリスク評価

潜在用量による長期暴露によるリスク評価（発がんなど）では，人の生涯にわたっての平均暴露濃度や平均潜在用量が用いられる．これらは，

$$\text{生涯平均暴露濃度} = \frac{[\text{暴露期間中の平均暴露濃度}] \times [\text{暴露期間}]}{[\text{寿命}]} \quad (10.3)$$

体重1 kgあたり1日あたりの生涯平均潜在用量

$$= \frac{[\text{暴露期間中の平均濃度}] \times [\text{摂取速度}] \times [\text{暴露期間}]}{[\text{体重}] \times [\text{寿命}]} \quad (10.4)$$

によって求められる．ここで，摂取速度は，対象となる暴露媒体が空気であれ

表10.1　日本人に対する暴露係数の例
（産業技術総合研究所化学物質リスク管理研究センターのホームページ「暴露係数ハンドブック」から抜粋．https://unit.aist.go.jp/riss/crm/exposurefactors/
[2015年8月現在]）

分類	項目	代表値 男性	代表値 女性
食物の摂取速度	穀類	303.5 g d^{-1}	233.3 g d^{-1}
	いも類	66.6 g d^{-1}	61.1 g d^{-1}
	豆類	75.0 g d^{-1}	67.2 g d^{-1}
	野菜類	293.8 g d^{-1}	275.3 g d^{-1}
	果実類	103.7 g d^{-1}	127.6 g d^{-1}
	牛乳および乳製品	牛　乳：98.1 g d^{-1} 乳製品：14.6 g d^{-1}	牛　乳：101.4 g d^{-1} 乳製品：21.4 g d^{-1}
	肉・肉製品	全　体：98.9 g d^{-1} 牛　肉：31.3 g d^{-1} 豚　肉：31.4 g d^{-1} 鶏　肉：23.7 g d^{-1}	全　体：72.3 g d^{-1} 牛　肉：20.8 g d^{-1} 豚　肉：22.5 g d^{-1} 鶏　肉：18.4 g d^{-1}
	卵類	44.7 g d^{-1}	38.1 g d^{-1}
	魚介類	107.3 g d^{-1}	85.4 g d^{-1}
	油脂類	18.1 g d^{-1}	16.0 g d^{-1}
喫煙速度	喫煙本数	平均：19.8本　男性：21.5本　女性：14.6本	
呼吸速度	呼吸率	平均：17.3 m^3 d^{-1}	
暴露時間	在　宅	15.8 hr d^{-1}	
	屋外滞在	1.2 hr d^{-1}	
	入　浴	0.39 hr d^{-1}	0.45 hr d^{-1}
	寿　命	77.72 y	84.60 y
人間基礎データ	体　重	64.0 kg	52.7 kg
	体表面積	16,900 cm^2	15,100 cm^2

表10.2 化学物質の人に対する吸収率の例
(中西ほか,2003a[5]より抜粋)

化学物質	吸入 (%)	経口 (%)	経皮 (%)
ヒ素	85〜90[a]	50〜100[b,c]	0.8〜1.9[b,d]
カドミウム	30〜95	2〜9	0.01〜0.6
水銀蒸気	75〜80	—	2
無機水銀	—	7	2.6×10^{-6} cm hr^{-1}
有機水銀	—	95	(2〜6)
鉛	50〜80[a,c]	40〜55[f,g]	0.05〜29[c]
ベンゼン	50〜60[i]	(90〜100)	<1
トルエン	30〜50[i]	100	0.9 cm hr^{-1}
フェノール	60〜70[i]	90	4〜25

—:データなし.
( ) 内は,動物実験での数値.
経皮のcm hr^{-1}は,皮膚浸透係数.
a:呼吸器官に沈着した物質のデータ,b:水溶性物質のデータ,c:無機物質のデータ,d:in vitro試験データ,f:子供に対するデータ,g:摂餌状態,i:蒸気のデータ.

ば1日あたりの呼吸量,水であれば1日あたりに飲む水の量である.このような,人が暴露媒体を取り込む速度やある活動に従事する時間などのことを,**暴露係数**と呼ぶ.**表10.1**に日本人の暴露係数の例を示した.これらは代表的な値でしかなく,実際には,評価対象集団における平均値や範囲を知る必要がある.なお,非発がん影響の評価では,生涯平均でなく,適切な平均化期間をとるため,寿命の代わりに平均化時間をとる.

体内用量によって評価する場合は,上記の式に暴露経路ごとの吸収率をかける必要があり,式(10.4)は以下のように変形される.

$$\text{体重1kgあたり1日あたりの生涯平均体内用量} = \frac{[吸収率] \times [暴露期間中の平均暴露濃度] \times [摂取速度] \times [暴露期間]}{[体重] \times [寿命]} \quad (10.5)$$

吸収率の例を**表10.2**に示す.一般に経皮の吸収率は吸入や経口に比べて小さい.

ここまでに述べたのは,環境媒体中の化学物質の濃度とその媒体を取り込む量から暴露量を推定する方法であった.このような化学物質と人との接触点での暴露評価は,**接触点評価法**と呼ばれる.これに対し,体内濃度を直接測る方

法もある．毛髪，血液，母乳，尿などは，大きな負担なく被験者から採取可能なので，暴露評価に用いることができる．体内濃度は暴露の結果を表している点では接触点評価法にもとづく推定より正確といえるが，暴露経路に関する情報は得られない．これら2つの方法による結果を比べるには，体内における化学物質の動態，すなわち，吸収された化学物質のどの程度が排泄されるか，また体内にどのように分布するかに関する情報が必要になる．それらの情報が知られている場合には，体内濃度から摂取量への換算が可能となり，両者が比較できる．接触点測定による結果が体内濃度にもとづく結果より過小であった場合は，重要な暴露経路を見落としている可能性がある．このように，異なる複数の推定方法を用いることで，暴露評価の正確さを確認することができる．

10.2.4 リスク評価

以上により，用量－反応関係と暴露評価がそろったので，リスクを評価することができる．ここでも閾値の有無で評価法が異なってくる．

A. 閾値をもつ化学物質のリスク評価

閾値をもつ化学物質（非発がん物質）では，有害影響が生じない閾値以下に暴露を抑えることでリスクをゼロにできる．一般人に対する無悪影響量（NOAEL）が確実にわかっていればいいが，実際には動物実験や疫学調査で得られたNOAELしか知られていないことが多い．このような場合，動物と人では感受性（化学物質による影響の受けやすさ．逆の言い方では，耐性や抵抗性）が異なるかもしれないし，疫学調査の対象が一般人の代表とはいえないかもしれない（例えば，対象が屈強な労働者である場合など）．そこで，**不確実性係数**（uncertainty factor：UF）（**安全係数**（safety factor）と呼ぶこともある）でNOAELを割って，一般の人にとって安全と見なせる暴露量の基準を求めることになる．

基準値としては，**許容一日摂取量**（acceptable daily intake：ADI）がよく用いられる．ADIは以下の式で導かれる．

$$\mathrm{ADI}\,[\mathrm{mg\,kg^{-1}\,d^{-1}}] = \mathrm{NOAEL}\,[\mathrm{mg\,kg^{-1}\,d^{-1}}]/\mathrm{UF} \qquad (10.6)$$

ADIと同じ意味で，**耐用一日摂取量**（tolerable daily intake：TDI）という用語も用いられる．ADIは保存料などのように意図的に使用される物質について，TDI

表10.3 不確実性係数（安全係数）の例
（中西ほか，2003a[5]より抜粋）

不確実性の種類	係　数
個人差を考慮	$\leqq 10$
種間外挿（動物データを人へ適用）	$\leqq 10$
データの質に応じて	$\leqq 10$
亜慢性から慢性へ	$\leqq 10$
LOAEL（最小悪影響量）からNOAEL（無悪影響量）への外挿	$\leqq 10$
毒性の重篤度に応じて	$\leqq 10$
専門家の総合判断	$\leqq 10$

は便益のない物質について用いられるが，基準値としての意味は同じである．

不確実性係数UFは，動物のデータを人に利用する場合（**種間外挿**）や，個体差を考慮する際などに用いられ，それぞれ10という値がしばしば使用される．**表10.3**に種々の不確実係数の例を示した．採用する不確実性係数は専門家の判断によって調整される．複数段階の外挿を組み合わせる場合は，各段階での係数を乗じた値が用いられるが，機械的に適用すれば不確実性係数は非常に大きな値になる．大きな不確実性係数は安全性を保証するが，算出されたADIは実際に適用不可能なほどに小さな値になってしまう場合もある．近年は，より適切な係数を用いるための試みがなされている．例えば，不確実性の中身を，化学物質の体内動態（摂取された物質が標的臓器まで移行する過程）と有害性の発現（標的臓器における毒性影響）とに分けて評価するなどの試みがある．

閾値をもつ化学物質のリスクは，上記のようにして導き出されたADIやNOAELと暴露量を比べることで評価する．比較の指標としては**ハザード比**（hazard quotient : HQ）や**暴露マージン**（margin of exposure : MOE）が用いられ，次式によって算出される．

$$\text{ハザード比（HQ）} = \text{暴露量}/\text{ADI} \tag{10.7}$$

$$\text{暴露マージン（MOE）} = \text{NOAEL}/\text{暴露量} \tag{10.8}$$

現在でも広く用いられている指標であるHQでは，1を超えると「リスクあり」，1以下なら「リスクなし」，と判定されるが，HQ値自体はリスクの大きさを表しているわけではないことに留意すべきである．HQが1以下であれば，

数値にかかわらずリスクはゼロとの判定であり，1を超えてもその値が悪影響の発生確率と関係しているわけではない．HQは安全側に立った判定基準であり，1以下であればリスク削減対策は不要で，1を超えればさらに詳しいリスク評価や対策が必要，という示唆を与える以上のものではない．

これに対しMOEでは，数値が大きいほど悪影響が生じるまでの余裕が大きいことを意味する．MOEの導出には不確実性係数が用いられておらず，リスク評価者は，暴露やNOAELの情報の確かさを勘案し，判断することになる．一般には，参照するNOAELを人に適用するために必要と考えられる不確実係数（前述のADIを導くための不確実性係数と同じ）とMOE値を比較し，MOEが不確実性係数を超えていればリスクは懸念しなくてよい，という判断にいたる．MOEの場合も，その値はリスクの大きさとは直接には関係しない．

それでは，定量的リスク評価をおこなうにはどのようにすればよいのだろうか．化学物質に対する感受性（具体的には，閾値が感受性を数値で表したものに相当する）と受ける暴露が個々人で異なった場合，ある個人においては，「暴露＞感受性」であれば悪影響を受け，「暴露＜感受性」であれば悪影響を受けない．ある集団について，「暴露＞感受性」となる確率を求めることで，その集団における影響を受ける者の割合を求めることができる．すなわち，対象とする集団について暴露量の分布と感受性の分布が推定できれば，発症リスクは，2つの分布が重なる確率を求めることで計算できる（図10.5）．両分布が正規分布や対数正規分布であれば，解析的に解くこともできる．また，分布の形が決

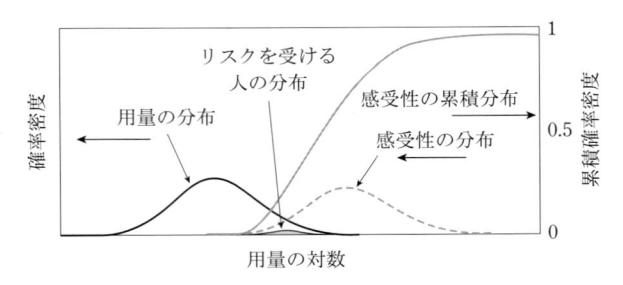

図10.5 用量と感受性の分布の重なりからの発症率の求め方

注2 さまざまな事象に対応した乱数を発生させて繰り返し試行し，予測したい事象の発生回数や発生確率を推定する方法

まれば，モンテカルロシミュレーション[注2]による推定も可能である．これらの計算方法は文献 6) に詳しいので，実際の計算に興味のある方は参照されたい．

B. 閾値をもたない発がん物質のリスク評価

遺伝毒性をもつ発がん物質は，どんなに低い暴露量であってもそれなりの発がん確率をもつ．すなわち，閾値がないと考えられている．したがって，ある暴露量以下であれば悪影響はないとする，閾値を持つ化学物質に対する考え方が採用できない．そこで，発がん確率を定量的に評価し，ある程度以下であれば，十分に小さいリスクであり許容できる（無視できる）という考え方が導入された．

米国環境保護庁の統合化学物質リスク情報システム（Integrated Risk Information System : IRIS）では，毒性情報をレビューし，発がんスロープファクターやユニットリスクを多数の化学物質に対して報告しており，式(10.1)を用いることにより生涯発がん確率の計算ができる．なお，スロープファクターやユニットリスクは動物実験から統計的に求めた95%信頼区間上限値であり，得られるリスクは期待値ではなく，もっともらしい上限値とされている．また，人の疫学データによって推定されたスロープファクターは，上限値でなく幅で示されることもある．表10.4にIRISに示されているスロープファクターやユニットリスク値の例を示した．

ここで，計算例を示そう．日本のベンゼンの大気環境基準は年平均値$3\,\mu\mathrm{g\,m^{-3}}$である．この濃度で一生涯暴露し続けた場合の生涯発がんリスクは，ユニットリスクと暴露濃度をかけて，$(2.2～7.8)\times10^{-6}\,(\mu\mathrm{g\,m^{-3}})^{-1}\times3\,\mu\mathrm{g\,m^{-3}}=(6.6～23)\times10^{-6}$ となる．このとき中央値は1.5×10^{-5}であり，これはベンゼン濃度$3\,\mu\mathrm{g\,m^{-3}}$の空気を一生涯呼吸し続けた場合，10万人あたり約1.5人ががんになることを意味する．また，日本全体がベンゼンの環境基準値（$3\,\mu\mathrm{g\,m^{-3}}$）であまねく汚染されているとした場合，日本の総人口が12,000万人，平均寿命が80年とすれば，日本人のベンゼンによる発がん件数は，$1.5\times10^{-5}\times12{,}000$万人$\div80\,\mathrm{y}=22$人$\mathrm{y^{-1}}$となる．別のいい方をすれば，このような発がん確率を許容する環境基準値が設定されているわけである．発がんリスクの許容レベルについては決まった基準はないが，米国を中心とした長い議論や裁判の結果を基本に，基準達成の難易度が考慮され，生涯発がんリスクとして$10^{-6}～10^{-4}$程

表10.4 発がん物質のスロープファクターやユニットリスクの例
（米国環境保護庁のIRIS〈http://www.epa.gov/iris/〉にもとづいて作成．2015年4月時点）

化学物質	発がん性の証拠の確実性	経口スロープファクター $(\mathrm{mg\ kg\text{-}day}^{-1})^{-1}$	飲料水ユニットリスク $(\mu\mathrm{g\ L}^{-1})^{-1}$	吸入ユニットリスク $(\mu\mathrm{g\ m}^{-3})^{-1}$
アクリルアミド	人に対する発がん物質である可能性が高い	5×10^{-1}	—	1×10^{-4}
無機ヒ素	A（人に対する発がん物質）	1.5	5×10^{-5}	4.3×10^{-3}
ベンゼン	A（人に対する発がん物質）	$(1.5 \sim 5.5) \times 10^{-2}$	$(4.4 \sim 16) \times 10^{-7}$	$(2.2 \sim 7.8) \times 10^{-6}$
1,4-ジオキサン	人に対する発がん物質である可能性が高い	1×10^{-1}	2.9×10^{-6}	5×10^{-6}
ポリ塩化ビフェニル（PCB）	B2（おそらく人に対する発がん物質）	4×10^{-2}	1×10^{-5}	1×10^{-4}

度が採用される例が多いようである．

なお，有害大気汚染物質モニタリング調査結果（環境省）によれば，1998年度のベンゼン濃度は，全国292地点で年平均値3.3 μg m^{-3}，環境基準超過地点割合は46%であったが，2012年度には全国419地点で，平均値1.20（範囲：0.40～3.0）μg m^{-3}，環境基準超過地点割合0%まで改善している．

10.3　エンドポイントの統一とリスク比較

前節のリスク評価では，閾値をもつ化学物質は発症の有無，閾値のない化学物質は生涯発がん確率，という異なったエンドポイントで評価された．この評価方法では，発がん物質の間だけでしかリスクの大きさを定量的に比較することができず，どの化学物質への対策を優先すべきかを判断できない．そこで，人の健康リスクを統合的に評価する方法が検討されてきた．その統合指標のひとつとして損失余命（Loss of Life Expectancy：LLE）がある．

損失余命とは寿命の短縮のことであり，化学物質の暴露の場合，その暴露が

10.3 エンドポイントの統一とリスク比較

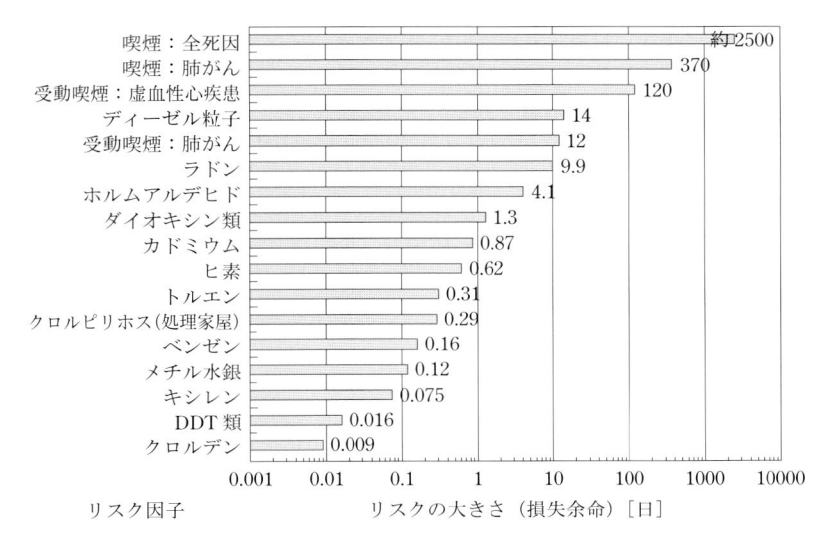

図10.6　種々の化学物質による日本人の損失余命
（中西ほか，2003b[6]より）

リスク因子／リスクの大きさ（損失余命）［日］

- 喫煙：全死因　約2500
- 喫煙：肺がん　370
- 受動喫煙：虚血性心疾患　120
- ディーゼル粒子　14
- 受動喫煙：肺がん　12
- ラドン　9.9
- ホルムアルデヒド　4.1
- ダイオキシン類　1.3
- カドミウム　0.87
- ヒ素　0.62
- トルエン　0.31
- クロルピリホス(処理家屋)　0.29
- ベンゼン　0.16
- メチル水銀　0.12
- キシレン　0.075
- DDT類　0.016
- クロルデン　0.009

なかった場合と比較して暴露によって生じた健康影響に起因する寿命の短縮を指す．損失余命による評価であれば，閾値の有無にかかわらずすべての化学物質によるリスクを（化学物質以外によるリスクも）統一的なものさしで評価できる．健康リスクを損失余命で評価するもうひとつの利点は，同じ1人の死亡であっても，若くしての死亡と高齢での死亡で重みが異なり，一般人のリスク認識に近づくことである．

　損失余命を用いて化学物質の環境リスクを統一的に提示した例として，蒲生らの研究がある[7]．蒲生らは，閾値をもつ化学物質については，暴露により発症確率が増加し，さらに症状の重さに応じて寿命が短縮するという考え方にもとづいて，損失余命に換算した．他方，発がんについては，治癒は考慮せず，がんになったらいずれ死亡するとして損失余命を求めた．その結果を図10.6に示す．損失余命は，対象とする集団の年齢別死亡率に依存する．蒲生らの計算によれば，生涯発がん死亡率10万分の1の上昇によって生じる損失余命は，1990年の日本人の年齢別死亡率を前提として66分であった．

　リスクを損失余命で表現した場合，致死的なリスクのみを対象にしていると誤解されやすいが，上記の方法では，非致死的リスクも症状に応じた寿命の短

縮として考慮されている．非致死的リスクも含めて健康リスクを評価するすぐれた方法といえる．この死にいたらない健康リスクを積極的に指標に反映しようとしたものとして，**質調整生存年**（quality adjusted life years：**QALY**）と**障害調整生存年**（disablity adjusted life years：**DALY**）がある．QALYは良好な健康状態で過ごす年数が長いほど大きな値となるプラスの価値であるのに対し，DALYは早死する年数と障害を持ちながら（不健康な状態）で生きる年数を加えたマイナスの価値を表す点が異なる．それぞれの計算法の概略は以下のとおりである．

$$\text{QALY} = \sum [\text{ある生活の質での生存年数}] \times [\text{その生活の質}] \quad (10.9)$$

$$\begin{aligned}\text{DALY} &= [\text{早死によって失われた年数}] + [\text{障害によって失われた年数}] \\ &= [\text{早死による損失年数}] + \sum [\text{ある障害と共に生きる年数}] \\ &\quad \times [\text{その障害度}] \end{aligned} \quad (10.10)$$

ここで，生活の質（quality of life：QOL）は，健康状態の重みづけ係数で，完全に健康な状態で1，死亡すると0である．他方，障害度は障害（不健康）の程度による重みづけ係数で，完全な健康で0，死亡が1となる．

　DALYは，世界銀行の要請により世界保健機関（WHO）が「世界の疾病による損失の研究（Global Burden of Disease（GBD）Study）」で採用した指標で，その利用が各方面に広まっている．WHOのGBD研究では，DALYを増やすおもな要因として途上国では貧困による栄養欠乏を，先進国では栄養過多や運動不足による肥満，高コレステロール，高血圧などを指摘している[9]．

　以上述べたように，化学物質暴露を含めて種々のリスクを統一的に評価するための指標が考案され，利用されるようになってきている．

10.4　化学物質のリスク管理

　ここまで，化学物質の暴露リスクの評価手順をみてきた．評価をした後は，リスクが大きい化学物質から生産禁止などの対策をとればよいようにみえるが，実際にはそう簡単にはいかない．

10.4 化学物質のリスク管理

10.4.1 リスク・トレードオフ

近年，世界的に使用規制がなされるようになった化学物質として，臭素系難燃剤がある．飛行機の内装材には，燃えにくくするためこれらの化学物質が使用されてきた．飛行機事故では火災が広がるまでの秒単位の時間差が被害者数を左右するので，難燃性は重要である．しかし，臭素系難燃剤は環境残留性と生物濃縮性が高いこと，さらに不純物として，あるいは廃棄物として焼却されたときに臭素化ダイオキシン類を生じる可能性があるため，使用禁止が進んでいる．実際，残留性有機汚染物質を国際的に規制するストックホルム条約では，ヘキサブロモビフェニル（hexabromobiphenyl），四臭素化〜七臭素化のジフェニルエーテル（tetrabromo- 〜heptabromo-diphenyl ether），ヘキサブロモシクロドデカン（hexabromocyclododecane：HBCD）が生産・使用禁止のリストに入った．しかし，臭素系難燃剤は優れた難燃性能を有するため，性能面でそれらを代替でき，かつ毒性や経済性でもすぐれた物質を探すのは容易ではない．毒性は低いが難燃性能は劣る物質を使わざるを得ない，といったことが起こる．そこでは，暴露による健康リスクと火災リスク，あるいは健康リスクと費用との間のトレードオフが生じる．

ここでさらに注意が必要なのは，新規の代替物質の選定である．じつのところ，代替物質はリスク比較の結果にもとづいて選ばれるのではなく，たんにリスク情報がまだそろっていないために選ばれてしまっていることが多い．つまり，問題が指摘され使用が禁止される物質と比べて，代替物質の物性や毒性などのハザード情報がそろっていないということだ．

以上述べてきたように，暴露リスクと火災リスクのような異なる事象間のリスク比較方法，さらには，ハザード情報などの情報量の違いを超えてリスクを公平に比較する方法等の構築が必要となる．

10.4.2 リスクと便益

多数の化学物質について公平なリスク評価ができたとしよう．その場合，一定のリスクレベルを超える化学物質に対して対策を導入するという方針は，一見合理的に思える．しかし，使用により得られる便益は化学物質ごとに異なるし，目標とするリスクレベルまで対策を取るのに必要な費用にも違いがあるだろう．費用の高いひとつの対策をあきらめて，費用の小さい多数の対策を取っ

たほうが，同じ対策費用で全体として大きなリスクを減らせるかもしれない．ここでは，リスク対策の考え方について検討してみよう．

　健康リスクが共通のエンドポイントである損失余命やDALYで定量評価されているとしよう．その健康リスクを削減する対策をとるのに必要な費用（処理費用，あるいは，その化学物質の使用を止めることにより失う利益）も求められたとしよう．これらの比を計算することで，種々の化学物質について，リスク削減の費用効果を比較できる．この比較を**リスク便益分析**という．この分析の指標として，1年の余命延長にかかる費用（cost per life-year saved : CPLYS）が用いられることがある．文献10)は，500以上の人命を救う施策（環境に限らず，医療，住居，交通，職業などに関するものを含む）についてそのCPLYSを求め，ほとんど費用のかからないものから膨大な費用を要するものまでが存在することを報告した．そして，CPLYSにもとづいて優先順位をつけることで，総費用が同じでもより多くの人命を救える施策があると結論した．また，環境に関する対策は職業や事故に対する対策より，一般にCPLYSが高めであった．社会は，環境リスク削減には他のリスクより多くの費用をかけているようである．その理由として，環境問題ではリスクを受ける人と利益を受ける人が乖離していることが多く，またリスクが個人の責任でないこと，さらに環境の改善は現在生きている人の健康増進だけでなく，より豊かな自然を子孫に残せること，などがあげられそうだ．

　リスク便益分析では，リスク削減は便益（上記の例では，延命）で示された．そして，種々の化学物質の間で効果的な対策の順位づけが可能となった．そこでさらに，リスク削減効果も金額で表し，対策費用をその便益金額から差し引いて，正味が正か負かで実施の是非を判断する方法がある．これを**費用便益分析**という．健康，命，あるいは環境改善の金額表示では，個々人の価値判断に大きく左右されるという問題がある．しかし，米国では規制の導入の妥当性の事前評価として費用便益分析が求められるようになっている．

　以上のように，リスク便益分析や費用便益分析は，リスク管理のための有力な手法である．ただし，これらは社会全体としての効率性は追求できるが，社会の中の公平性については何もいっていないことに留意すべきである．すなわち，社会の全構成員が平等にリスクや便益を受けるのであれば，これらの分析結果をそのまま受け入れることができるが，そうでない場合は，別の考慮が必

要になる．特定の集団にリスクが集中し，しかも一定のリスクレベルを超える場合は，費用を度外視して対策をとる必要があろう．このように，リスク評価の結果を現実社会のリスク管理に活かすには，社会的合意を形成することが必要になる．

● コラム　　ベンチマーク用量

　用量－反応関係を求める毒性試験で得られる NOAEL や LOAEL の値は，用量区の設定に依存し，試験物質により不確実性が大きく異なってしまう．この問題に対応するため，ベンチマーク用量（benchmark dose : BMD）という考え方が提案された．BMD は，一定の割合（例えば5％や10％）の反応を示す用量，あるいはその統計的な下側信頼限界に対応する用量として算出される．図10.2 の■の実験について説明しよう．観察データにモデル式を適用した近似曲線を描き，10％影響レベル（ED_{10}）を求める．さらに，その近似曲線の上側95％信頼限界曲線を描き，10％影響用量の下側95％信頼下限（LED_{10}）を求める．こうして得た ED_{10} や LED_{10} を BMD と呼び，NOAEL の代替値として用いるわけである．BMD は，試験データすべてを用いて影響をモデル式に当てはめて内挿で導くため，モデルの選択は大きな影響をおよぼさないという利点がある．

　この提案は科学的にはきわめて妥当であるが，これまでの毒性試験値の多くが NOAEL や LOAEL で報告されてきたという経緯があり，いまだに化学物質のリスク評価では NOAEL や LOAEL が幅をきかせているのが現状である．

第11章　環境の保全

ここまでの章では，地球環境の成り立ち，環境問題の原因，環境問題の観測や解析の手法，さらにその深刻さを評価する手法について学んできた．人間活動がさまざまなレベルで環境に影響を与え，多様な問題を引き起こすことがわかった今，われわれは「環境の保全」という大きな課題を突き付けられている．そこで，本章では環境保全のための多様な方策や活動について解説する．

11.1　ライフサイクルアセスメント

11.1.1　ライフサイクルアセスメントの必要性

環境保全は，環境の汚染や破壊などの悪影響をもたらす環境負荷の低減，および悪影響を受けた環境の修復・再生に大別される．環境保全を適切におこなうには，人間活動によってもたらされる悪影響の大きさを定量的に把握しておく必要がある．

日常生活を支える工業製品がもたらす環境負荷を考えてみよう．ここで，工業製品の利用段階で生じる環境負荷を考えるだけでは不十分であることに注意したい．その製品がつくられる段階や材料を獲得する段階でも，環境負荷は生じているからだ．例えば，鉱物資源の採掘・精錬からはじまって，材料の生産，部品の加工や組み立てを経て，工業製品が完成する．これらの工程全体で考えると，大量のエネルギーや多くの資源が消費され，排水，排ガス，廃棄物が排出される．完成した製品を利用する過程でもエネルギーが消費され，役目を終えた製品は廃棄やリサイクルに回される．したがって，原材料獲得・製造・使用・廃棄・リサイクルという複数の段階からなる工業製品の生涯，すなわちライフサイクルにわたって環境負荷を考える必要がある．適切な環境保全のためには，ライフサイクルの各段階で生じる排水・排ガス・廃棄物や，各段階における資源・エネルギー消費を定量的に解析・評価しておかなければならない．

このように製品のライフサイクルや提供されるサービスの全段階における環

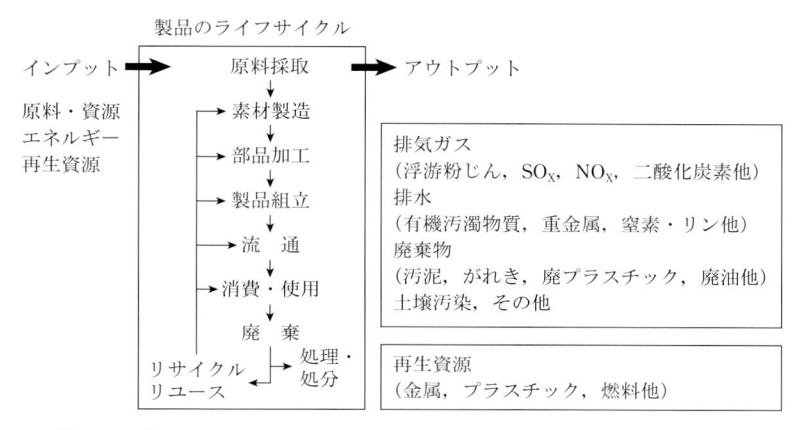

図11.1 製品のライフサイクルにおける資源・エネルギー消費と環境負荷

境負荷と資源・エネルギーの消費を評価する手法が，**ライフサイクルアセスメント**（Life Cycle Assessment：LCA）である．LCAを通して環境負荷や資源・エネルギーの消費に関する問題点が明らかにできる．その結果をもとに，環境負荷を低減するための製品の設計や生産工程，そして使用形態の見直しなどが進む．また，LCAにより，環境負荷の低減のみならず経済的，経営的なメリットも期待できるようになる（**図11.1**）．

11.1.2　ライフサイクルアセスメントの方法

LCAの項目と手順は国際規格によって定められている．国際標準化機構（International Organization for Standardization：ISO）は，LCAの目的と調査範囲の設定およびライフサイクル・インベントリ分析（下記の(2)参照）に関する国際基準を定め，ISO14040/44として公表している[注1]．ISO基準に従って，LCAは次の4段階で実施されなければならない（**図11.2**）．

(1) 目的・評価範囲の設定：調査を実施する理由と調査結果の使い方，評価対象とする製品やサービスとその評価範囲，そして機能単位を明らかにする．評価範囲とは，製品やサービスのライフサイクルにおいて評価の

注1　ISO 14040：2006, Environmental management—Life cycle assessment—Principles and framework, 〈http://www.iso.org/catalogu_detail?csnumber=37456〉参照．

第11章　環境の保全

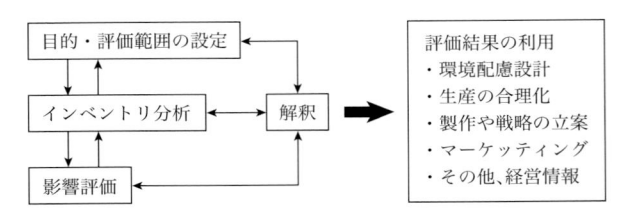

図11.2　LCAの実施プロセスと成果の利用

対象とするエネルギー消費や環境負荷を選択することである．一方，機能単位とは，「テレビ1台の生産」や「1トンの貨物を1km移動させる」といった，製品単位やサービス単位によって設定される評価単位である．
(2) インベントリ分析：上記で決定された対象製品と評価範囲にもとづいて，ライフサイクルにおいて，資源やエネルギーがどれだけ投入され，また排気ガスや廃棄物がどれだけ放出されたかを分析する．サービスの提供におけるエネルギー消費や環境負荷の内容や大きさについても，分析をおこなう．
(3) 影響評価：二酸化炭素などの温室効果ガス，窒素酸化物などの大気汚染物質，排水による水質汚濁などを，環境影響に換算する．評価の趣旨および目的に応じて，定量化された各環境影響に重みづけて，ひとつの指標として統合化することもある．
(4) 解釈：LCAの結果にもとづいて製品・サービスにかかわる環境負荷を把握し，環境負荷低減に資する製品の利用促進など，適切な意思決定をおこなう．

上の(1), (2), (3)の各段階を実施するうえで重要なのは，LCA実施者とステークホルダー（利害関係者）が情報の共有と意思疎通をおこなうことである．そうすることで，できるだけ少ない資源・エネルギーの消費と環境負荷で，人間活動に必要な機能を提供できる工業製品や社会システムの実現が可能になる．

11.2 環境保全対策

人間活動に起因する排水，排ガス，廃棄物などが環境問題を引き起こすことは明らかだが，われわれが何も排出せずに生活して経済活動をおこなうことはできない．環境を保全し持続可能な社会を実現するには，環境への負荷となる物質の排出を極力抑制することが効果的な対策となる．ここでは，その例として，排水および廃棄物の処理とリサイクルに加えて排ガス処理について説明する．

11.2.1 排水処理と水利用

地球上の水資源は偏在しており，国や地域によって利用できる水資源量は大きく異なる(2.2.2項参照)．我が国では降水量は多いが，1人あたりの水資源量は世界平均である約9,000 $m^3 y^{-1}$の3分の1にすぎない[1]．水環境を保全し，限られた水資源を有効活用するためには，日常生活や産業活動などにおける排水の適切な処理による水環境への負荷低減と，水リサイクルの促進が欠かせない．

A. 水利用と排水の概要

水源地への降水は河川の上流に設置されたダムに貯留され，下流域での需要や河川生態系保全に応じた量の水がダムから放流される．河川から取水された水資源は，水道用水や工業用水として使用された後に，下水処理を経て河川に放流される．河川水は，下流部で再び生活用水，農業用水，工業用水などとして利用され，最終的に海域に流入する(図11.3)．限られた水資源を有効に活用するためには，下水や工場排水などの適切な処理による公共用水域の水環境保全が不可欠であることがわかる．

公共用水域には，人の健康を保護し生活環境を保全するうえで維持されることが望ましい水質環境基準が設定されている．また，水質環境基準を順守するために，公共用水域への排水には，排出が許される濃度の最大値として規定される排水基準が適用される(1.3節参照)．

B. 水質汚濁物質の除去方法

日常生活や産業活動で生じる排水に対しては，公共用水域への排水基準の達成，あるいはリサイクル水に求められる水質を満足するために，適切な排水処

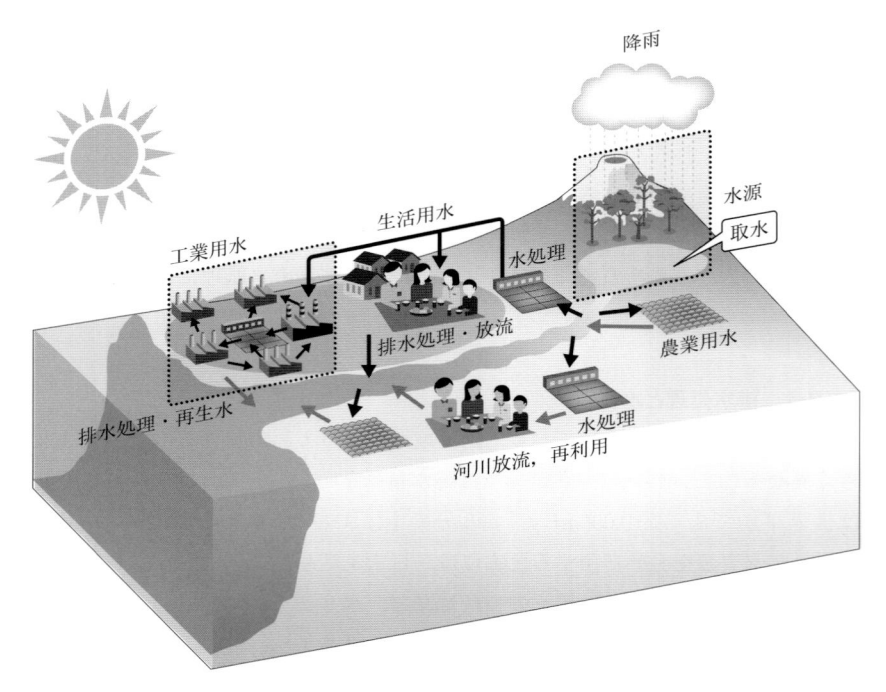

図11.3 流域における水の利用とリサイクル

理が必要である．**排水処理**とは，適切な装置を用いて排水中の水質汚濁物質を除去することである．水質汚濁物質としては，懸濁物質（suspended solids：SS），BODとして測定される有機汚濁物質（8.2.2項参照），富栄養化の原因物質である窒素，リンなどの溶存無機物，カドミウム，水銀などの重金属，病原菌などがあげられる．汚濁物質ごとの除去方法を**表11.1**にまとめて示した．

排水処理ではまず，比重差による沈殿または浮上によって懸濁物質や油分の分離をおこなう．排水に含まれる重金属は，pHを人為的に上昇させることで水溶解度が低い重金属の水酸化物を生成し，さらに凝集助剤を添加するなどして除去する方法が一般的である．下水などBOD，窒素，リンを含む排水に対しては，代表的な生物処理である活性汚泥法が利用される．下水処理水を公共用水域への放流やリサイクル水として利用する前に塩素，オゾン，紫外線などの酸化力を利用した消毒がおこなわれる．

表11.1 水質汚濁物質の一般的な除去方法と特徴

水質汚濁物質	除去の原理と特徴
懸濁物質（SS）	沈殿または浮上によって分離する．凝集剤添加による凝集効果によって沈殿や浮上の速度が上昇し，除去効率が向上する．
有機汚濁物質（BOD）	微生物による分解・無機化（二酸化炭素が生成する）と微生物（活性汚泥）の増殖に使われて分離除去される．
窒素（アンモニア，硝酸）	有機汚濁物質の分解によるアンモニアの生成，好気性微生物によるアンモニアの酸化と硝酸の生成，嫌気性微生物による硝酸還元と窒素ガス生成の過程を経て除去される．
リン	凝集剤を用いた凝集沈殿，または好気性条件での活性汚泥によるリン過剰摂取の現象を利用して除去される．
重金属	アルカリ剤の添加によって，水溶解度が低い重金属の水酸化物を生成して沈殿分離する．重金属の硫化物を生成させることでも，沈殿分離が可能である．
病原性の細菌・ウイルス	塩素ガスの水溶解や食塩水の電気分解によって生成した次亜塩素酸の酸化力を利用した滅菌がおこなわれる．消毒にはオゾン，紫外線（UV）なども利用される．

C. 下水処理プロセスと特徴

　下水処理には，約100年前に開発された**活性汚泥法**が世界的に最も多く利用されている．活性汚泥とは，バクテリア（細菌）に加えて，カルケシウム，ユープロテスなどの原生動物，ロタリア，フィロディナ，マクロビオツス（クマムシ）などの後生動物で構成される多様な微生物の群集である．これらの微生物群集は，直径が数百μmから1mm程度のかたまり（フロック）を形成する．フロック内では，下水中のBODを摂取して増殖したバクテリアが原生動物，後生動物によって次々に捕食されるという食物連鎖がみられる．以下では，このような現象を利用した活性汚泥法を中心に，一連の下水処理プロセスを見ていこう．

　下水処理においては，最初にスクリーン（網目）によって下水中の浮遊ゴミが除去され，次に土砂や容易に沈殿するSS（表11.1）は沈殿によって分離・除去される．沈殿処理を終えた下水は活性汚泥プロセス（**図11.4**）に導入され，活性汚泥の機能を利用した処理がおこなわれる．

　活性汚泥プロセスは，嫌気槽，無酸素槽および好気槽と最終沈殿池で構成されており，下水中のBODに加えて窒素やリンの除去も可能である．このプロセスでは，BODを分解・摂取して増殖した活性汚泥は最終沈殿池で沈殿・濃

第11章 環境の保全

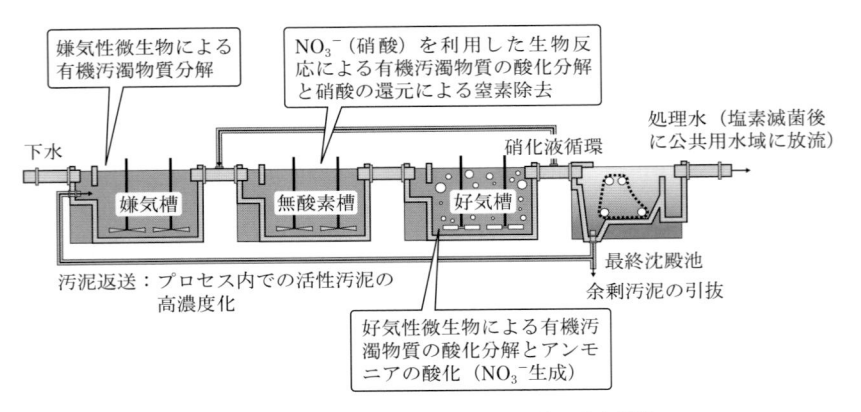

図11.4 下水処理プロセスと汚濁物質の除去機構

（図中ラベル）
- 嫌気性微生物による有機汚濁物質分解
- NO_3^-（硝酸）を利用した生物反応による有機汚濁物質の酸化分解と硝酸の還元による窒素除去
- 処理水（塩素滅菌後に公共用水域に放流）
- 下水
- 硝化液循環
- 嫌気槽
- 無酸素槽
- 好気槽
- 最終沈殿池
- 余剰汚泥の引抜
- 汚泥返送：プロセス内での活性汚泥の高濃度化
- 好気性微生物による有機汚濁物質の酸化分解とアンモニアの酸化（NO_3^-生成）

縮後に，返送汚泥として嫌気槽に供給される．これによってプロセス内で活性汚泥を高濃度に維持できる．一方，過剰に増殖した活性汚泥は最終沈殿池から余剰汚泥として引き抜かれ，嫌気性発酵によるメタンガスの回収，堆肥化によるリサイクル，焼却や埋め立てなどによる処理・処分がおこなわれる．

活性汚泥プロセスにおけるBODと窒素の除去機構を説明しよう．酸素が存在しない嫌気槽において下水と返送汚泥が混合すると，BOD成分の嫌気性生物分解が進行し，低級脂肪酸など易分解有機物質とアンモニア（NH_4^+）が生成する．無酸素槽では，好気槽から返送される消化液に含まれる硝酸イオン（NO_3^-）が電子受容体となって，前述の易分解性有機物が活性汚泥の働きによって分解・無機化され，同時に硝酸イオンは窒素ガスに還元され，それぞれ下水から除去される．好気槽では，供給された酸素を利用した有機汚濁物質の分解・無機化がさらに進行し，二酸化炭素として下水から除去される．あわせて，生物反応によってアンモニアは硝酸に酸化される．好気状態の活性汚泥には，リンを大量に摂取する性質がある．そのため，余剰汚泥を好気槽から引き抜くと，下水中のリンを効率よく除去できる．この余剰汚泥はリン資源としてのリサイクル利用が期待されている．下水処理水は，最後に塩素による滅菌を経て公共用水域に放流される．

D. 高度な排水処理と水リサイクル

水環境への汚濁負荷の大幅な削減や，多様な用途での水リサイクル利用を推進するためには，処理水の水質をいっそう向上する必要がある．処理水中に残

留する有機汚濁物質や生物的に難分解な化学物質は，過酸化水素を併用した紫外線（UV）照射や，オゾンによる酸化などを利用した促進酸化処理（AOP）によって，分解・除去される．微量な有機汚濁物質の吸着除去には活性炭が広く利用されている．活性炭は1 g中に1,000〜2,000 m^{2}もの内部表面積を有しており，分子量が数百から数千程度の低極性有機汚濁物質の吸着除去が可能である．

　高度排水処理には分離膜も多用される．分離膜にはさまざまな種類があり，対象物質の大きさに応じて使い分けられている．大きさが0.1 μm程度以上の微粒子や細菌などは精密ろ過（Micro-filtration：MF）膜，さらに小さい微粒子やウイルスなどは孔径が0.01〜0.001 μm程度の限外ろ過（Ultra-filtration：UF）膜がそれぞれ利用される．塩類などの浸透圧を有する溶質の除去には，水以外の物質を透過しない逆浸透（Reverse Osmosis：RO）膜が利用可能である．逆浸透膜は，海水の淡水化や超純水の製造といった目的で広く利用されている．

　上記した多様なユニットで構成される高度な排水処理が可能になり，処理水のリサイクル利用が促進される．ただし，性質が異なる汚濁物質の種類が増加すると，排水処理は困難になる．したがって，異なる性質の汚濁物質を含む複数の排水は別々に処理し，類似した性質の汚濁物質を含む排水はまとめて処理するのが望ましい．そうすることで，簡単な処理プロセスでも良好な処理水質が得られ，排水処理の省エネルギーも達成できる．処理対象となる排水の組成や流量，処理水のリサイクル用途や放流先の状況などを十分に把握したうえで，処理プロセスの選択をおこなうべきである．

11.2.2　排ガス処理

A.　大気環境の汚染と健康影響

　2013年から中国の大都市圏を中心にPM2.5の濃度が上昇していることが大きなニュースになっている．PM2.5とは，粒径が2.5 μm以下の大気中に浮遊する微粒子を示している．10 μm以下の浮遊粒子を示すPM10とともに，大気汚染の指標として使われている．これらの浮遊微粒子は重量あたりの表面積が大きいため，その表面に有害汚染物質が大量に付着している可能性が高い．また，呼吸によって肺の深部まで入り込む可能性があり，物理的な刺激や表面に

付着する有害物質によって気管支炎，ぜんそく，肺がんなどの健康影響リスクを上昇させると指摘されている[2]．

浮遊粒子以外の主要な大気汚染物質として，揮発性有機化合物（VOC），工場や自動車排ガスなどに含まれる窒素酸化物（NO_x）および硫黄酸化物（SO_x）などがあげられる．NO_xやVOCは紫外線を受けることで生じる光化学反応によって，オゾンをはじめとする光化学オキシダントを発生し，目やのどの痛み，呼吸困難，意識障害などの健康被害を引き起こす．

B. 大気汚染の防止技術

石油，石炭，天然ガスなどの化石燃料の燃焼過程では，硫黄酸化物（SO_x），窒素酸化物（NO_x），浮遊微粒子などが発生する．ここでは，これら大気汚染物質の発生および大気中への排出を低減する技術について述べる．大気汚染物質の発生・排出を低減する方法は，(1) 燃料からの大気汚染原因物質の除去，(2) 燃焼過程での大気汚染物質の発生抑制，(3) 燃焼過程で発生した大気汚染物質の除去または低減，の3つに分類される．それぞれについて，実際におこなわれている代表的な処理技術を紹介する．

(1) 原油には，複素環化合物などとして硫黄が含まれており，硫黄分を含む燃料油をボイラーや内燃機関で燃焼すると，硫黄酸化物（SO_x）の排出や，排ガス浄化用触媒の劣化をもたらす．それらの悪影響を防ぐため，原油から硫黄分を除去する脱硫がおこなわれている．製油所では，原油の常圧蒸留や減圧蒸留をおこなって，沸点が低い順にガソリン，灯油，軽油，重油などを精製している．これらの過程において，高温高圧下でコバルト，モリブデンなどを触媒として，硫黄含有成分と水素を反応させ生成した硫化水素（H_2S）を除去するのが脱硫である．除去された硫化水素は，元素硫黄（S）や硫酸に変換され，工業用原料として再資源化されている．この脱硫プロセスでは，原油に含まれるアンモニアなどの窒素化合物の除去も可能である．

(2) ボイラーやエンジンのシリンダー内などの高温燃焼条件下では，空気中の窒素（N_2）と酸素（O_2）との反応によってもNO_xを生成し，これは「サーマル（Thermal）NO_x」と呼ばれる．燃焼温度の上昇はエネルギー効率を高めるが，一方でサーマルNO_xの生成を促進してしまう．この発生を抑制するのに最も有効な方法は，燃焼温度の低下である．そこで，燃焼排ガスの一部の再循環や，燃焼に必要な理論量よりも過剰な空気の供給，さらに燃焼室への水蒸

表11.2 燃焼排ガス中の粉じんを除去する代表的装置と原理

粉じん除去装置名	原理
電気集じん装置（略称：EP）	粉じんとは逆に帯電した電極板による吸着除去
バグフィルター	耐熱性のろ布によるろ過による除去
湿式集じん	排ガス中への液体噴霧あるいはシャワーカーテンによる洗浄除去

気や水の噴霧など，燃焼温度を低下させる制御がおこなわれる．

（3）大気汚染防止のための排出基準に適合するため，燃焼過程で生成した大気汚染物質は環境中に排出される前に除去される．以下に，自動車排ガスとボイラーなどの燃焼排ガスの浄化技術を紹介する．

・**自動車排ガスの浄化**：燃焼室への排ガス再循環（exhaust gas recirculation：EGR）や燃料と空気の混合比率の適正化によって，エンジン内での炭化水素（HC），一酸化炭素（CO），窒素酸化物（NO_x）の発生抑制がまずおこなわれる．次いで白金，パラジウム，ロジウムなどを主成分とした触媒を利用した反応によって，COは二酸化炭素（CO_2）に，NO_xとHCはH_2O，CO_2，N_2にそれぞれ変換され，排ガスの浄化が完了する．

ディーゼル排ガス中の微小粒子(煤)は，ディーゼル微粒子捕集フィルター（diesel particulate filter：DPF）によってろ過される．捕集された煤はフィルターの温度を一時的に上昇することによって燃焼・除去され，フィルターの再利用が可能になる．

・**ボイラー排ガスの微粒子（粉じん）除去**：燃焼排ガスに含まれる粉じんは，電気集じん機（EP：Electrostatic Precipitator），バグフィルター，湿式集じんなどによって除去される（**表11.2**参照）．

・**硫黄酸化物（SO_x）除去（排煙脱硫）**：燃焼ガスに含まれるSO_xはおもにSO_2であり，燃焼排ガスを石灰石（炭酸カルシウム）のスラリーと接触させ，以下の化学反応によって硫酸カルシウム（$CaSO_4 \cdot 2H_2O$）として回収する．

$$SO_2 + CaCO_3 + 1/2H_2O \longrightarrow CaSO_3 \cdot 1/2H_2O + CO_2 \quad (11.1)$$

$$CaSO_3 \cdot 1/2H_2O + 1/2O_2 + 3/2H_2O \longrightarrow CaSO_4 \cdot 2H_2O \quad (11.2)$$

硫酸カルシウムは石こうボードなどの建材として再利用される．式(11.1)の

第11章 環境の保全

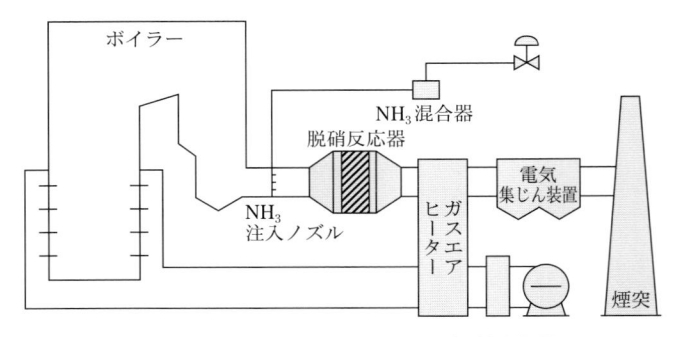

図11.5 アンモニア接触還元法による排煙脱硝装置
（新井監修[3]，1997をもとに作成）

炭酸カルシウムに替えて炭酸マグネシウムが利用されることもある．
・**窒素酸化物（NO$_x$）除去（排煙脱硝）**：燃焼排ガスに含まれるNO$_x$はおもにNOであり，NOは窒素ガス（N$_2$）への還元によって除去される．還元剤としてアンモニア（NH$_3$）または尿素（(H$_2$N)$_2$C=O）が使用される．アンモニア接触還元法による脱硝プロセスの構成を**図11.5**に示す．

11.2.3　廃棄物の処理とリサイクル

A.　廃棄物の分類と発生量

　廃棄物とは，売却が困難な固形状または液状の不要物，すなわち占有者（所有者）が不要と判断したものである．廃棄物の処理および清掃に関する法律（以下，廃棄物処理法）では，事業活動に伴って生じた廃棄物を産業廃棄物と一般廃棄物に分類している[4]．産業廃棄物に含まれるのは，燃え殻，汚泥，廃油，廃酸，廃アルカリ，廃プラスチック類，その他政令で定める廃棄物である．産業廃棄物以外の廃棄物を一般廃棄物という．事業所から排出される廃棄物のうち，紙ゴミや厨芥など産業廃棄物に該当しないものは事業系一般廃棄物として扱われる．放射性物質およびこれに汚染されたものを除く一般廃棄物と産業廃棄物の分類，および処理責任をまとめて**図11.6**に示した．一般廃棄物の処理責任は市町村に，産業廃棄物についてはそれを排出する事業者自身にある．

　国内における一般廃棄物の排出量の推移と1人1日あたりの排出量を**図11.7**に示す．2010年度での全国の一般廃棄物発生量は約4,300万トンであり，

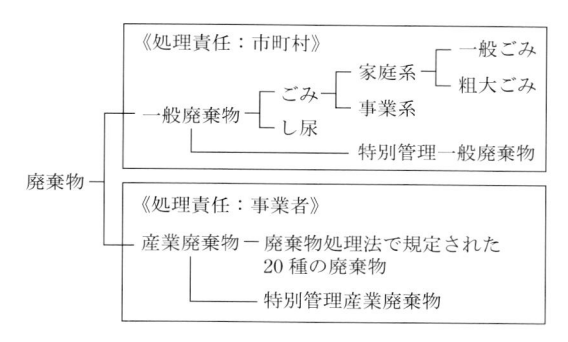

図11.6 廃棄物の分類と処理責任
（後藤，九里，2013[5]）をもとに作成）

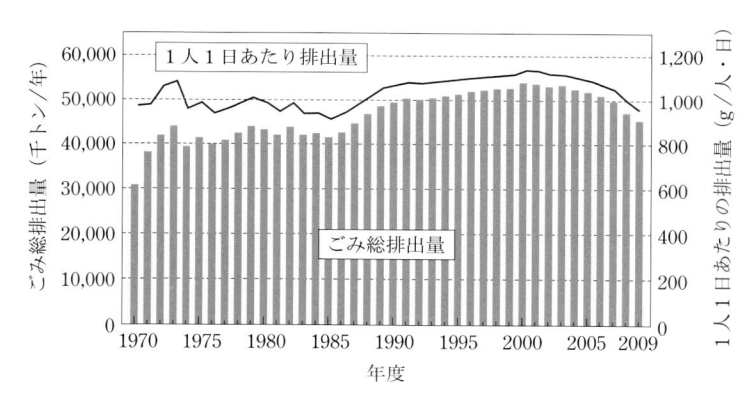

図11.7 国内における一般廃棄物発生量の推移
（岡田，2013[6]）をもとに作成）

2000年度をピークに1人あたりの発生量は減少傾向にある．廃棄物の排出量削減やリサイクル促進の取り組みが功を奏した結果と判断されるが，この10年間で約1,000万 t y^{-1}，1人あたり200 g d^{-1} の廃棄物発生量の削減を達成してきた．

図11.8には，国内における産業廃棄物発生量の1975年度からの推移を示した．1975年度から1990年度の間に発生量は大幅に増加したが，それ以降は年間約4億トンでほぼ一定を保っている．発生する産業廃棄物の内訳は，汚泥が約44％，動物の糞尿が約22％，がれき類が約15％となっており，金属くずや廃プラスチック類はそれぞれ2％程度にすぎない．

第11章　環境の保全

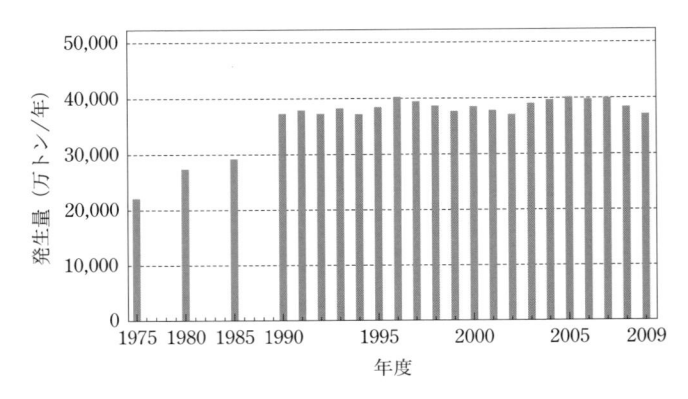

図11.8　国内おける産業廃棄物発生量の推移
（岡田，2013[6]）をもとに作成）

B.　廃棄物のフローとリサイクル

図11.9a と **b** はそれぞれ，2010年度における国内での一般廃棄物と産業廃棄物の流れを示している．

一般廃棄物の年間総排出量4,536万トンのうち，リサイクルを目的とした地域単位などの集団回収量273万トンを除く4,263万トンに，処理施設への直接持ち込み量16万トンを加えた4,279万トンが総処理量である．焼却による中間処理を経て大幅に減量化され，処理残渣は最終処分または資源として再生利用される．直接最終処分量66万トンを含めても，埋め立てによる最終処分量は処理対象の11.3%にあたる484万トンまで減量化されている．一方，一般廃棄物からの総資源化量は集団回収量と合わせて945万トンである．

産業廃棄物の年間総排出量3.86億トンのうち，約20%が直接再生利用され，その量は2億トンに達している．残りの約80%については，焼却などの減量化と再生利用による中間処理がおこなわれる．これによって，埋め立てによる最終処分量は約1,400万トンに減量されている．一方，中間処理後の再生利用を加えた総再生利用量は2億トンを超えており，産業廃棄物はその半分以上が再生利用されていることがわかる．

C.　廃棄物処理の技術と特徴

廃棄物対策については，周知のとおり減量（reduce），再利用（reuse），再資源化（recycle）がこの順序で優先されるべきであり，廃棄物処理・処分は

(a) 一般廃棄物の流れ

```
総排出量 4,536 → 集団回収量 273 → 総資源化量 945
           → 計画処理量 4,263 → 総処理量 4,279 → 直接資源化量 217
                                          → 中間処理量 3,996 → 処理残渣量 873 → 処理後再生利用量 455
                                                                      → 減量化量 3,124
                                                            → 処理後最終処分量 418
                                          → 直接最終処分量 66
           → 直接持込量 16
最終処分量 484
```

(b) 産業廃棄物の流れ

```
総排出量 38,599 → 直接再生利用量 8,383 → 再生利用量 20,473
             → 中間処理量 29,586 → 処理残渣量 12,886 → 処理後再生利用量 12,090
                                              → 処理後最終処分量 796
                                → 減量化量 16,700
             → 直接最終処分量 630 → 最終処分量 1,426
```

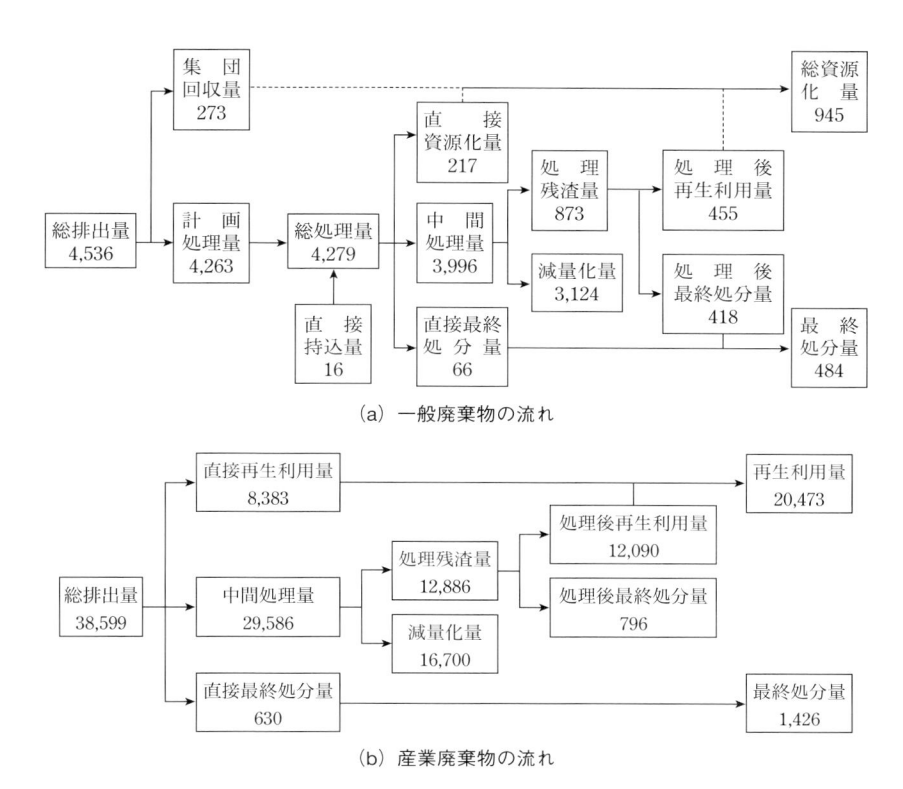

図11.9 廃棄物の流れ
（後藤・九里，2013[5]）をもとに作成）
単位は万トン．数字は2010年度のもの．

最終手段である．廃棄物処理の基本は分別と減量化（体積・重量を減らすこと）であり，その過程で再生利用可能な有価物を分離回収する．代表的な廃棄物処理フローを**図11.10**に示す．固形廃棄物は，材質や形状による選別，圧縮・破砕による減容化（体積を減らすことで，重量は変化しない）と脱水・乾燥を経て，有価物回収や焼却処理がおこなわれる．液状廃棄物は，油水分離，中和処理を経て，重金属や固形物が沈殿分離された後に，排水処理に回される．

・**選別**：適切な処理・リサイクルをおこなうにはまず，廃棄物に含まれる多様な成分を，紙，厨芥，プラスチック，アルミニウム，鉄や銅，ビン，陶器類などに選別する必要がある．目視による手作業に加えて，大きさによるふる

第11章　環境の保全

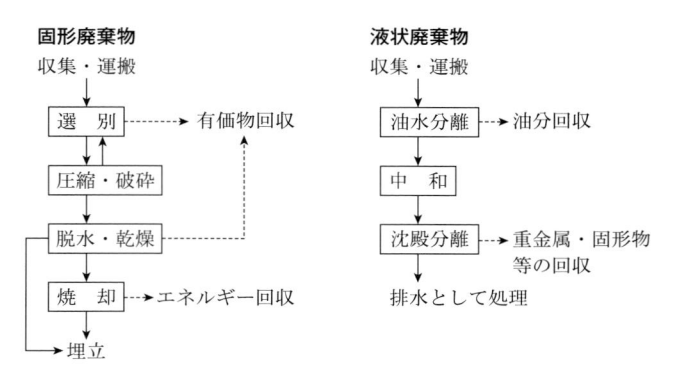

```
    固形廃棄物              液状廃棄物
    収集・運搬              収集・運搬
       ↓                      ↓
    ┌─────┐               ┌─────┐
    │選 別│----→有価物回収  │油水分離│--→油分回収
    └─────┘               └─────┘
       ↓                      ↓
    ┌─────┐               ┌─────┐
    │圧縮・破砕│             │中 和│
    └─────┘               └─────┘
       ↓                      ↓
    ┌─────┐               ┌─────┐
    │脱水・乾燥│             │沈殿分離│--→重金属・固形物
    └─────┘               └─────┘       等の回収
       ↓                      ↓
    ┌─────┐              排水として処理
    │焼 却│→エネルギー回収
    └─────┘
       ↓
      埋立
```

図11.10　産業廃棄物の代表的な処理フロー

い分け選別，鉄分を分離する磁気選別，水中や空中での落下速度の差による比重差選別などがおこなわれる．
- **圧縮・破砕**：かさばるゴミの減容化や成分の選別を容易にする目的で，圧縮・破砕がおこなわれる．例えば廃棄されたエレクトロニクス製品では，圧縮・破砕してから，リサイクルを目的としたプラスチック，各種金属やレアメタルへの分別がおこなわれる．このようにして，レアメタルなどの有用資源を廃棄物から分離・回収することが可能である．都市を中心に蓄積された工業製品は，廃棄物になれば資源とみなせるため**都市鉱山**（urban mine）と呼ばれ，積極的な資源リサイクルが推進されている．
- **脱水・乾燥**：産業廃棄物の大半を占めるのは，含水率が高い汚泥と動物糞尿である．下水処理場から発生する汚泥の含水率は80％に達しており，減容化に対する脱水・乾燥の効果は大きい．汚泥の脱水には加圧脱水（フィルタープレス），ベルトプレス，スクリュープレス，遠心脱水機などが利用される[3]．乾燥処理としては，天日乾燥，熱風乾燥やスチームドライヤーなどが一般的である．
- **中和**：強酸，強アルカリ廃液には，両者を適宜混合することによって中和処理がおこなわれる．中和処理においては，酸とアルカリを混合することによる発熱や液滴の飛散に注意が必要である．強酸に溶解している金属類は，中和処理によって水酸化物を生成することで沈殿分離できる．
- **油水分離**：水中に分散した油滴は浮上分離によって除去される．この処理の

表11.3 代表的なオイルセパレーター

オイルセパレーター名	構造の概要
API (American Petroleum Institute)	水槽内に何も設けずに浮上分離をおこなう.
PPI (Parallel Plate Interceptor)	水槽内に平行板を設けて分離を促進する.
CPI (Corrugated Plate Interceptor)	水槽内に波状板を設けて面積を拡大し分離を促進する.

表11.4 廃棄物焼却炉の形式と特徴

形 式	概要と特徴
ストーカ炉	傾斜した摺動する火格子状に焼却物を流下させて焼却する. 比較的大きい廃棄物も直接焼却が可能.
ロータリーキルン炉	傾斜した横型円筒炉の一端にバーナーを備え, 炉の回転により廃棄物を移動しながら焼却する.
流動層炉	上昇気流で流動化している砂などの熱媒体に粉砕した廃棄物を供給して焼却をおこなう. 均一温度での焼却が可能で, 砂と灰はサイクロンにより取り出され分別され, 砂は循環使用される.

ためにオイルセパレーターと呼ばれる装置が用いられる. 装置内に排水をゆっくりと流通させて油滴を水面に浮上させ, これをかきとることで油水分離が完了する. 代表的なオイルセパレーターと構造を**表11.3**に示した.

・**焼却**: 焼却処理は廃棄物の減量化, 安定化, 無害化を目的としており, 我が国では一般廃棄物の大半が焼却によって処理されている. **表11.4**に, 主要な廃棄物焼却炉をその特徴とともにまとめて示した. 焼却処理では, エネルギーの回収と有効利用, 焼却灰の適正処分, 焼却排ガスの適切な処理が必要である. これらに加えて, ダイオキシン類の排出を抑制するために一般廃棄物焼却施設の大型化が進み, 日量100トンを超える能力を有する焼却施設が増えている.

焼却灰は, 焼却炉底部から排出される主灰と, 燃焼排ガスを処理する集じん装置で捕集される飛灰に大別される. 主灰には金属類や無機物などの不燃分に加えて, 燃え残った有機物が含まれている. これが埋立処分されると, 降雨による水分の供給によって燃え残った有機物の分解・可溶化が進み, 重金属の溶出も加わって埋立地周辺の土壌・地下水汚染をもたらす. 焼却炉の主灰は, 側面や底面を不透性ビニールシートで覆った管理型埋立地に埋立することで, 環境汚染の防止が図られている. 飛灰には, 鉛, 水銀, 亜鉛など

焼却条件下で蒸気圧が高い有害金属が濃縮されていることから，特別管理一般廃棄物として，セメントで固化したうえで管理型埋立地への埋立がおこなわれている．

廃棄物焼却施設で回収されたエネルギーは，発電，乾燥，加温やレジャー施設の熱源などとして利用されている．

焼却灰に含まれる重金属の安定化やダイオキシン類などの無害化を目的として，焼却灰の高温溶融処理もおこなわれている．この処理で生成する金属や無機物を主成分とする溶融スラグは，有害物質の溶出は少ないと判断され，骨材などとしてのリサイクルが推進されている．廃棄物のガス化による燃料ガス回収と焼却灰の溶融を一貫しておこなうガス化溶融炉も普及している．

D. リサイクル技術と特徴

古紙や鉄，銅，アルミニウムなどの金属類の廃棄物に対しては，古くから分別回収，リサイクルがおこなわれてきた．2000年6月に循環型社会形成推進基本法が制定され，廃棄物のリサイクルを推進する政策が進められている．この基本法にもとづいて容器包装リサイクル法，家電リサイクル法，建設リサイクル法，食品リサイクル法，自動車リサイクル法や資源有効利用促進法が制定され，冷蔵庫，テレビ，洗濯機，エアコンの家電4品目，自動車，食品廃棄物，建設廃棄物，ペットボトルなどの包装容器のリサイクル制度が整備されてきた．これらのリサイクル制度の運用を通して，レアメタルを含む金属，プラスチック，バイオマス系残渣，建設資材などの回収・リサイクル促進が実現している．

石油を原料とするプラスチックは，それ自体が高いエネルギーを有しているため，燃焼によってエネルギーが回収されている（サーマルリサイクル）．また，再成型して他用途に利用するマテリアルリサイクルや，モノマーまで分解しプラスチックの再生産などに利用するケミカルリサイクルもある（**表11.5**）．

表11.5 プラスチックリサイクルの分類と用途

分類	用途
マテリアルリサイクル	混合・再成型により他製品などとして利用
ケミカルリサイクル	原料・モノマー化，コークス炉化学原料化，高炉還元剤として利用，ガス化による化学原料化
サーマルリサイクル	セメント製造の燃料化，ごみ発電によるエネルギー回収，RPF (refuse paper & plastic fuel)，RDF (refuse derived fuel)

表11.6　バイオマス残渣のリサイクル技術と特徴

リサイクル技術	原理・プロセス・特徴
堆肥化	適宜水分調整後，好気条件で易分解性有機物の分解を促進して有機物の安定化を図る．肥料成分であるアンモニアの揮散を抑制することが望ましい．農耕地への有機物および肥料成分の供給の目的で施用する．
メタンガス化	嫌気性発酵によって，有機質から低級脂肪酸を経てメタンガスを生成する．絶対嫌気性メタン生成菌の装置内への高濃度保持と適切な運転管理が必要．生成ガスは50～70%がメタンで，残りは二酸化炭素，硫化水素などが占める．メタン発酵廃液の適正処理または液肥などとしての有効利用が不可欠である．
飼料化	食品廃棄物からプラスチックなどの夾雑物を除去する．加熱処理や液状飼料化などがおこなわれる．品質の安定化と需要の開拓が課題である．

　産業廃棄物発生量の22%を占める動物の糞尿に加えて，農業廃棄物や食品リサイクル法にもとづいて回収される食品系廃棄物などの大量の有機質廃棄物を**バイオマス残渣**という．これらについても，再資源化による有効利用が求められている．バイオマス残渣の代表的リサイクル技術は堆肥化，メタンガス化，飼料化である．これらの原理，プロセスおよび特徴を**表11.6**にまとめた．

11.3　エネルギーと資源

　日常生活や経済活動を支えるためには，枯渇性の資源・エネルギーが大量に消費され，一方で，環境に大きな負荷をもたらしている（**図11.11**）．資源・エネルギーの消費と環境負荷をできるだけ低減しながら，人間活動に必要な機能を過不足なく提供できる社会システムの構築が求められている．

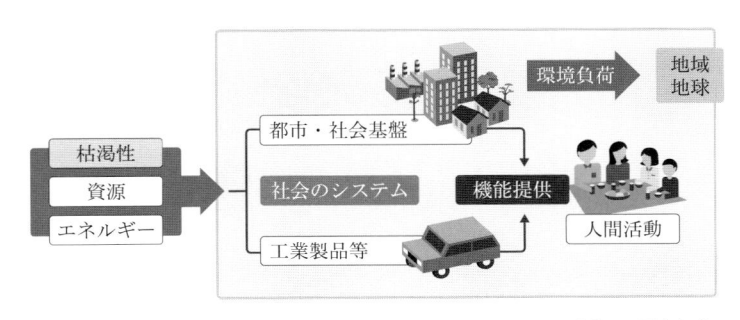

図11.11　人間活動への機能提供による資源・エネルギー消費と環境負荷

11.3.1 資源・エネルギー消費と経済成長

我が国における国民1人あたりに換算した国民総生産（Gross National Product：GNP），エネルギー消費量，鉄（粗鋼）生産量の推移を**図11.12**に示す．1960年代の高度経済成長期には，エネルギー消費および鉄生産量上昇に比例してGNPが上昇していた．1973年と1978年のオイルショックは，エネルギーや資源の消費を増大させずにGNPの上昇をもたらす社会実現の契機になった．しかし1980年代後半から1990年代前半のバブル経済は，GNPの上昇とエネルギー消費量の増大が比例関係にあった高度経済成長期と同様な社会に，我が国を逆戻りさせていたことがわかる．

各国における1人あたりの国内総生産（Gross Domestic Product：GDP）と国内資源消費（Domestic Material Consumption：DMC）の関係を**図11.13**に示す．GDPとDMCはおおむね比例関係にあり（図中の破線），GDPの上昇は資源消費の増大によってもたらされてきたことがわかる．国内に注目すると，本社機能が集中している東京や大阪ではGDPに比較してDMCが小さく，製造業者が多い愛知県ではDMCが大きいなど，地域の特徴が現れている．これらの特徴を参考にすることによって，資源生産性の向上，すなわち少ない資源消費でできるだけ付加価値が高い製品を生産することで経済成長を実現する産業構造や社会システムへの移行が求められる．

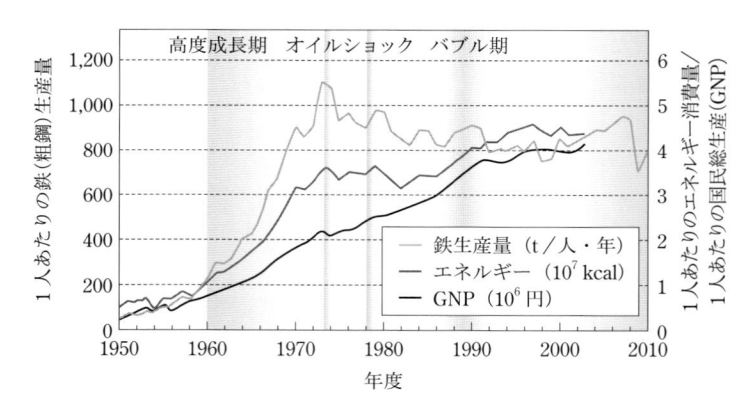

図11.12 我が国におけるGNP，エネルギー消費と粗鋼生産量の推移
（岡田，2013[6]）をもとに作成）

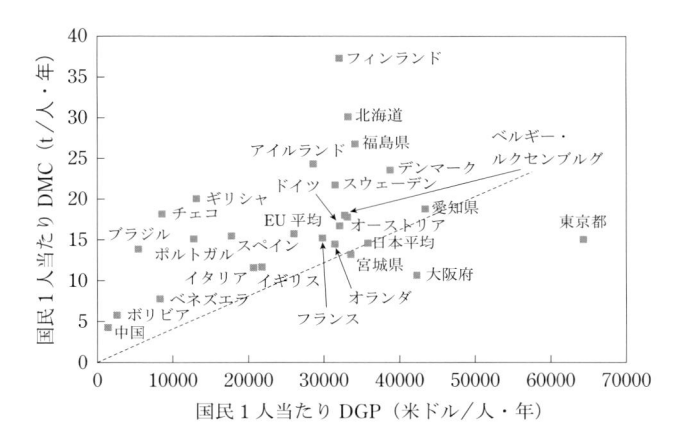

図11.13　各国，各地域におけるGDP上昇による資源消費の変化
（藤江，2008[7]）をもとに作成）

11.3.2　化石燃料の問題点：二酸化炭素の排出と有限性

石炭や天然ガスなどの化石燃料の使用によって発生する二酸化炭素量と発熱量を**表11.7**に示す．高発熱量とは，燃焼によって生成した水蒸気が凝縮した場合の総発熱量である[8]．

ひとくちに化石燃料といっても，その種類によって分子構造が異なる．石炭中の炭素（C）に対する水素（H）の割合（H/C比）は約1であるが，オクタンを主成分とするガソリンのH/C比は2.25，天然ガスの主成分であるメタンのH/C比は4である．このH/C比が大きくなるほど，燃焼エネルギーあたりの二酸化炭素排出量が減少する．つまり，燃料を石炭から天然ガスに変換することで，同じエネルギー量を得るための二酸化炭素排出量が半分以下に低減できる．

我が国をはじめ世界的な主要エネルギー源は化石燃料であることから，新たな可採埋蔵量は発見されているものの，化石燃料の有限性に対する懸念が払拭されることはない．二酸化炭素排出量が少ない良質な化石燃料への需要が世界的に急増すれば，我が国における火力発電の主要な燃料である天然ガスの可採年数は急速に減少するであろう．再生可能エネルギーとして風力や太陽光による発電が推進されているが，エネルギー構成全体に占める割合は大きくない．

エネルギー消費を低減しながら日常生活や経済活動に必要な機能を過不足な

表11.7　燃料別の二酸化炭素排出量

燃　料	分子構造 (水素(H)/炭素(C)比)	燃焼エネルギー (高発熱量)(MJ kg^{-1})	二酸化炭素排出量 (g–CO$_2$ kJ^{-1})
石炭（一般炭）	1	約25	135
重油（オクタデカン）	2.11	44	71
ガソリン（オクタン）	2.25	47	66
LPG（プロパン）	2.67	50	60
天然ガス（メタン）	4	54	51

く提供できる社会や産業システムの実現を急ぎ，有限な化石燃料の有効活用による温室効果ガスの排出削減を合わせて推進しなければならない．これらを実質的に推進するための定量的な情報の提供が必要であり，日常生活のスケールから生産活動や社会全体のスケールにおける物質収支，エネルギー収支の解析と前述したライフサイクルでの評価の重要性を強調しておきたい．

11.4　グリーンケミストリーの概念と実践

　環境問題や枯渇が懸念される化石燃料への依存の高さに加えて，化学物質による人の健康や生態系に対する悪影響への関心が高まっている．そのため，化学界や化学産業の目指す方向性も大きく変化している．従来は，使用する原料から低コストでより多くの製品を生産することをおもな目標として，技術の開発・実用化が進められてきた．化学物質自体の性質に加えて，それの生産や利用における環境への負荷を低減するためのさまざまな見直しが重要な課題となっている．

11.4.1　グリーンケミストリーとは

　グリーンケミストリーとは「環境にやさしいものづくりの化学」であり[9]，より具体的には，化学製品のライフサイクルにおいて，製品の安全性向上，生産プロセスの安全性向上，原料・エネルギーの有効利用と環境負荷低減，製品廃棄後のリサイクル性向上や，再生可能資源の原料としての利用などを推進することである．グリーンケミストリーを実践するためには，"環境にやさしい化学合成"，"汚染防止につながる新しい合成法や製造法"，"環境にやさしい分

子・反応の設計"などを実現しなければならない[10].

　グリーンケミストリーにおいて推進される主要な項目（グリーンケミストリーの12か条）と，それを実現するための革新技術の例を**表11.8**にまとめて示した．化学反応を基盤として化学製品を製造するプロセスのグリーン度，すなわち環境負荷低減や資源有効利用の度合いを評価する指標として，**E－ファクター**（環境因子）と**アトム・エコノミー**（原子利用率）が提案されている．前者は，目的とする製品の単位重量あたりに発生する廃棄物量であり，後者は，反応物の分子量に対する目的物の分子量である[9]．それぞれの指標で与えられる数値は，前者では小さいほどグリーン度が高く，後者では1に近いほどグリーンケミストリー的に優秀といえる．

表11.8　グリーンケミストリーの12か条と実現のための対策技術の事例

12か条	対策技術の事例	引　用
①廃棄物は"出してから処理"ではなく，出さない．	硫酸アンモニウム廃液排出や装置腐食の問題となる硫酸を固体酸性物質（MFI型高シリカゼオライト触媒）に替えたベックマン転移反応の利用．	荻野ほか，2009[11]，堀越，2014[12]
②原料をなるべく無駄にしない形の合成をする．	付加反応（例：ディールス・アルダー反応）の利用による原子利用率の向上と副生成物の発生抑制．	荻野ほか，2009[11]，堀越，2014[12]
③人体と環境に害の少ない反応物・生成物にする．	オゾン層破壊物質である特定フロン（フロン11，フロン12など5種類．現在は使用禁止）に替えて塩素を含まないハイドロフルオロカーボンやノンフロン（炭化水素）の開発と利用の促進．	環境省中央環境審議会，2013[13]
④機能が同じなら，毒性のなるべく少ない物質をつくる．	有害な有機溶媒（トルエン，キシレン，トリクロロエチレンなど）の低毒性溶媒（酢酸ブチル，酢酸エチルなど）への転換，人間以外の標的生物のみに選択的効果を示す低毒性・低環境残留性農薬の開発と利用の促進．	
⑤補助物質はなるべく減らし，使うにしても無害なものを．	有害な有機塩素系溶媒の使用削減に加えて，水，超臨界二酸化炭素，イオン液体など有害性が低い溶媒への転換を推進．	堀越，2014[12]
⑥環境と経費への負担を考え，省エネを心がける．	温和な条件における反応進行と蒸留や膜ろ過などによる分離精製工程の高効率化によるエネルギー消費削減とコスト低減．	
⑦原料は枯渇性資源ではなく，再生可能な資源から得る．	パーム油等植物由来の油脂を原料としたエステル類（グリコールエステル，ソルビトールエステルなど）の生産．	

12か条	対策技術の事例	引　用
⑧途中の修飾反応はできるだけ避ける.	N-ヒドロキシフタルイミド（NIPH）触媒の利用によるシクロヘキサンを原料としたアジピン酸の直接製造による転化率，選択率の向上と温和な反応条件の実現.	荻野ほか，2009[11]
⑨できる限り触媒反応を目指す.	選択性が高く反応効率の向上と温和な反応条件を提供できる触媒を積極的に利用．事例：銀触媒を用いるエチレンの酸素酸化によるエチレンオキシドの生成（原子利用率の向上）.	堀越，2014[12]，御園生，2011[9]
⑩使用後に環境中で分解するような製品を目指す.	水環境中で分解性が低く残存率が高い界面活性剤LAS（直鎖アルキルベンゼンスルホン酸塩）に替えて，低水温でも分解されやすいAS（アルキル硫酸エステル塩）などを利用.	日本水環境学会，1994[15]
⑪プロセスの計測を導入する.	運転状態の適切な計測により，製品収率向上，省エネルギーを推進するとともに，反応暴走や爆発などを防ぎ，安全性を向上するプロセスの最適制御を実現.	
⑫化学事故につながりにくい物質を使う.	ホスゲン（有毒ガス）を使用しないポリカーボネート製造法（メルト法など）の開発による安全性向上.	荻野ほか，2009[11]，堀越，2014[12]

11.4.2　グリーンケミストリーの実践

　製品の安全性向上として，機能を維持しながら化学物質自体の毒性を低減することにとどまらず，人の体や環境生態系への蓄積が起こりにくいことが求められる．揮発性が低く環境中に排出されにくい，あるいは人への暴露の可能性が低いなどの性質も必要である．一方，生産プロセスの安全性向上のためには，危険性の低い原料や反応条件を用い，プロセス内の状態を遅滞なく計測・把握しながら，プロセスの適切な運転管理と制御をおこなうことになる．

　反応の収率や選択性にすぐれた合成法が開発されれば，同じ量の原料からより多くの製品が製造できるので，原料の有効利用と廃棄物量の削減を同時に実現できる．一般に，化学プロセスは複数の反応工程から構成されており，溶媒，触媒などの種類や量を減らすには，反応の工程数低減が効果的である．プロセスの各工程から排出される廃棄物や排水の組成は異なっている．排水・廃棄物処理の基本は分離・精製であることから，異なる性質の排水・廃棄物を混合すると，その処理は困難になる．混合せずに，各工程の排出源において簡単な処理をおこなえば，その場での廃棄物や排水のリサイクル利用が可能になる場合が多い．原材料の有効利用，排水・廃棄物処理の負担軽減，そして環境負荷の低減に合わせて貢献できる．

限られた資源を有効利用するために，役目を終えて廃棄された材料や製品のリサイクルが望まれる．材料や部品に有害な化学物質や重金属が含まれていると，それらの解体処理やリサイクルをおこなう際に環境中への漏えいや作業者への暴露などを引き起こす可能性もある．これらの問題が起きる可能性を低減するためには，使用後のリサイクル利用を前提とした材料や製品の設計や開発，そして生産が不可欠である．

　化石燃料などの枯渇性資源に替えて，再生可能な資源であるバイオマスの利用が注目されている．しかし，バイオマス燃料の利用については，多くの問題点が指摘されている．バイオマス燃料として期待されているパーム油は熱帯地方に開発されたプランテーションで生産されている．プランテーションは，広大な森林の伐採によって開発されている例が多く，そこに生息する生態系への影響に加えて，土地利用の改変が土壌中有機物の急速な分解をもたらし，大量の二酸化炭素の排出源になっていることが指摘されている[5]．バイオマス由来の原料が必ずしも環境負荷低減に有効ではないことを知っておくべきである．

付　録

付録A　環境基準（2015年8月現在）

(1) 大気汚染にかかわる環境基準

物質	環境上の条件
二酸化硫黄（SO_2）	1時間値の1日平均値が0.04 ppm以下であり，かつ1時間値が0.1 ppm以下であること．
一酸化炭素（CO）	1時間値の1日平均値が10 ppm以下であり，かつ1時間値の8時間平均値が20 ppm以下であること．
浮遊粒子状物質（SPM）	1時間値の1日平均値が0.10 mg m^{-3}以下であり，かつ1時間値が0.20 mg m^{-3}以下であること．
二酸化窒素（NO_2）	1時間値の1日平均値が0.04 ppmから0.06 ppmまでのゾーン内またはそれ以下であること．
光化学オキシダント（O_x）	1時間値が0.06 ppm以下であること．
ベンゼン	1年平均値が0.003 mg m^{-3}以下であること．
トリクロロエチレン	1年平均値が0.2 mg m^{-3}以下であること．
テトラクロロエチレン	1年平均値が0.2 mg m^{-3}以下であること．
ジクロロメタン	1年平均値が0.15 mg m^{-3}以下であること．
ダイオキシン類	1年平均値が0.6 pg-TEQ m^{-3}以下であること．
微小粒子状物質（PM2.5）	1年平均値が15 μg m^{-3}以下であり，かつ1日平均値が35 μg m^{-3}以下であること．

(2) 水質汚濁にかかわる環境基準

a. 人の健康の保護に関する項目

項目	基準値（年間平均値）	項目	基準値（年間平均値）
カドミウム	0.003 mg L^{-1}以下	1,1,2-トリクロロエタン	0.006 mg L^{-1}以下
全シアン	検出されないこと	トリクロロエチレン	0.01 mg L^{-1}以下
鉛	0.01 mg L^{-1}以下	テトラクロロエチレン	0.01 mg L^{-1}以下
六価クロム	0.05 mg L^{-1}以下	1,3-ジクロロプロペン	0.002 mg L^{-1}以下
ヒ素	0.01 mg L^{-1}以下	チウラム	0.006 mg L^{-1}以下
総水銀	0.0005 mg L^{-1}以下	シマジン	0.003 mg L^{-1}以下
アルキル水銀	検出されないこと	チオベンカルブ	0.02 mg L^{-1}以下
PCB	検出されないこと	ベンゼン	0.01 mg L^{-1}以下
ジクロロメタン	0.02 mg L^{-1}以下	セレン	0.01 mg L^{-1}以下
四塩化炭素	0.002 mg L^{-1}以下	硝酸性窒素および亜硝酸性窒素	10 mg L^{-1}以下
1,2-ジクロロエタン	0.004 mg L^{-1}以下	フッ素	0.8 mg L^{-1}以下
1,1-ジクロロエチレン	0.1 mg L^{-1}以下	ホウ素	1 mg L^{-1}以下
シス-1,2-ジクロロエチレン	0.04 mg L^{-1}以下	1,4-ジオキサン	0.05 mg L^{-1}以下
1,1,1-トリクロロエタン	1 mg L^{-1}以下		

備考：海域については，フッ素およびホウ素の基準値は適用しない．

b. 生活環境の保全に関する項目（河川）

類型	利用目的の適応性	基準値（日間平均値)				
		水素イオン濃度（pH）	生物化学的酸素要求量（BOD）	浮遊物質量（SS）	溶存酸素量（DO）	大腸菌群数
AA	水道1級 自然環境保全およびA以下の欄に掲げるもの	6.5以上 8.5以下	1 mg L^{-1}以下	25 mg L^{-1}以下	7.5 mg L^{-1}以上	50 MPN/100 mL以下
A	水道2級 水産1級，水浴およびB以下の欄に掲げるもの	6.5以上 8.5以下	2 mg L^{-1}以下	25 mg L^{-1}以下	7.5 mg L^{-1}以上	1,000 MPN/100 mL以下
B	水道3級 水産2級およびC以下の欄に掲げるもの	6.5以上 8.5以下	3 mg L^{-1}以下	25 mg L^{-1}以下	5 mg L^{-1}以上	50 MPN/100 mL以下
C	水産3級 工業用水1級およびD以下の欄に掲げるもの	6.5以上 8.5以下	5 mg L^{-1}以下	50 mg L^{-1}以下	5 mg L^{-1}以上	5,000 MPN/100 mL以下
D	工業用水2級 農業用水およびEの欄に掲げるもの	6.5以上 8.5以下	8 mg L^{-1}以下	100 mg L^{-1}以下	2 mg L^{-1}以上	―
E	工業用水3級 環境保全	6.5以上 8.5以下	10 mg L^{-1}以下	ごみ等の浮遊が認められないこと	2 mg L^{-1}以上	―

類型	水生生物の生息状況の適応性	基準値（年間平均値)		
		全亜鉛	ノニルフェノール	直鎖アルキルベンゼンスルホン酸およびその塩
生物A	イワナ，サケマス等比較的低温域を好む水生生物およびこれらの餌生物が生息する水域	0.03 mg L^{-1}以下	0.001 mg L^{-1}以下	0.03 mg L^{-1}以下
生物特A	生物Aの水域のうち，生物Aの欄に掲げる水生生物の産卵場（繁殖場），または幼稚仔の生育場として特に保全が必要な水域	0.03 mg L^{-1}以下	0.0006 mg L^{-1}以下	0.02 mg L^{-1}以下
生物B	コイ，フナ等比較的高温域を好む水生生物，およびこれらの餌生物が生息する水域	0.03 mg L^{-1}以下	0.002 mg L^{-1}以下	0.05 mg L^{-1}以下
生物特B	生物Aまたは生物Bの水域のうち，生物Bの欄に掲げる水生生物の産卵場（繁殖場），または幼稚仔の生育場として特に保全が必要な水域	0.03 mg L^{-1}以下	0.002 mg L^{-1}以下	0.04 mg L^{-1}以下

付　録

b. 生活環境の保全に関する項目（海域）

類型	利用目的の適応性	基準値（日間平均値）				
		水素イオン濃度（pH）	化学的酸素要求量（COD）	溶存酸素量（DO）	大腸菌群数	n-ヘキサン抽出物質（油分等）
A	水道1級 水浴自然環境保全およびB以下の欄に掲げるもの	7.8以上 8.3以下	2 mg L^{-1} 以下	7.5 mg L^{-1} 以上	1,000 MPN/100 mL以下	検出されないこと
B	水産2級 工業用水およびCの欄に掲げるもの	7.8以上 8.3以下	3 mg L^{-1} 以下	5 mg L^{-1} 以上	—	検出されないこと
C	環境保全	7.0以上 8.3以下	8 mg L^{-1} 以下	2 mg L^{-1} 以上	—	—

類型	利用目的の適応性	基準値（年間平均値）	
		全窒素	全リン
I	自然環境保全およびII以下の欄に掲げるもの（水産2種および3種を除く）	0.2 mg L^{-1} 以下	0.02 mg L^{-1} 以下
II	水産1種，水浴およびIII以下の欄に掲げるもの（水産2種および3種を除く）	0.3 m L^{-1} 以下	0.03 mg L^{-1} 以下
III	水産2種およびIVの欄に掲げるもの（水産3種を除く）	0.6 L^{-1} 以下	0.05 mg L^{-1} 以下
IV	水産3種工業用水生生物生息環境保全	1 mg L^{-1} 以下	0.09 m L^{-1} 以下

類型	水生生物の生息状況の適応性	基準値（年間平均値）		
		全亜鉛	ノニルフェノール	直鎖アルキルベンゼンスルホン酸およびその塩
生物A	水生生物の生息する水域	0.02 mg L^{-1} 以下	0.001 mg L^{-1} 以下	0.01 mg L^{-1} 以下
生物特A	生物Aの水域のうち，水生生物の産卵場（繁殖場），または幼稚仔の生育場として特に保全が必要な水域	0.01 mg L^{-1} 以下	0.0007 mg L^{-1} 以下	0.006 mg L^{-1} 以下

(3) 土壌汚染にかかわる環境基準

項目	環境上の条件	項目	環境上の条件
カドミウム	検液1Lにつき0.01 mg以下であり，かつ農用地においては，米1kgにつき0.4 mg以下であること	1,1-ジクロロエチレン	検液1Lにつき0.1 mg以下であること
		シス-1,2-ジクロロエチレン	検液1Lにつき0.04 mg以下であること
全シアン	検液中に検出されないこと	1,1,1-トリクロロエタン	検液1Lにつき1 mg以下であること
有機燐	検液中に検出されないこと		
鉛	検液1Lにつき0.01 mg以下であること	1,1,2-トリクロロエタン	検液1Lにつき0.006 mg以下であること
六価クロム	検液1Lにつき0.05 mg以下であること	トリクロロエチレン	検液1Lにつき0.03 mg以下であること
砒素	検液1Lにつき0.01 mg以下であり，かつ農用地（田に限る）においては，土壌1kgにつき15 mg未満であること	テトラクロロエチレン	検液1Lにつき0.01 mg以下であること
		1,3-ジクロロプロペン	検液1Lにつき0.002 mg以下であること
		チウラム	検液1Lにつき0.006 mg以下であること
総水銀	検液1Lにつき0.0005 mg以下であること	シマジン	検液1Lにつき0.003 mg以下であること
アルキル水銀	検液中に検出されないこと		
PCB	検液中に検出されないこと	チオベンカルブ	検液1Lにつき0.02 mg以下であること
銅	農用地（田に限る）において，土壌1kgにつき125 mg未満であること	ベンゼン	検液1Lにつき0.01 mg以下であること
ジクロロメタン	検液1Lにつき0.02 mg以下であること	セレン	検液1Lにつき0.01 mg以下であること
四塩化炭素	検液1Lにつき0.002 mg以下であること	フッ素	検液1Lにつき0.8 mg以下であること
1,2-ジクロロエタン	検液1Lにつき0.004 mg以下であること	ホウ素	検液1Lにつき1 mg以下であること

備考：検液は，別途定める方法により作成するものとする．

付　録

付録B　化審法における第一種特定化学物質および第二種特定化学物質（2015年8月現在）
(1) 第一種特定化学物質

物質名	過去の用途例
ポリ塩化ビフェニル	絶縁油等
ポリ塩化ナフタレン （塩素数が3以上のものに限る）	機械油等
ヘキサクロロベンゼン	殺虫剤等原料
アルドリン	殺虫剤
ディルドリン	殺虫剤
エンドリン	殺虫剤
DDT	殺虫剤
クロルデンまたはヘプタクロル	シロアリ駆除剤等
ビス（トリブチルスズ）＝オキシド	漁網防汚剤，船底塗料等
N,N′－ジトリル－パラ－フェニレンジアミン，N－トリル－N′－キシリル－パラ－フェニレンジアミンまたはN,N′－ジキシリル－パラ－フェニレンジアミン	ゴム老化防止剤，スチレンブタジエンゴム
2,4,6－トリ－ターシャリーブチルフェノール	酸化防止剤その他の調製添加剤，潤滑油
トキサフェン	殺虫剤，殺ダニ剤（農業用および畜産用）
マイレックス	樹脂，ゴム，塗料，紙，織物，電気製品等の難燃剤，虫剤，殺蟻剤
ケルセンまたはジコホル	防ダニ剤
ヘキサクロロブタ-1,3-ジエン	溶媒
2-(2H-1,2,3-ベンゾトリアゾール-2-イル)-4,6-ジ-tert-ブチルフェノール	紫外線吸収剤
ペルフルオロ（オクタン-1-スルホン酸）（別名PFOS）またはその塩	撥水撥油剤，界面活性剤
ペルフルオロ（オクタン-1-スルホニル）＝フルオリド（別名PFOSF）	PFOSの原料
ペンタクロロベンゼン	農薬，副生成物
α-ヘキサクロロシクロヘキサン	リンデンの副生成物
β-ヘキサクロロシクロヘキサン	リンデンの副生成物
γ-ヘキサクロロシクロヘキサンまたはリンデン	農薬，殺虫剤
クロルデコン	農薬，殺虫剤
ヘキサブロモビフェニル	難燃剤
テトラブロモジフェニルエーテル	難燃剤
ペンタブロモジフェニルエーテル	難燃剤
ヘキサブロモジフェニルエーテル	難燃剤
ヘプタブロモジフェニルエーテル	難燃剤
エンドスルファンまたはベンゾエピン	農薬
ヘキサブロモシクロドデカン	難燃剤

（出典：環境省）

付　録

(2) 第二種特定化学物質

物質名	過去の用途例
トリクロロエチレン	金属洗浄用溶剤等
テトラクロロエチレン	フロン原料，金属，繊維洗浄用溶剤等
四塩化炭素	フロン原料，反応抽出溶剤等
トリフェニルスズ＝N,N－ジメチルジチオカルバマート	漁網防汚剤，船底塗料等
トリフェニルスズ＝フルオリド	漁網防汚剤，船底塗料等
トリフェニルスズ＝アセタート	漁網防汚剤，船底塗料等
トリフェニルスズ＝クロリド	漁網防汚剤，船底塗料等
トリフェニルスズ＝ヒドロキシド	漁網防汚剤，船底塗料等
トリブチルスズ脂肪酸塩（脂肪酸の炭素数が9，10または11のものに限る）	漁網防汚剤，船底塗料等
トリフェニルスズ＝クロロアセタート	漁網防汚剤，船底塗料等
トリフェニルスズ＝メタクリラート	漁網防汚剤，船底塗料等
ビス(トリブチルスズ)＝フマラート	漁網防汚剤，船底塗料等
トリブチルスズ＝フルオリド	漁網防汚剤，船底塗料等
ビス(トリブチルスズ)＝2,3-ジブロモスクシナート	漁網防汚剤，船底塗料等
トリブチルスズ＝アセタート	漁網防汚剤，船底塗料等
トリブチルスズ＝ラウラート	漁網防汚剤，船底塗料等
ビス(トリブチルスズ)＝フタラート	漁網防汚剤，船底塗料等
アルキル＝アクリラート・メチル＝メタクリラート・トリブチルスズ＝メタクリラート共重合物（アルキル＝アクリラートのアルキル基の炭素数が8のものに限る）	漁網防汚剤，船底塗料等
トリブチルスズ＝スルファマート	漁網防汚剤，船底塗料等
ビス(トリブチルスズ)＝マレアート	漁網防汚剤，船底塗料等
トリブチルスズ＝クロリド	漁網防汚剤，船底塗料等
トリブチルスズ＝シクロペンタンカルボキシラートおよびこの類縁化合物の混合物（トリブチルスズ＝ナフテナート）	漁網防汚剤，船底塗料等
トリブチルスズ＝1,2,3,4,4a,4b,5,6,10,10a-デカヒドロ-7-イソプロピル-1,4a-ジメチル-1-フェナントレンカルボキシラートおよびこの類縁化合物の混合物（トリブチルスズロジン塩）	漁網防汚剤，船底塗料等

引用文献

第1章
1) 鈴木啓三（1993），『エネルギー・環境・生命——ケミカルサイエンスと人間社会』，化学同人．
2) IPCC (2013), *Climate Change 2013 : The Physical Science Basis. Contribution of Working Group I to the Fifth Assessment Report of the Intergovernmental Panel on Climate Change*, Cambridge University Press.
3) 国連人口基金（2013），世界人口白書2011．
4) 内山巖雄（1998），大気環境学会誌，**33**，A85–A93．
5) レイチェル・カーソン，青樹簗一訳（1974），『沈黙の春』，新潮社．
6) 井口泰泉監修，環境ホルモン汚染を考える会編著（1998），『環境ホルモンの恐怖——人間の生殖を脅かす化学物質』，PHP研究所．
7) シーア・コルボーンほか，長尾力，堀千恵子訳（1998），『奪われし未来』，翔泳社．
8) デボラ・キャドバリー，井口泰泉監修・解説，古草秀子訳（1998），『メス化する自然』，集英社．
9) 黒田洋一郎，木村－黒田純子（2013），科学，**83**(6)，693–708．

第2章
1) Oki, T., and Kanae, S. (2006), *Science*, **313**, 1068–1072.
2) Speidel, D. H. and Agnew, A. F. (1988), *Perspectives on Water Uses and Abuses*, Oxford University Press.
3) World Resources Institute (1991), *World Resources 1991–1992*, Oxford University Press.
4) IPCC (2013).（1章の2)と同じ）
5) Canfield, D. E., *et al.* (2010), *Science.*, **330**, 192–196.
6) Stumm, W. and Morgan, J. J. (1996), *Aquatic Chemistry* (*3rd ed.*), Wiley.
7) ジュリアン・アンドリューズほか，渡辺正訳（2005），『地球環境化学入門』，シュプリンガー・フェアラーク東京．
8) 立川涼（1991），ぶんせき，**10**，789–793．
9) 田辺信介（2007），化学物質の環境動態（日本化学会編，『環境化学』（第5版実験化学講座），丸善，pp. 153–161）．
10) Mason, R. P., *et al.* (2012), *Environmental Research*, **119**, 101–117.
11) Sunderland, E. M. and Mason, R. P. (2007), *Global Biogeochemical Cycle*, **21**, GB4022.

第3章
1) Vonder Haar T. H., and Suomi, V. E. (1971), *Journal of the Atmospheric Sciences*, **28**, 305–314.
2) Musk, L. F. (1988), *Weather Systems*, Cambridge University Press.
3) Hadley, G. (1735), *Philosophical Transaction*, **39**, 58–62.

4) Coriolis, G. G. (1835), Journal de *l'École Polytechnique*, **15**, 142–154.
5) IPCC (2013). (1章の2) と同じ)
6) IPCC (2001), *Climate Change 2001 : The Scientific Basis. The contribution of Working Group I to the Second Assessment Report of the Intergovernmental Panel on Climate Change*, Cambridge University Press.
7) IPCC (1995), *Climate Change 1995 : The Science of Climate Change. The contribution of Working Group I to the Third Assessment Report of the Intergovernmental Panel on Climate Change*, Cambridge University Press.
8) World Meteorological Organization (1998), *Scientific Assessment of Ozone Depletion : 1998*, WMO Global Ozone Research and Monitoring Projec-Report, No. 44.
9) Loyola, D. G., *et al.* (2009), *International Journal of Remote Sensing*, **30** (15–16), 4295–4318.
10) 秋元肇ほか編 (2002), 『対流圏大気の化学と地球環境』, 学会出版センター.
11) Matsumoto, J., *et al.* (2006), *Atmospheric Environment*, **40**, 6294–6302.
12) D. J. ジェイコブ, 近藤豊訳 (2002), 『大気化学入門』, 東京大学出版会.
13) 梶井ほか (2006), 大気環境学会誌, **41**, 259–267.

第4章

1) Ostlund, H. G. *et al.* (1987), *GEOSECS Atlantic, Pacific and Indian Ocean Expeditions Shorebased Data and Graphics Vol. 7*, National Science Foundation.
2) Gross, M. G., and Gross, E. (1996), *Oceanography : A View of Earth* (7th ed.), Prentice Hall.
3) Craig, H. *et al.* (1981), *GEOSECS Pacific Expedition, Vol. 4 : Section and Profiles*, National Science Foundation.
4) Broecker, W. S. and Peng, T.-H. (1985), *Tracers in the Sea*. Eldigio Press.
5) Andree, M., *et al.* (1985), Accelerator radiocarbon ages on foraminifera separated from deep-sea sediments. In Sundquist E. T. and Broecker W. S. (eds.), *The Carbon Cycle and Atmospheric CO_2 : Natural Variations Archean to Present*, American Geophysical Union, pp. 143–153.
6) Broecker, W. S. (1987), *Natural History*, **87** (10), 74–82.
7) Steele, J. H. (1989), *Oceanus*, **32**, 5–9.
8) 加藤義久ほか (2005), 月刊海洋, 号外39号, 126–136.
9) Nozaki, Y. (2001), Elemental distribution overview. In Steele, J. H., *et al.* (eds.), *Encyclopedia of Ocean Sciences*, Academic Press, pp. 840–845.
10) Dyrssen D., and Wedborg M. (1975), Equilibrium calculation of the speciation of elements in seawater. In Goldberg, E. D. (ed.) *The Sea* (*Vol. 5*), Wiley-Interscience, pp. 182–195.
11) Froelich, P. N., *et al.* (1982), *American Journal of Science*, **282**, 474–811.
12) Keeling, C. D., *et al.* (2001), *Scripps Institution of Oceanography*, 88 pp. (http://scrippsco2.ucsd.edu/data/in_situ_co2/monthly_mlo.csv)
13) Australian Antarctic Data Centre (2008), Antarctica with hill shading [Black and Withe]. (http://data.aad.gov.au/database/mapcat/antarctica/13469_antarctica_map_bw.jpg)
14) Petit, J. R., *et al.* (1999), *Nature*, **399**, 429–436.
15) 野崎義行 (1994), 『地球温暖化と海：炭素の循環から探る』, 東京大学出版会.

引用文献

16) Emerson, S. R., and Hedges, J. I. (2008), *Chemical Oceanography and the Marine Carbon Cycle*. Cambridge University Press.
17) Martin, J. H., et al. (1989), *Deep Sea Research Part A*, **36** (5), 649-680.
18) Martin J. H. (1991), *Oceanography*, **4**, 52-55.
19) Jickells, T. D. et al. (2005), *Science*, **308**, 67-71.
20) Berger, W. H. (1989), Global maps of ocean productivity. In Berger, W. H. et al., *Productivity of the Ocean : Present and Past*, John Wiley & Sons, pp. 429-455.
21) Sillen, L. G. (1967), Master variables and activity scales. In Gould G. (ed.), *Equilibrium Concepts in Natural Water Systems*, American Chemical Society Publications, pp. 45-55.
22) 加藤義久（2012），海底堆積物（日本地球化学会編，『地球と宇宙の化学事典』，朝倉書店，pp. 48-49）．
23) Kato, Y. et al. (1995), Remobilization of transition elements in pore water of continental slope sediments. In Sakai H., and Nozaki Y. (eds.), *Biogeochemical Processes and Ocean Flux in the Western Pacific*, Terra Scientific Publishing, pp. 383-405.
24) Narita, H. et al. (2002), *Geophysical Research Letters*, **29** (15), 1732.
25) Martinson, D. G., et al. (1987), *Quaternary Research*, **27**, 1-29.
26) 原子力災害対策本部（2011），原子力安全に関するIAEA閣僚会議に対する日本国政府の報告書——東京電力福島原子力発電所の事故について．(http://www.kantei.go.jp/jp/topics/2011/iaea_houkokusho.html)
27) Kobayashi, T., et al. (2013), *Journal of Nuclear Science and Technology*, **50**, 255-264.
28) Tsumune, D., et al. (2012), *Journal of Environmental Radioactivity*, **111**, 100-108.
29) Buesseler, K., and Aoyama, M. (2012), Fukushima derived radionuclides in the ocean. Fukushima Ocean Impacts Symposium "Exploring the impacts of the Fukushima Dai-ichi Nuclear Power Plants on the Ocean", November 12-13, 2012, University of Tokyo.
30) 日本海洋学会（2011），東日本大震災特設サイト．(http://kaiyo-gakkai.jp/jos/geje2011)
31) Otosaka, S., and Kato, Y. (2014), *Environmental Science : Processes & Impacts*, **16**, 978-990.

第5章
1) 日本化学会編（1992），『陸水の化学』（季刊化学総説 No. 14），学会出版センター．
2) World Resources Institute (1986), *World Resources 1986*, Basic Book, p. 353.
3) Langmuir, D. (1997), *Aqueous Environmental Geochemistry*, Prentice Hall.
4) Appelo C. A. J. and Postma, D. (2005), *Geochemistry, Groundwater and Pollution*（2nd ed.), A. A. Baklema Publishers, pp. 23-61.
5) Berner, E. K. and Berner, R. A. (1996), *Global environment : Water, air, and geochemical cycles*, Prentice Hall.
6) National Trends Network, *National Atmospheric Deposition Program*（NRSP-3), Colorado State Univ., (1996).
7) Mackenzie, F. T. and Wollast, R. (1977), *The Sea*, John Wiley and Sons.
8) 西村雅吉（1991），『環境化学』，裳華房．
9) Garrels, R. M. and Mackenzie, F. T. (1971), *Evolution of Sedimentary Rocks*, Norton.
10) Turekian, K. K. (1977), *Geochimica et Cosmochimica Acta*, **41**, 1139-1144.

11) 松尾禎士監修（1989），『地球化学』，講談社．
12) Allison, G. B., et al. (1990), *Journal of Hydrology*, **119**, 1–20.
13) Rose, A. W., et al. (1974), *Geochemistry in Mineral Exploration* (*2nd ed.*), Academic Press.
14) Davis S. N. and DeWiest, R. J. M. (1966), *Hydrogeology*, John Wiley & Sons.
15) Walling, D. E. (1980), Water in the catchment ecosystem. In Gower, A. M. (ed.), *Water Quality in Catchment Ecosystems*, pp. 1–48.
16) Goldich, S. S. (1938), *The Journal of Geology*, **46**, 17–58.
17) Das, A., et al. (2005), *Geochimica et Cosmochimica Acta*, **69**, 2067–2084.
18) Zuurdeeg, B. W., and Van der Weiden, M. J. J. (1985), Geochemical aspects of European bottled waters. In Romjin, E., *Geothermics, Thermal-Mineral Waters and Hydrogeology*, Theophrastus, pp. 235–264.
19) Gibbs, R. J. (1970), *Science*, **170**, 1088–1090.
20) 板井啓明（2011），地球化学，**45**, 61–97.
21) 佐野有司，高橋嘉夫（2013），『地球化学』，共立出版．
22) 高橋嘉夫（2009），ぶんせき，**412**, 189–195.
23) Yoshida, N., and Takahashi, Y. (2012), *Elements*, **8**, 201–206.
24) Sakaguchi, A., et al. (2015), *Journal of Environmental Radioactivity*, **139**, 379–389.
25) Fan, Q. H., et al. (2014), *Geochimica et Cosmochimica Acta*, **135**, 49–65.
26) 日本地球化学会編（2012），『地球と宇宙の化学事典』，朝倉出版．
27) 今井登ほか（2004），『日本の地球化学図』，地質調査総合センター．

第6章

1) Montgomery, C. W. (1999), *Environmental Geology*, Mcgraw-Hill College.
2) 久馬一剛ほか（1992），『新土壌学』，朝倉書店．
3) 岡崎正規ほか（2011），『図説日本の土壌』，朝倉書店．
4) Stevenson, F. J. (1994), *Humus Chemistry : Genesis, Composition, Reaction*, John Wiley & Sons.
5) 石渡良志ほか（2008），『環境中の腐食物質：その特徴と研究』，三共出版．
6) Scharpenseel, H. W. (1976), Soil fraction dating. In Berger, R., and Suess, H. E. (Eds.), *Radiocarbon Dating*, University of California Press, pp. 277–283.
7) IPCC (2013)．（1章の2）と同じ）
8) 仁王以智夫，木村眞人（1994），『土壌生化学』，朝倉書店．
9) 袴田共之ほか（2000），日本土壌肥料学雑誌，**71**, 263–274.
10) Kögel-Knabner, I., et al. (2010), *Geoderma*, **157**, 1–14.
11) 飯山敏道ほか（1994），『実験地球化学』，東京大学出版会．
12) Langmuir (1997)．（5章の3）と同じ）
13) Stumm and Morgan (1996)．（2章の6）と同じ）
14) Sparks, D. L. (2003), *Environmental Soil Chemistry*, Academic Press.
15) Takemoto, T. et al. (1978), *Proceedings of the Japan Academy, Series B*, **54**, 469–473.
16) Takahashi, Y. et al. (2004), *Environmental Science and Technology*, **38**, 1038–1044.
17) 佐野，高橋（2013）．（5章の21）と同じ）
18) Schwarzenbach, R. P. et al. (1993), *Environmental Organic Chemistry*, Wiley.
19) Kashiwabara, T. et al. (2011), *Geochimica et Cosmochimica Acta*, **75**, 5762–5784.
20) Davis, J. A., and Kent, D. B. (1990), *Reviews in Mineralogy and Geochemistry*, **23**,

177-260.
21) Stumm, W. (1992), *Chemistry of the Solid-Water Interface*, Wiley.
22) Meharg A. A., and Rahman, M. (2003), *Environmental Science and Technology*, **37**, 229-234.
23) 高橋 (2009). (5章の22)と同じ)
24) Fan, *et al.* (2014). (5章の25)と同じ)
25) 福士圭介 (2011), 地球化学, **45**, 147-157.
26) Shimamoto, Y. S., *et al.* (2011), *Environmental Science and Technology*, **45**, 2086-2091.
27) Tanaka, K., *et al.* (2012), *Geochemical Journal*, **46**, 73-76.

第7章

1) Hutchinson, G. E. (1970), *Scientific American*, **223**, 45-53.
2) Peterson, B. J., and Fry, B. (1987), *Annual Review of Ecology, Evolution, and Systematics*, **18**, 293-320.
3) DeNiro, M. J., and Epstein, S. (1978), *Geochimica et Cosmochimica Acta*, **42**, 495-506.
4) Minagawa, M., and Wada, E. (1984), *Geochimica et Cosmochimica Acta*, **48**, 1135-1140.
5) Peterson, B. J., *et al.* (1986), *Ecology*, **67**, 865-874.
6) Schoeninger, M. J., and DeNiro, M. J. (1984), *Geochimica et Cosmochimica Acta*, **48**, 625-639.
7) Fisk, A. T., *et al.* (2001), *Environmental Science and Technology*, **35**, 732-738.
8) Kelly, B. C., *et al.* (2008), *Science of the Total Environment*, **401**, 60-72.
9) Law, R. J., *et al.* (2006), *Environmental Science and Technology*, **40**, 2177-2183.
10) Muir, D. C., *et al.* (2006), *Environmental Science and Technology*, **40**, 449-455.
11) Schwarzenbach, R. P., *et al.* (2005), Appendix C : Physicochemical Properties of Organic Compounds. In *Environmental Organic Chemistry*, John Wiley & Sons, pp. 1197-1208.
12) Tanabe, S., *et al.* (1986), *Marine Mammal Science*, **4**, 103-124.
13) Tanabe, S., *et al.* (1994), *Science of the Total Environment*, **154**, 163-177.
14) Darnerud, P. O. (2003), *Environment International*, **29**, 841-853.
15) de Wit, C. A. (2002), *Chemosphere*, **46**, 583-624.
16) de Wit, C. A., *et al.* (2006), *Chemosphere*, **64**, 209-233.
17) Kajiwara, N., *et al.* (2004), *Environmental Science and Technology*, **38**, 3804-3809.
18) Rahman, F., *et al.* (2001), *Science of the Total Environment*, **275**, 1-17.
19) Ueno, D. *et al.* (2004), *Environmental Science and Technology*, **38**, 2312-2316.
20) Akutsu, K., *et al.* (2003), *Chemosphere*, **53**, 645-654.
21) Eslami, B., *et al.* (2006), *Chemosphere*, **63**, 554-561.
22) Koizumi, A., *et al.* (2005), *Environmental Research*, **99**, 31-39.
23) Sellstrom, U., *et al.* (2003), *Environmental Science and Technology*, **37**, 5496-5501.
24) Isobe, T., *et al.* (2009), *Marine Pollution Bulletin*, **58**, 396-401.
25) Isobe, T., *et al.* (2011), *Marine Pollution Bulletin*, **63**, 564-71.
26) Minh, N. H., *et al.* (2007), *Environmental Pollution*, **148**, 409-417.
27) Ramu, K., *et al.* (2006), *Environmental Pollution*, **144**, 516-523.

28) Kajiwara, N., *et al.*（2007），*Environmental Pollution*, **156**, 106–114.
29) Tanabe, S., *et al.*（2008），*Journal of Environmental Monitoring*, **10**, 188–197.

第8章
1) 国土交通省（2013），平成25年版日本の水資源．
2) United Nations（2012），*World Urbanization Prospects*, *The 2011 Revision*.
3) 環境省（2013），平成25年度版環境白書．
4) 横山栄二，内山巌雄編（2000），『大気中微小粒子の環境・健康影響――SPMわが国の現状と諸外国の取組み状況』，日本環境衛生センター．
5) 大原利眞編（2007），国立環境研究所研究報告，第195号（R-195-2007）．
6) 環境省（2013），平成23年度ダイオキシン類に係る環境調査結果．
7) 坂田昌弘，丸本幸治（2004），環境化学，**14**, 555–565.
8) Sakata, M., *et al.*（2008），*Atmospheric Environment*, **42**, 5913–5922.
9) 真田幸尚ほか（1999），地球化学，**33**, 123–138.
10) Sakata, M. *et al.*（2010），*Water, Air, and Soil Pollution*, **213**, 363–373.
11) 環境省，発生負荷量管理等調査（平成16年度）
12) 浅見輝男（2001），『データで示す――日本土壌の有害金属汚染』，アグネ技術センター．
13) Davis, A. P., *et al.*（2001），*Chemosphere*, **44**, 997–1009.
14) Thapalia, A., *et al.*（2010），*Environmental Science and Technology*, **44**, 1544–1550.
15) 環境省（2012），POPs（残留性有機汚染物質）．
16) 日本化学会編（1977），『水銀』，丸善．
17) Sakata, M., *et al.*（2006），*Journal of Oceanography*, **62**, 767–775.
18) 益永茂樹ほか（2001），地球化学，**35**, 159–168.
19) 田中豊和ほか（2000），水工学論文集，**45**, 355–360.
20) 木庭啓介（2013），水環境学会誌，**36**, 218–224.
21) IPCC（2013）．（1章の2）と同じ）
22) Yu, W. H., *et al.*（2003），*Water Resources Research*, **39**, 1146–1163.
23) 板井啓明（2011）．（5章の20）と同じ）
24) 吉田稔，赤木洋勝（2004），環境科学会誌，**17**, 181–189.

第9章
1) CAS（2015），CAS history.（https://www.cas.org/）
2) Schulz, H., and Georgy, U.（1994），*From CA to CAS online*, Springer-Verlag.
3) Manahan, S. E.（1989），*Toxicological Chemistry*, Lewis Publishers.
4) 小林憲弘（2004），海洋と生物，**26**（5），410–417.
5) 佐竹研一（2004），科学研究費補助金研究成果報告書（課題番号14403015）．
6) 益永ほか（2001）．（8章の18）と同じ）
7) 早狩進，花石竜治（2001），大気環境学会誌，**36**（1），39–45.
8) USEPA（2014），EPA Positive Matrix Factorization（PMF）5.0, Fundamentals and User Guide.（http://www.epa.gov/heasd/research/pmf.html）
9) Hogarh, J. N., *et al.*（2013），*Atmospheric Environment*, **80**, 275–280.

第10章
1) 米国大統領議会諮問委員会編，佐藤雄也，山崎邦彦訳（1998），『環境リスク管理

の新たな手法——リスク評価及びリスク管理に関する』，化学工業日報社．
2) 日本リスク研究学会編（2000），『リスク学事典』，TBSブリタニカ．
3) National Research Council (1983), *Risk Assessment in the Federal Government : Managing the Process*, National Academy Press.
4) Armitage, P. (1985), *Environmental Health Perspective*, **63**, 195–201.
5) 中西準子ほか編（2003a），『環境リスクマネジメントハンドブック』，朝倉書店．
6) 中西準子ほか編（2003b），『演習環境リスクを計算する』，岩波書店．
7) Gamo, M., *et al.* (2003), *Chemosphere*, **53**, 277–284.
8) 蒲生昌志ほか（1996），環境科学会誌，**9**, 1–8.
9) WHO (1992, 2004, 2012), Global Burden of Disease.
(http://www.who.int/healthinfo/global_burden_disease/publications/en/)
10) Tengs, T. O., *et al.* (1995), *Risk Analysis*, **15**, 369–390.

第11章

1) 藤江幸一（2012），『よくわかる水リサイクル技術』，オーム社．
2) 川合真一郎，山本義和（2004），『明日の環境と人間——地球をまもる科学の知恵（第3版）』，化学同人．
3) 新井紀男監修（1997），『燃焼生成物の発生と抑制技術』，テクノシステム．
4) 廃棄物の処理及び清掃に関する法律．
(http://law.e-gov.go.jp/htmldata/S45/S45HO137.html)
5) 後藤尚弘，九里徳泰編著（2013），『基礎から学ぶ環境学』，朝倉書店．
6) 岡田光正（2013），『新訂環境工学』，放送大学教育振興会．
7) 藤江幸一編著（2008），『生態恒常性工学——持続可能な未来社会のために』，コロナ社．
8) 化学工学会編（1999），『改訂六版化学工学便覧』，丸善．
9) 御園生誠（2007），『化学環境学』，裳華房．
10) ポール・T・アナスタス，ジョン・C・ワーナー，日本化学会，化学技術戦略推進機構訳編，渡辺正，北島昌夫訳（1999），『グリーンケミストリー』，丸善．
11) 荻野和子ほか（2009），『環境と化学——グリーンケミストリー入門　第2版』，東京化学同人．
12) 堀越智編著（2014），『図解よくわかる環境化学工学——製造現場におけるグリーンケミストリーの基礎と実践』，日刊工業新聞社．
13) 環境省中央環境審議会（2013），中央環境審議会地球環境部会（第116回）　産業構造審議会産業技術環境分科会環境小委員会合同会合（第37回）　議事次第・資料．(http://www.env.go.jp/council/06earth/y060-116/mat01.pdf)
14) 日本水環境学会編集（1994），『Q&A水環境と洗剤』，ぎょうせい．
15) 小池文人ほか編著（2012），『生態系の暮らし方——アジア視点の環境リスクーマネジメント』，東海大学出版会．

索　引

■欧　文

BFRs　155
bioaccumulation　147
bioconcentration　146, 148, 187
biomagnification　146, 187
BOD　174, 229
CFCs　49, 51
Chapmanモデル　45
ClO$_x$サイクル　47
COD　174
CPLYS　222
DALY　220
DMC　242
Eh–pH図　129
E-ファクター　245
GC　191
GC–MS　193
GDP　242
GNP　242
HNLC海域　81
HO$_x$サイクル　48
IPCC　7, 22, 24
Langmuir型吸着等温線　134
LC–MS　193
LCA　225
LOAEL　207
NOAEL　207, 214
NO$_x$サイクル　48
PCB　9
Piper図　109
PM2.5　5, 61, 168, 231
POPs　9, 29, 151, 179
PRTR法　15, 180
QALY　220
SPM　164
TDS　96, 106, 110
VOC　53
XAFS法（X線吸収微細構造法）　136, 137

■和　文

あ

アイスコア　1, 37, 76
アオコ　174
青潮　174
赤潮　123, 174
アトム・エコノミー　245
アルカリポンプ　83
アルベド　39
安全係数　214
安定同位体比　143
　　炭素――　144
　　窒素――　144
安定同位体標識化合物　196
硫黄循環　28
イオンクロマトグラフィー　189
閾値　206
異性体組成　180
イタイイタイ病　4, 150
一次鉱物　119
一般環境大気測定局　164
移動発生源　160
移流　124
ウィーン条約　7
ウォッシュアウト現象　59
埋立処分　239
エアロゾル　59, 61, 99, 124
影響判定点　→　エンドポイント
栄養段階　141, 144, 147
液体クロマトグラフィー　189
エクマン層　64
エクマンの吹送流理論　64
エクマンらせん　64
越境汚染　161, 169
塩害　103
エンドポイント　205, 218
オクタノール-水分配係数　148
汚染源　200
オゾン層　45, 123
オゾンホール　50
温室効果ガス　22, 41, 123, 182
温室効果モデル　39

か

海塩粒子　100
外圏錯体　135
回収試験　195
回収率　195
海水の年齢　69
海水中の
　　――主要元素　72
　　――少量元素　72
　　――微量元素　72
海棲哺乳類　152
海底堆積物　86
　　――コア　88
海洋コンベアーベルト　70, 85
海洋酸性化　85
化学的酸素要求量　→　COD
化審法　14, 252
化学マスバランス法　201
拡散　124
ガスクロマトグラフィー　189
化石燃料　1, 232, 243
家畜排せつ物　181
活性汚泥　229
下方浸透　98
灌漑　103
環境影響評価法　15
環境基準　13, 248
環境基本法　3, 13
環境保全　224
環境ホルモン　11
環境モニタリング　189
鹹水　96
乾性沈着　59, 102, 162
気候変動枠組条約　7
基礎生産　86

索　引

北大西洋深層水　68
揮発性有機化合物　→ VOC
急性影響　211
吸着　133
吸入暴露　210
共存物質　190, 196
京都議定書　7
極域成層圏雲　50
極渦　50
極循環　36, 50
許容一日摂取量　214
金採掘　184
クリーンアップ　191
グリーンケミストリー　244
クロロフルオロカーボン類
　→ CFCs
経口暴露　210
経皮暴露　210
下水処理　229
検出器　192
高栄養低クロロフィル海域
　→ HNLC海域
公害　2, 3, 178
公害対策基本法　12
光化学オキシダント　54, 166
光化学スモッグ　54, 166
光合成細菌　122
工場排水　161
降水　57, 99
古環境復元　91
国内資源消費　→ DMC
固定発生源　160
コリオリ力　36, 65
コンタミネーション　194

さ

最小悪影響量　→ LOAEL
サロゲート物質　196
酸化還元反応　130
産業革命　1, 23, 85
酸性雨　57, 99
サンプリング　189, 194
残留性有機汚染物質　→ POPs
持続可能な開発　6
湿性沈着　59, 102, 162
質調整生存年　→ QALY
質量分析　193
自動車排ガス測定局　164

指標物質　200
重金属　172
従属栄養生物　128, 141
臭素系難燃剤　→ BFRs
種間外挿　215
シュテファン・ボルツマン定数
　38
硝化　26, 123
障害調整生存年　→ DALY
生涯発がん確率　208
消費者　139
食物網　139, 141
食物連鎖　139, 141
深部地下水　105
水銀循環　30
水質汚濁防止法　14, 172
水素イオン指数　57
ストックホルム条約　9, 29, 151
スペシメンバンク　159
スモッグ　54
スロープファクター　209, 217
生活排水　162
生産者　139
生食連鎖　141
成層圏　35, 44
生態系　139
生物圏　139
生物地球化学サイクル　18
生物濃縮　145
　──係数　147
生物ポンプ　79
生物利用性　210
摂取量　197
接触点評価法　213
線形化多段階モデル　208
潜在用量　210
浅部地下水　105
総溶解固形分　→ TDS
続成作用　87
　初期──　87
組成情報　201
粗抽出液　190
損失余命　218

た

ダイオキシン類　11, 170, 180, 197

ダイオキシン類対策特別措置法
　15, 170
大気汚染物質　53, 164, 232
大気汚染防止法　13, 160, 164
大気寿命　58
体内用量　210
耐用一日摂取量　214
太陽定数　38
対流圏　35, 44
脱窒　26, 123
ダルシーの法則　125
淡水　96
炭素循環　23, 76, 121
団粒　120
地下水　98, 103, 105, 175
　──のヒ素汚染　112, 184
地球温暖化　22, 41, 122, 182
　──係数　182
地球化学図　114
地球環境問題　6
窒素固定　26, 122
　──菌　122
窒素循環　25, 123
窒素肥料　181
中間圏　44
抽出　190, 195
沈降粒子　86
適用用量　210
典型7公害　3
同位体　142
　安定──　142
　放射性──　142
　──分別　142, 144
毒性影響　152
独立栄養生物　128, 141
　化学合成──　128
　光合成──　128
都市鉱山　238
土壌
　──の構成物質　117
　──の種類　117
　──の生成因子　117
土壌汚染対策法　16, 176
土壌空気　120
土壌水　103, 120, 124
土壌層位　117
土壌ダスト　100

索　引

な

内圏錯体　135
内分泌かく乱化学物質　→　環境ホルモン
南極中層水　69
南極底層水　69
新潟水俣病　4, 150
二次鉱物　108, 119
熱塩循環　64, 66, 85
熱圏　44
ネルンストの式　130
農業排水　161
農薬取締法　179

は

ハーバー・ボッシュ法　26, 123
ばい煙　160
　──発生施設　160
バイオマス残渣　241
バイオマス燃料　247
廃棄物　234
　一般──　234
　産業──　234
　──焼却炉　239
　──処理　236
排水処理　228
暴露係数　213
暴露評価　209
暴露マージン　215
ハザード　204
　──比　215
発がん物質　208, 217
バック・トラジェクトリー法　201
発展途上国　184
ハドレー循環　36
半数影響濃度　207
半数影響量　206

半致死濃度　207
半致死量　207
非意図的に生成した化学物質　186
微小粒子状物質　→　PM2.5
標準電位　130
表層水　98, 105
標的臓器　210
費用便益分析　222
表面錯体　135
　──モデル　136
表面電荷　134
フィックの法則　125
風化（作用）　106, 119
風成循環　64
富栄養化　123, 174
フェレル循環　36
不確実性係数　214
福島第一原子力発電所　3, 92, 113
腐植物質　119, 126
腐食連鎖　141
物質循環　18, 139
不飽和透水層　98
浮遊粒子状物質　→　SPM
ブラウンフィールド　177
ブランク試験　195
分解者　139
分散　124
平均滞留時間　20, 73
偏西風　36
ベンチマーク用量　208, 223
ヘンリー定数　48
貿易風　36
放射強制力　41
保存試料　157

ま

マーチンの鉄仮説　83, 91

前処理　190
慢性影響　211
水資源　21, 227
水循環　19, 98
水不足　96
水リサイクル　230
水俣条約　7, 30
水俣病　4, 150
無悪影響量　→　NOAEL
モントリオール議定書　7, 51

や

有害大気汚染物質　170
有機塩素系農薬　9
有効用量　210
ユニットリスク　209, 217
溶解ポンプ　78
用量−反応関係　205
四日市ぜんそく　5

ら

ライフサイクルアセスメント　→　LCA
陸水　96
リサイクル　240
　ケミカル──　240
　サーマル──　240
　マテリアル──　240
リスク　204
　──管理　222
　──トレードオフ　221
　──評価　204, 214
　──便益分析　222
リン酸肥料　181
レインアウト現象　59
ロンドンスモッグ事件　4

編著者紹介

坂田昌弘　理学博士
1979年　名古屋大学大学院理学研究科大気水圏科学専攻博士課程中退
2019年まで　静岡県立大学食品栄養科学部環境生命科学科　教授
現　在　静岡県立大学　名誉教授

著者紹介　(五十音順)

磯部友彦　博士（農学）
2001年　東京農工大学大学院連合農学研究科資源・環境学専攻博士課程修了
現　在　国立環境研究所環境リスク・健康領域　主幹研究員

加藤義久　理学博士
1980年　東海大学大学院海洋学研究科海洋科学専攻博士課程修了
2015年まで　東海大学海洋学部　教授
現　在　東海大学　名誉教授

田辺信介　農学博士
1975年　愛媛大学大学院農学研究科農芸化学専攻修士課程修了
現　在　愛媛大学沿岸環境科学研究センター　特別栄誉教授

益永茂樹　工学博士
1980年　東京大学大学院工学系研究科都市工学専攻博士課程修了
2018年まで　横浜国立大学大学院環境情報研究院　教授
現　在　横浜国立大学　名誉教授

梶井克純　理学博士
1987年　東京工業大学大学院理工学研究科化学専攻博士課程修了
現　在　京都大学大学院地球環境学堂　教授

高橋嘉夫　博士（理学）
1997年　東京大学大学院理学系研究科化学専攻博士課程修了
現　在　東京大学大学院理学系研究科地球惑星科学専攻　教授

藤江幸一　工学博士
1980年　東京工業大学大学院総合理工学研究科化学環境工学専攻博士課程修了
現　在　千葉大学　理事
　　　　千葉大学学術研究・イノベーション推進機構　機構長

NDC 450.13　271 p　21cm

エキスパート応用化学テキストシリーズ

環境化学

2015年10月20日　第1刷発行
2024年 1 月29日　第3刷発行

編著者　坂田昌弘
著　者　磯部友彦・梶井克純・加藤義久・高橋嘉夫・
　　　　田辺信介・藤江幸一・益永茂樹
発行者　森田浩章
発行所　株式会社　講談社
　　　　〒112-8001　東京都文京区音羽2-12-21
　　　　　販　売　(03) 5395-4415
　　　　　業　務　(03) 5395-3615

編　集　株式会社　講談社サイエンティフィク
　　　　代表　堀越俊一
　　　　〒162-0825　東京都新宿区神楽坂2-14　ノービィビル
　　　　　編　集　(03) 3235-3701

印刷所　株式会社双文社印刷
製本所　株式会社国宝社

落丁本・乱丁本は，購入書店名を明記のうえ，講談社業務宛にお送り下さい．送料小社負担にてお取替えします．なお，この本の内容についてのお問い合わせは講談社サイエンティフィク宛にお願いいたします．定価はカバーに表示してあります．

© M. Sakata, T. Isobe, Y. Kajii, Y. Kato, Y. Takahashi, S. Tanabe, K. Fujie, and S. Masunaga, 2015

本書のコピー，スキャン，デジタル化等の無断複製は著作権法上での例外を除き禁じられています．本書を代行業者等の第三者に依頼してスキャンやデジタル化することはたとえ個人や家庭内の利用でも著作権法違反です．

JCOPY　〈(社)出版者著作権管理機構　委託出版物〉

複写される場合は，その都度事前に(社)出版者著作権管理機構（電話 03-5244-5088，FAX 03-5244-5089，e-mail : info@jcopy.or.jp）の許諾を得て下さい．

Printed in Japan　ISBN 978-4-06-156805-1